"十三五"江苏省高等学校重点教材(编号:2020-2-234)

嵌入式系统设计与项目实施

主 编 杜 锋

副主编 杨 永 李 博

参 编 许金星 王 艇

机械工业出版社

本书是"十三五"江苏省高等学校重点教材建设项目的立项教材。由具有二十多年嵌入式产品设计经验、高等职业院校职业技能大赛与大学生电子设计大赛多年参赛经验的优秀指导教师和企业技术骨干共同编写。

本书按照学生认知规律分 6 章进行介绍，内容涵盖 STM32F1 高性能处理器基础知识和基础应用，还包含结合 μCOS-Ⅲ 和 Android 操作系统的高级应用。教材以企业实际应用项目为载体，实用性强。

本书适合作为高等职业院校电子信息类嵌入式和 STM32 单片机课程的教学用书，也可作为相关专业技术人员自学与参考用书。

本书配有二维码微课视频、电子课件、习题解答、源程序等电子资源，可登录机械工业出版社教育服务网 www.cmpedu.com 免费注册，审核通过后下载，或联系编辑获取（微信：13261377872，电话：010 - 88379739）。

图书在版编目（CIP）数据

嵌入式系统设计与项目实施/杜锋主编 . —北京：机械工业出版社，2023.2（2025.1 重印）

"十三五"江苏省高等学校重点教材

ISBN 978-7-111-72476-6

Ⅰ.①嵌⋯ Ⅱ.①杜⋯ Ⅲ.①微处理器-系统设计-高等学校-教材 Ⅳ.①TP332.021

中国国家版本馆 CIP 数据核字（2023）第 021597 号

机械工业出版社（北京市百万庄大街 22 号 邮政编码 100037）
策划编辑：李文轶 责任编辑：李文轶
责任校对：樊钟英 梁 静 责任印制：郜 敏
北京富资园科技发展有限公司印刷

2025 年 1 月第 1 版第 3 次印刷
184mm×260mm・15.5 印张・402 千字
标准书号：ISBN 978-7-111-72476-6
定价：59.00 元

电话服务　　　　　　　　　　网络服务

客服电话：010-88361066　　机 工 官 网：www.cmpbook.com

　　　　　010-88379833　　机 工 官 博：weibo.com/cmp1952

　　　　　010-68326294　　金 书 网：www.golden-book.com

封底无防伪标均为盗版　　机工教育服务网：www.cmpedu.com

前　　言

党的二十大报告指出：教育、科技、人才是全面建设社会主义现代化国家的基础性、战略性支撑。我们要坚持教育优先发展、科技自立自强、人才引领驱动，加快建设教育强国、科技强国、人才强国。本教材贯彻二十大报告精神，作为"十三五"江苏省高等学校重点教材建设项目的立项教材，按照高职高专学生的学习规律，兼顾嵌入式系统开发的规律，结合大量实例讲解嵌入式系统操作步骤，理论联系实际，能够使学生更好地入门，利于真正掌握嵌入式系统的开发。本教材编写过程中，强调技能训练和动手能力的培养，重在培养技术应用型人才。学生通过嵌入式开发项目的学习和训练，可加深对所学知识的理解，强化分析问题和解决问题的能力，培养技术应用的实践创新能力。

本教材的项目案例设计，有针对性地选取嵌入式技术在疫情防控（红外测温仪）、北斗导航应用（北斗导航信息显示终端）和自然环境保护（水资源 pH 检测）等方面的工程实例。在项目实现的过程中，逐步培养学生爱岗敬业、诚实守信、工作踏实、沟通协作、自我约束、积极主动、勤于学习和勇于创新的人生观。通过项目具体设计和实施过程，让学生逐步认识到嵌入式应用技术的本质规律，只有深入思考，加强练习才能熟能生巧。

本教材的编写，兼顾了新技术的应用，如引入了 µCOS-Ⅲ 小型嵌入式系统和 Android 系统。顺势引导学生在嵌入式系统设计的过程中，尽量选取国产芯片和国产系统，降低对外部技术的依赖，把核心技术牢牢抓在自己手中。

本教材涵盖 STM32F1 系列芯片的通用 GPIO、USART、TIMER、ADC 等基本外设的工作原理、内部结构、相关固件库文件和库函数。结构上是先列出本章要点，然后介绍相关知识，最后按照嵌入式系统开发的一般方法，遵循方案设计、核心器件选型、硬件设计、硬件制作、软件设计、程序下载与调试的流程进行详细讲解。对于核心程序，则结合源程序语句进行讲解。引导读者逐步完成 STM32 知识的学习与项目的硬件设计和软件设计，最终完成项目的软硬件调试，达到学习目标。

本教材共 6 章，分别是流水灯设计与制作、红外测温仪设计与制作、红外遥控开关设计与制作、北斗信息显示终端设计与制作、水资源 pH 检测系统设计与制作、智能门锁设计与制作。第 1 章以流水灯的设计与制作项目为载体学习基于 STM32F1 系列 32 位高性能处理器开发环境的搭建，固件库的使用和 GPIO 端口的使用方法；第 2 章以红外测温仪的设计与制作项目为载体学习 STM32F1 系列处理器 GPIO 端口模拟 SMBus 总线时序的进行；第 3 章以红外遥控开关设计与制作项目为载体学习 STM32F1 系列处理器定时器的基本特性、库文件和库函数的使用；第 4 章以北斗信息显示终端设计与制作项目为载体学习 STM32F1 系列处理器 USART 的基本特性、库文件和库函数的使用；第 5 章以水资源 pH 检测系统设计与制作项目为载体学习 STM32F1 系列处理器 ADC 的基本特性、库文件和库函数的使用、µCOS-Ⅲ 小型嵌入式系统在该处理器上的移植和应用；第 6 章以智能门锁设计与制作项目为载体，学习 STM32F1 系列处理器的 WiFi 网络通信，使用 Android 开发 APP 实现门锁的远程控制，第 6 章是一个综合项目应用。通过这些项目的学习，学生可以掌握 STM32F1 系列处理器基本外设的使用和基于 STM32F1 系列处理器嵌入式系统开发的方法。

本教材可作为电子信息大类相关专业嵌入式和 STM32 单片机课程的教材，也可作为相关专业学生和技术人员的自学和参考用书，参考学时为 64。

本教材是机械工业出版社组织出版的"高等职业教育系列教材"之一，由杜锋担任主编，杨永和李博担任副主编，许金星和王艇任参编。其中，杜锋编写了第 1、2、4、5 章和 3.2 节，并负责本书的统稿。杨永编写了 3.1 节，李博编写了第 6 章。许金星和王艇参与了课程资源制作。本教材在编写过程中得到了江苏电子信息职业学院李朝林教授的关心和支持，在此表示衷心感谢。2019 级电子信息工程技术专业学生张志颖、陶进明和孟刘网也参与了本教材实验套件的制作与调试，在此表示感谢！

由于时间仓促，加之编者水平所限，书中难免有错误和不当之处，恳请各位读者批评指正。

编　者

目　　录

第1章 流水灯设计与制作

本章要点：

- 掌握 STM32 GPIO 端口的内部结构；
- 掌握 STM32 GPIO 端口输出工作模式；
- 掌握 MDK5 编程环境和使用方法；
- 掌握模块化编程的方法；
- 掌握 MDK5 工程模板添加程序模块的方法；
- 掌握 MDK5 软件仿真功能；
- 掌握程序下载方法。

1.1 STM32 通用 GPIO 简介

1.1.1 GPIO 端口功能

根据 STM32F1 系列芯片的数据手册（简称数据手册）中列出的每个 GPIO（General Purpose Input/Output，通用型输入/输出）端口的特定硬件特征，GPIO 端口的每个位可以由软件分别配置成多种模式。GPIO 端口模式如下：

- 输入浮空；
- 输入上拉；
- 输入下拉；
- 模拟输入；
- 漏极开路输出；
- 推挽式输出；
- 推挽式复用功能；
- 漏极开路复用功能。

每个 GPIO 端口引脚可以自由编程，然而 GPIO 端口寄存器必须按 32 位字访问（不允许半字或字节访问），其中 GPIOX_BSRR 和 GPIOX_BRR 寄存器用于对 GPIO 端口的位操作，可实现对 GPIO 寄存器的读/写的独立访问；这样，在读和写访问之间产生 IRQ 时不会发生危险。图 1-1 给出了 1 个 GPIO 端口引脚的基本结构。

如图 1-1 所示，1 个 GPIO 端口引脚由输入驱动器、输出驱动器、输入数据寄存器、输出数据寄存器、置位/复位寄存器组成。输入引脚在芯片内部与两个保护二极管连接，当加载到 GPIO 端口引脚的电平超过规定值时，用于保护 GPIO 端口引脚的内部电路不会损坏。注意图 1-1 所示 GPIO 端口引脚基本结构主要是针对 3.3 V 工作电压的。图 1-2 是 5 V 兼容 GPIO 端口引脚的基本结构。

通过图 1-1 和图 1-2 对比发现，普通 GPIO 端口引脚的基本结构和 5 V 兼容 GPIO 端口引脚的基本结构唯一不同之处在于与 GPIO 端口引脚相连接的上部保护二极管所接的电源不同。

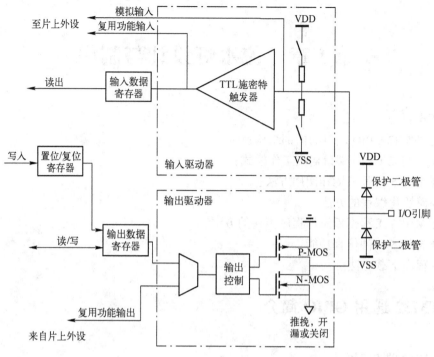

图 1-1 3.3 V GPIO 端口引脚的基本结构⊖

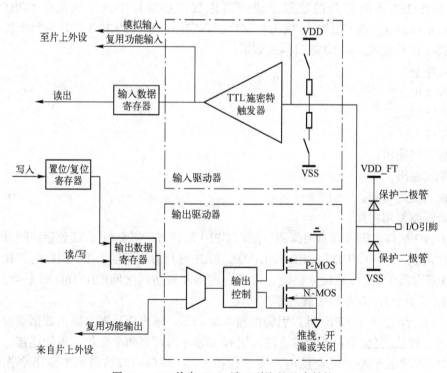

图 1-2 5 V 兼容 GPIO 端口引脚的基本结构

⊖ 本书中电路图用相关软件绘制，未用国标规定的符号，读者可自行查阅相关标准。

5 V 兼容 GPIO 端口上保护二极管接的是 VDD_FT，而不兼容 5 V 工作电压的 GPIO 端口引脚上保护二极管接的是 VDD。在数据手册中，所有标有 FT 字样的 GPIO 端口引脚都是 5 V 兼容的，反之没有标记 FT 字样的 GPIO 端口引脚则不能与 5 V 兼容。

部分 GPIO 端口引脚描述如表 1-1 所示，完整的 GPIO 端口引脚描述请参考数据手册。表 1-1 中，PE2、PE3、PE4、PE5、PE6 在 I/O 端口电平描述栏都标有 FT，说明 PE2、PE3、PE4、PE5、PE6 都是 5 V 兼容的，可与 5 V 工作电压的外围器件连接；而 PC13、PC14、PC15 在 I/O 端口电平描述栏则没有 FT 字样，说明 PC13、PC14、PC15 不能与 5 V 兼容，这种 GPIO 端口引脚不能与 5 V 工作电压的外围器件连接，否则会损坏 STM32。

表 1-1 部分 GPIO 端口引脚描述

引 脚 位						引脚名称	类型	I/O 端口电平	主功能（复位后）	可选的复用功能	
BGA144	BGA100	WLCSP64	LQFP64	LQFP100	LQFP144					默认复用功能	重定义功能
A3	A3	—	—	1	1	PE2	I/O	FT	PE2	TRACECK/FSMC_A23	
A2	B3	—	—	2	2	PE3	I/O	FT	PE3	TRACED0/FSMC_A19	
B2	C3	—	—	3	3	PE4	I/O	FT	PE4	TRACED1/FSMC_A20	
B3	D3	—	—	4	4	PE5	I/O	FT	PE5	TRACED2/FSMC_A21	
B4	E3	—	—	5	5	PE6	I/O	FT	PE6	TRACED3/FSMC_A22	
C2	B2	C6	1	6	6	VBAT	S		VBAT		
A1	A2	C8	2	7	7	PC13-TAMPER-RTC	I/O		PC13	TAMPER-RTC	
B1	A1	B8	3	8	8	PC14-OSC32_IN	I/O		PC14	OSC32_IN	
C1	B1	B7	4	9	9	PC15-OSC32 OUT	I/O		PC15	OSC32_OUT	

当 GPIO 端口引脚作为通用 GPIO 使用时，常用的工作模式有 3 种输入模式和 2 种输出模式。分别是浮空输入、上拉输入、下拉输入模式和推挽输出、漏极开路输出模式。

I/O 端口引脚的输入配置原理框图如图 1-3 所示。

当 GPIO 端口配置为输入时：

1）输出缓冲器被禁止；

2）施密特触发输入被激活；

3）根据输入配置（上拉、下拉或浮动）的不同，上拉和下拉电阻被连接；

4）出现在 I/O 引脚上的数据在每个 APB2 时钟被采样到输入数据寄存器；

5）对输入数据寄存器的读操作可得到 GPIO 引脚的电平状态。

当 GPIO 端口被配置为输出时：原理框图如图 1-4 所示。

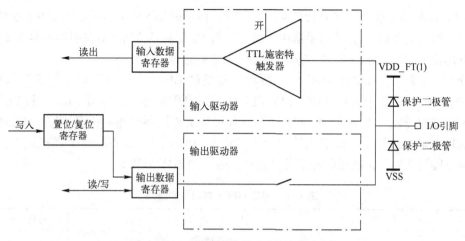

图 1-3　I/O 端口引脚输入配置原理框图

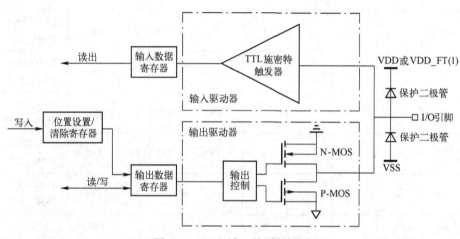

图 1-4　GPIO 端口的原理框图

1）输出缓冲器被激活，它包括两种激活方式。

- 漏极开路模式：输出数据寄存器为"0"时激活 N-MOS，而输出数据寄存器为"1"时将端口置于高阻状态（P-MOS 从未激活）；
- 推挽模式：输出数据寄存器为"0"时激活 N-MOS，而输出数据寄存器为"1"时将激活 P-MOS。

2）施密特触发输入被激活；

3）上拉和下拉电阻被禁止；

4）出现在 I/O 引脚上的数据在每个 APB2 时钟被采样到输入数据寄存器；

5）在漏极开路模式时，对输入数据寄存器的读操作可得到 I/O 状态；

6）在推挽模式时，对输出数据寄存器的读操作得到最后一次写的值。

I/O 端口还可配置为输入功能和复用功能。在 4.1.3 USART 简介中再详细讲解。

表 1-2 为控制寄存器引脚配置表，表 1-3 为控制寄存器输出模式位，它们给出了 I/O 端口工作模式对应的控制寄存器参数设定值。例如：把某个 I/O 端口引脚配置成推挽输出，则把对应寄存器的 CNF1 位设置成 0，CNF0 位设置成 0；MODE1 设置成 0，MODE0 设置成 1；PX-ODR 设置成 0 或 1。

表 1-2　控制寄存器引脚配置表

配置模式		CNF1	CNF0	MODE1	MODE0	PXODR 寄存器
通用输出	推挽（Push-Pull）	0	0	01 10 11		0 或 1
	漏极开路（Open-Drain）		1			0 或 1
复用功能输出	推挽（Push-Pull）	1	0			不使用
	漏极开路（Open-Drain）		1			不使用
输入	模拟输入	0	0	00		不使用
	浮空输入		1			不使用
	下拉输入	1	0			0
	上拉输入					1

表 1-3　控制寄存器输出模式位

MODE[1:0]	意　　义
00	保留
01	最大输出速度为 10 MHz
10	最大输出速度为 2 MHz
11	最大输出速度为 50 MHz

1.1.2　配置寄存器

每个 GPIO 端口有两个 32 位配置寄存器（GPIOX_CRL，GPIOX_CRH）、两个 32 位数据寄存器（GPIOX_IDR 和 GPIOX_ODR）、1 个 32 位置位/复位寄存器（GPIOX_BSRR）、1 个 16 位复位寄存器（GPIOX_BRR）和 1 个 32 位锁定寄存器（GPIOX_LCKR）。[⊖]

1. 端口配置寄存器 CRL

设置该寄存器复位时的默认值为 0X4444 4444，表 1-4 为端口低配置寄存器 CRL 各位描述。从表 1-4 可以看到，默认值就是配置端口为浮空输入模式。STM32 的 CRL 控制着每组 I/O 端口（A~G）的低 8 位的模式。每个 I/O 端口的位占用 CRL 的 4 个位，高两位为 CNF，低两位为 MODE。这里可以记住几个常用的配置，例如 0X0 表示模拟输入模式（ADC 用）、0X3 表示推挽输出模式（作为输出端口用，50 MHz）、0X8 表示上/下拉输入模式（作为输入端口用）、0XB 表示复用输出（使用 I/O 端口的第二功能，50 MHz）。CRH 的作用和 CRL 完全一样，只是 CRL 控制的是低 8 位输出端口，而 CRH 控制的是高 8 位输出端口。这里对 CRH 就不做详细介绍了。CRL 的位定义和功能描述如表 1-4 所示。

表 1-4　端口低配置寄存器 CRL 各位描述

位	31	30	29	28	27	26	25	24	23	22	21	20	19	18	17	16
端口	CNF7[1:0]		MODE7[1:0]		CNF6[1:0]		MODE6[1:0]		CNF5[1:0]		MODE5[1:0]		CNF4[1:0]		MODE4[1:0]	
读/写	r/w		r/w		r/w		r/w		r/w		r/w		r/w		r/w	
位	15	14	13	12	11	10	9	8	7	6	5	4	3	2	1	0
端口	CNF3[1:0]		MODE3[1:0]		CNF2[1:0]		MODE2[1:0]		CNF1[1:0]		MODE1[1:0]		CNF0[1:0]		MODE0[1:0]	
读/写	r/w		r/w		r/w		r/w		r/w		r/w		r/w		r/w	

⊖　该锁定寄存器用得较少，具体可参考 RM0008 Rev21 中相关内容。

位	功　　能
	CNFy[1:0]：端口 x 的配置位（y=0…7），用来配置相应的 I/O 端口。请参考 RM0008 Rev21 中的端口配置表。
31:30	输入模式（MODE[1:0]=00）：
27:26	00—模拟输入模式；
23:22	01—浮空输入模式（复位后的状态）；
19:18	10—上拉/下拉输入模式；
15:14	11— 保留；
11:10	输出模式（MODE[1:0]>00）：
7:6	00—通用推挽输出模式；
3:2	01—通用漏极开路输出模式；
	10—复用功能推挽输出模式；
	11—复用功能漏极开路输出模式

位	功　　能
29:28	
25:24	MODEy[1:0]：端口 x 的模式位（y=0…7），用来配置相应的 I/O 端口。请参考 RM0008 Rev21 中的端口配置表。
21:20	
17:16	00—输入模式（复位后的状态）；
13:12	01—输出模式，最大速度为 10 MHz；
9:8	10—输出模式，最大速度为 2 MHz；
5:4	11—输出模式，最大速度为 50 MHz
1:0	

这里介绍设置 GPIO 端口参数和输出模式。

GPIO 端口操作相关的函数和定义分布在固件库文件 stm32f10x_gpio. c 和头文件 stm32f10x_gpio. h 文件中。

在使用固件库开发嵌入式程序时，操作寄存器 CRH 和 CRL 用来配置 GPIO 端口的模式和速度，它们是通过 GPIO 初始化函数完成的：

```
void GPIO_Init( GPIO_TypeDef * GPIOx, GPIO_InitTypeDef *  GPIO_InitStruct );
```

这个函数有 3 个参数，第 1 个参数用来指定 GPIO 端口的取值范围（GPIOA~GPIOG）。

第 2 个参数为初始化参数结构体指针，结构体类型为 GPIO_InitTypeDef。找到 stm32f10x_gpio. c 文件，定位到 GPIO_Init 函数体处，双击选中入口参数类型 GPIO_InitTypeDef 后对其右击，在弹出的快捷菜单中选择 "Go to definition of …" 可以查看结构体的定义如下⊖：

```
1. typedef struct
2. {  uint16_t GPIO_Pin;
3.    GPIOSpeed_TypeDef GPIO_Speed;
4.    GPIOMode_TypeDef GPIO_Mode;
5. } GPIO_InitTypeDef;
```

现通过 1 个 GPIO 端口引脚初始化实例来介绍这个结构体成员变量的含义。初始化 GPIO 端口引脚工作模式的常用格式如下：

⊖ 本书中程序前加上的 1. 2. 3. 4. ……，表示程序的行号，便于对程序说明。

```
1. GPIO_InitTypeDef GPIO_InitStructure;
2. GPIO_InitStructure. GPIO_Pin = GPIO_Pin_5;
3. GPIO_InitStructure. GPIO_Mode = GPIO_Mode_Out_PP;
4. GPIO_InitStructure. GPIO_Speed = GPIO_Speed_50MHz;
5. GPIO_Init( GPIOB, &GPIO_InitStructure );
```

上面程序是设置 GPIOB 的第 5 个端口为推挽输出模式，同时速度为 50 MHz。从上面的初始化程序可以看出，结构体 GPIO_InitStructure 的第 1 个成员变量 GPIO_Pin 用来设置要初始化哪个或者哪些 GPIO 端口引脚；第 2 个成员变量 GPIO_Mode 用来设置对应 GPIO 端口引脚的输出/输入模式，这些模式是表 1-4 中 I/O 端口配置的 8 个模式之 1，在 stm32f10x_gpio.h 头文件中是通过 1 个枚举类型定义的。示例程序如下：

```
1. typedef enum
2. {   GPIO_Mode_AIN = 0x0,
3.     GPIO_Mode_IN_FLOATING = 0x04,
4.     GPIO_Mode_IPD = 0x28,
5.     GPIO_Mode_IPU = 0x48,
6.     GPIO_Mode_Out_OD = 0x14,
7.     GPIO_Mode_Out_PP = 0x10,
8.     GPIO_Mode_AF_OD = 0x1C,
9.     GPIO_Mode_AF_PP = 0x18
10. } GPIOMode_TypeDef;
```

第 3 个参数用来设置 GPIO 端口引脚电平最高翻转速度，有 3 个可选值，在 MDK5 中同样是通过枚举类型定义，程序如下：

```
1. typedef enum
2. {
3.     GPIO_Speed_10 MHz = 1,
4.     GPIO_Speed_2 MHz,
5.     GPIO_Speed_50 MHz
6. } GPIOSpeed_TypeDef;
```

2. 输入数据寄存器 IDR

IDR 是 1 个端口输入数据寄存器，只用了低 16 位。该寄存器为只读寄存器，并且只能以 16 位的形式读出。该寄存器各位的描述如表 1-5 所示。

表 1-5　端口输入数据寄存器 IDR 各位描述

位	31　30	29　28	27　26	25　24	23　22	21　20	19　18	17　16
位	15	14	13	12	11	10	9	8
位名称	IDR15	IDR14	IDR13	IDR12	IDR11	IDR10	IDR9	IDR8
读/写	r	r	r	r	r	r	r	r
位	7	6	5	4	3	2	1	0
位名称	IDR7	IDR6	IDR5	IDR4	IDR3	IDR2	IDR1	IDR0
读/写	r	r	r	r	r	r	r	r
位 31：16	保留，始终读为 0						
位 15：0	IDDRy[15：0]：设置端口输入数据（y=0~15） 这些位为只读状态并只能以字（16 位）的形式读出，读出的信息位对应 I/O 端口的状态						

要想知道某个 GPIO 端口引脚的电平状态，只要读这个寄存器，看某个位的状态就可以了。使用起来是比较简单的，即固件库中操作 IDR 寄存器读取 GPIO 端口引脚数据，它是通过 GPIO_ReadInputDataBit 函数实现的：

```
uint8_t GPIO_ReadInputDataBit(GPIO_TypeDef * GPIOx, uint16_t GPIO_Pin);
```

例如读取 GPIOA.5 的电平状态，方法是：

```
GPIO_ReadInputDataBit(GPIOA, GPIO_Pin_5);
```

返回值是 1（Bit_SET）或者 0（Bit_RESET）。

3. 输出数据寄存器 ODR

ODR 是 1 个端口输出数据寄存器，也只用了低 16 位。该寄存器为可读/写，从该寄存器读出来的数据可以用于判断当前 GPIO 端口引脚的输出状态；而向该寄存器写数据时，可以控制某个 GPIO 端口引脚的输出电平。该寄存器的各位描述如表 1-6 所示。

表 1-6　端口输出数据寄存器 ODR 各位描述

位	31　30	29　28	27　26	25　24	23　22	21　20	19　18	17　16
位	15	14	13	12	11	10	9	8
位名称	ODR15	ODR14	ODR13	ODR12	ODR11	ODR10	ODR9	ODR8
读/写	r/w	r/w	r/w	r/w	r/w	r/w	r/w	r/w
位	7	6	5	4	3	2	1	0
位名称	ODR7	ODR6	ODR5	ODR4	OIDR3	ODR2	ODR1	ODR0
读/写	r/w	r/w	r/w	r/w	r/w	r/w	r/w	r/w
位 31:16				保留，始终读为 0				

在固件库中设置 ODR 寄存器的值来控制 I/O 口的输出状态，这里是通过函数 GPIO_Write 来实现的：

```
void GPIO_Write(GPIO_TypeDef * GPIOx, uint16_t PortVal);
```

该函数一般用来 1 次性给 1 个 GPIO 的多个端口设值。

4. 置位/复位寄存器 BSRR

BSRR 是引脚置位/复位寄存器。该寄存器和 ODR 寄存器具有类似的作用，都可以用来设置 GPIO 端口引脚的输出位是 1 还是 0。引脚置位/复位寄存器 BSRR 各位描述如表 1-7 所示。

表 1-7　引脚置位/复位寄存器 BSRR 各位描述

位	31	30	29	28	27	26	25	24
位名称	BR15	BR14	BR13	BR12	BR11	BR10	BR9	BR8
读/写	w	w	w	w	w	w	w	w
位	23	22	21	20	19	18	17	16
位名称	BR7	BR6	BR5	BR4	BR3	BR2	BR1	BR0
读/写	w	w	w	w	w	w	w	w
位	15	14	13	12	11	10	9	8
位名称	BS15	BS14	BS13	BS12	BS11	BS10	BS9	BS8
读/写	w	w	w	w	w	w	w	w

位	7	6	5	4	3	2	1	0
位名称	BS7	BS6	BS5	BS4	BS3	BS2	BS1	BS0
读/写	w	w	w	w	w	w	w	w
位 31∶16	BRy：复位端口 x 的位 y（y=0~5），这些位只能写入并只能以字（16 位）的形式操作： 0—对相应的 ODRy 位不产生影响； 1—复位对应的 ODRy 位，即为 0； 如果同时设置了 BSy 和 BRy 的对应位，只有 BSy 位起作用。							
位 15∶0	BSy：设置端口 x 的位 y（y=0~15），这些位只能写入并只能以字（16 位）的形式操作： 0—对相应的 ODRy 位不产生影响 1—设置对应的 ODRy 位，即为 1							

现通过举例了解该寄存器的使用方法。例如要设置 GPIO 第 1 个端口引脚值为 1，那么只需要给寄存器 BSRR 低 16 位的对应位写 1 即可：

```
GPIOA->BSRR=1<<1;
```

如果设置 GPIOA 的第 1 个端口引脚值为 0，只需要给寄存器高 16 位的对应位写 1 即可：

```
GPIOA->BSRR=1<<(16+1)
```

给寄存器相应位写 0 是无影响的，所以要设置某些位，不必考虑其他位的值。

5. 复位寄存器 BRR

BRR 寄存器是引脚清除寄存器。该寄存器的作用与 BSRR 的高 16 位相同，这里就不做详细讲解。在 STM32 固件库中，通过 BSRR 和 BRR 寄存器设置 GPIO 端口引脚输出是通过函数 GPIO_SetBits( ) 和函数 GPIO_ResetBits( ) 来完成的。

```
void GPIO_SetBits( GPIO_TypeDef * GPIOx, uint16_t GPIO_Pin);
void GPIO_ResetBits( GPIO_TypeDef * GPIOx, uint16_t GPIO_Pin);
```

在多数情况下，都是采用这两个函数来设置 GPIO 端口引脚的输入和输出状态。如果要设置 GPIOB.5 输出 1，方法为：

```
GPIO_SetBits( GPIOB, GPIO_Pin_5);
```

反之如果要设置 GPIOB.5 输出 0，方法为：

```
GPIO_ResetBits ( GPIOB, GPIO_Pin_5);
```

GPIO 端口操作步骤总结为：

第 1 步使能 GPIO 端口时钟，调用函数为 RCC_APB2PeriphClockCmd( )；

第 2 步初始化 GPIO 端口参数，调用函数 GPIO_Init( )；

第 3 步操作 GPIO 端口，操作 GPIO 端口的方法见本小节内容。

1.1.3 GPIO 端口特性

为正确使用 GPIO 端口设计外围器件驱动电路，首先要了解 GPIO 端口特性。主要从绝对最大额定值、通用输入/输出特性、输出驱动电流、输出电压和输入/输出电压特性 5 个方面进行讲解。

1. 绝对最大额定值

加在器件上的载荷如果超过"绝对最大额定值"参数列表（见表 1-8~表 1-10）中给出

的值，可能会导致器件永久性地损坏。这里只是给出能承受的最大负载，并不表示在此条件下器件的功能性操作无误。器件长期工作在最大值条件下会影响器件的可靠性。

表 1-8 电压特性

符 号	描 述	最 小 值	最 大 值	单 位
VDD-VSS	外部主供电电压（包含 VDDA 和 VDD）	-0.3	4.0	V
VIN	在 5 V 兼容的引脚上的输入电压	VSS-0.3	5.5	
	在其他引脚上的输入电压	VSS-0.3	VDD+0.3	
|ΔVDDx|	不同供电引脚之间的电压差		50	mV
|VSSx-VSS|	不同接地引脚之间的电压差		50	
VESD（HBM）	ESD 静电放电电压（人体模型）			

说明：

1）所有的电源（VDD，VDDA）和地（VSS，VSSA）引脚必须始终连接到外部允许范围内的供电系统上。

2）IINJ（PIN）绝对不能超出其极限值（见表 1-9），即保证 VIN 不超过其最大值。如果不能保证这点，则要保证外部限制 IINJ（PIN）不超过其最大值。当 VIN>VINmax 时，有 1 个正向注入电流；当 VIN<VSS 时，有 1 个反向注入电流。

表 1-9 电流特性

符 号	描 述	最 大 值	单 位
I_{VDD}	经过 VDD/VDDA 电源线的总电流（供应电流）	150	mA
I_{VSS}	经过 VSS 地线的总电流（流出电流）	150	
I/O	任意 I/O 端口和控制引脚上的输出灌电流	25	
	任意 I/O 端口和控制引脚上的输出电流	-25	
IINJ（PIN）	NRST 引脚的注入电流	+/-5	
	HSE 的 OSC_IN 引脚和 LSE 的 OSC_IN 引脚的注入电流	+/-5	
	其他引脚的注入电流	+/-5	
∑IINJ（PIN）	所有 I/O 端口和控制引脚上的总注入电流	+/-25	

说明：

1）所有的电源（VDD，VDDA）和地（VSS，VSSA）引脚必须始终连接到外部允许范围内的供电系统上。

2）IINJ（PIN）绝对不能超过其极限值，即保证 VIN 不超过其最大值。如果不能保证这点，则要保证外部限制 IINJ（PIN）不超过其最大值。当 VIN>VDD 时，有 1 个正向注入电流；当 VIN<VSS 时，有 1 个反向注入电流。

3）反向注入电流会干扰器件的模拟性能。

4）当几个 GPIO 端口同时有注入电流时，∑IINJ（PIN）的最大值为正向注入电流与反向注入电流绝对值的和。该结果基于在器件 4 个 GPIO 端口上 ∑IINJ（PIN）最大值的特性。

表 1-10 温度特性

符 号	描 述	数 值	单 位
TSTG	储存温度范围	-60~+150	℃
TJ	最大结温度	150	℃

2. 通用输入/输出特性

如果没有特别说明，则表1-11是在STM32通用工作条件下测量得到的。此外，所有的GPIO端口都兼容CMOS和TTL。

表 1-11　GPIO 端口静态特性

符　号	参　数	条　件	最小值	典型值	最大值	单位
VIL	输入低电平电压		-0.5		0.8	V
VIH	标准I/O引脚，输入高电平电压	TTL端口	2		VDD+0.5	
	FTI/O引脚，输入高电平电压		2		5.5	
VIL	输入低电平电压	CMOS端口	-0.5		0.35VDD	V
VIH	输入高电平电压				VDD+0.5	
Vhys （迟滞电压）	标准I/O引脚施密特触发器迟滞电压				200	mV
	5V兼容I/O引脚施密特触发器迟滞电压				5%VDD	mV
Ilkg （输入漏电流）	输入漏电流	VSS≤VIN≤VDD 标准I/O端口			±1	μA
		VIN=5V 5V兼容端口			3	
RPU	弱上拉等效电阻	VIN=VSS	30	40	50	kΩ
RPD	弱下拉等效电阻	VIN=VDD	30	40	50	kΩ
CIO	I/O端口引脚的电容			5		pF

说明：

1) FT=5V；

2) Vhys是施密特触发器开关电平的迟滞电压，该值由综合评估得出，不在生产中测试；

3) 5%VDD至少为100mV；

4) 如果在相邻引脚有反向电流倒灌，则漏电流可能高于最大值；

5) 上拉电阻和下拉电阻是由1个电阻串联1个可开关的PMOS/NMOS实现的。这个PMON/NMOS开关的电阻很小（约占整个电阻的10%）。

所有的I/O端口都是CMOS和TTL兼容（不需要软件进行配置），它们的特性考虑了多数严格的CMOS工艺或TTL参数：

- 对于VIH，如果VDD在2.00~3.08V间，则I/O端口使用CMOS特性但包含TTL；如果VDD在3.08~3.60V间，则I/O端口使用TTL特性但包含CMOS。

- 对于VIL，如果VDD在2.00~2.28V间，则I/O端口使用TTL特性但包含CMOS；如果VDD在2.28~3.60V间，则I/O端口使用CMOS特性但包含TTL。

3. 输出驱动电流

GPIO端口可以输出+/-8mA的电流，灌电流为+20mA（不严格的VOL）。在用户应用中，GPIO端口引脚须保证驱动电流不超过表1-9给出的最大值：

- 所有GPIO端口引脚从VDD上获取的电流总和，加上MCU在VDD上获取的最大运行电流，不能超过IVDD的最大值（见表1-9）。

- 所有GPIO端口引脚吸收并从VSS上流出的电流总和，加上MCU在VSS上流出的最大运行电流，不能超过IVSS的最大值（见表1-9）。

4. 输出电压

如果没有特别说明，则表1-12列出的参数都是在环境温度和VDD供电电压符合通用工作条件下测量得到的。此外，所有的 GPIO 端口都是兼容 CMOS 和 TTL 的。

表 1-12　输出电压特性

符　　号	参　　数	条　　件	最小值/V	最大值/V
VOL[1]	当 8 个引脚同时吸收电流时，输出低电平	TTL 端口，I/O 电流 = +8 mA		0.4
VOH[2]	当 8 个引脚同时输出电流时，输出高电平	2.7 V<VDD<3.6 V	VDD−0.4	
VOL[1]	当 8 个引脚同时吸收电流时，输出低电平	CMOS 端口，I/O 电流 = +8 mA		0.4
VOH[2]	当 8 个引脚同时输出电流时，输出高电平	2.7 V<VDD<3.6 V	2.4	
VOL[1][3]	当 8 个引脚同时吸收电流时，输出低电平	I/O 电流 = +20 mA		1
VOH[2][3]	当 8 个引脚同时输出电流时，输出高电平	2.7 V<VDD<3.6 V	VDD−1	
VOL[1][3]	当 8 个引脚同时吸收电流时，输出低电平	I/O 电流 = +6 mA		0.4
VOH[2][3]	当 8 个引脚同时输出电流时，输出高电平	2 V<VDD<2.7 V	VDD−0.4	

① 芯片吸收的 I/O 电流必须始终遵循表 1-9 中给出的最大值，同时 I/O 电流的总和（所有 I/O 引脚和控制引脚）不能超过 I_{VSS}。

② 芯片输出的 I/O 电流必须始终遵循表 1-9 中给出的最大值，同时 I/O 电流的总和（所有 I/O 引脚和控制引脚）不能超过 I_{VDD}。

③ 综合评估得出，不是生产中测试得出的。

5. 输入/输出电压特性

表 1-13 列出的参数是在环境温度和供电电压符合通用工作条件下测量得到的。

表 1-13　输入/输出电压特性

MODEx[1:0][1] 的配置	符　　号	参　　数	条　　件	最小值	最大值
10 (2 MHz)	fmax(IO)out	最大频率[2]	CL：50 pF，VDD：2~3.6 V		2 MHz
	tf(IO)out	输出高电平至低电平的下降时间	CL：50 pF，VDD：2~3.6 V		125 ns
	tr(IO)out	输出低电平至高电平的上升时间			125 ns
01 (10 MHz)	fmax(IO)out	最大频率[2]	CL：50 pF，VDD：2~3.6 V		10 MHz
	tf(IO)out	输出高电平至低电平的下降时间	CL：50 pF，VDD：2~3.6 V		25 ns
	tr(IO)out	输出低电平至高电平的上升时间			25 ns
11 (50 MHz)	fmax(IO)out	最大频率[2]	CL：30 pF，VDD：2.7~3.6 V		50 MHz
			CL：50 pF，VDD：2.7~3.6 V		30 MHz
			CL：50 pF，VDD：2~2.7 V		20 MHz
	tf(IO)out	输出高电平至低电平的下降时间	CL：30 pF，VDD：2.7~3.6 V		5 ns
			CL：50 pF，VDD：2.7~3.6 V		8 ns
			CL：50 pF，VDD：2~2.7 V		12 ns
	tr(IO)out	输出低电平至高电平的上升时间	CL：30 pF，VDD：2.7~3.6 V		5 ns[3]
			CL：50 pF，VDD：2.7~3.6 V		8 ns[3]
			CL：50 pF，VDD：2~2.7 V		12 ns[3]
—	tEXTIpw	EXTI 控制器检测到外部信号的脉冲宽度		10 ns	

① I/O 端口的速度可以通过 MODEx[1:0]配置，具体可参见 RM0008 Rev21 中关于 GPIO 端口配置寄存器的说明。

② 在图 1-5 中定义。

③ 由设计过程保证，不在生产中测试。

输入/输出交流特性定义如图 1-5 所示。

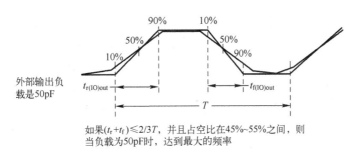

如果$(t_r + t_f) \leqslant 2/3 T$，并且占空比在45%～55%之间，则
当负载为50pF时，达到最大的频率

图 1-5　输入/输出交流特性定义

$t_{f(IO)out}$—输出电平由高到低下降时间　$t_{r(IO)out}$—输出电平由低到高上升时间　T—周期

通过 STM32 GPIO 端口的功能描述、配置寄存器和 GPIO 端口特性 3 个方面基本知识的学习，就可以进行流水灯硬件设计和驱动软件设计了。下面分步完成流水灯硬件设计、驱动软件设计、程序下载与功能测试 3 个任务。

1.2　流水灯硬件设计

1.2.1　硬件电路设计

[知识目标]
- STM32 I/O 端口作为输出的使用方法；
- LED 灯和电阻的参数性能；
- LED 灯硬件连接方法。

[能力目标]
- 会使用 STM32 I/O 端口作为输出控制流水灯；
- 会根据选定的 LED 灯计算限流电阻；
- 会用 EDA 软件设计硬件电路图。

[任务描述]
利用 STM32 I/O 端口驱动发光二极管。I/O 端口电流流向有两种：一种是 I/O 输出灌电流（电流从 STM32 外部流入 I/O 端口），另一种是 I/O 输出电流（电流从 STM32 内部经 I/O 端口流到 STM32 外部）。

本次任务是利用 STM32 的 8 个 I/O 端口驱动 8 个发光二极管，实现流水灯的硬件驱动电路设计。具体要求为：

1）设计 I/O 输出灌电流时的流水灯驱动电路，要求电源电压为 3.3 V，每个发光二极管工作电流为 10 mA；

2）发光二极管选用直径为 5 mm 的红色发光二极管；

3）制作硬件电路测试板。

根据任务要求，所设计的流水灯驱动硬件电路如图 1-6 所示。

图 1-6 中，发光二极管 D1～D8 采用共阳极连接；

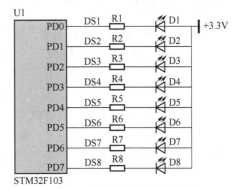

图 1-6　流水灯驱动硬件电路

公共端与+3.3 V的电源直接连接，阴极通过1个限流电阻分别接到STM32F103的GPIO端口引脚PORTD.0~PORTD.7（PD0~PD7）上。以发光二极管D1为例，当PORTD.0引脚输出高电平时，发光二极管D1上没有电流流过，发光二极管D1处于熄灭状态；当PORTD.0引脚输出低电平时，发光二极管D1上有电流流过；当电流大于或等于钳位电压时，发光二极管D1开始发光。并且，电流从外部电源经发光二极管D1和R1流入PORTD.0。

1.2.2 器件选型

1. 发光二极管选型

根据任务要求，这里选用厦门华联电子有限公司生产的红色发光二极管，其型号为HFR205P。表1-14为该红色发光二极管的极限参数，表1-15为其光电参数。

表1-14 红色发光二极管的极限参数（Ta=25℃）

参 数 名 称	符 号	额 定 值	单 位
正向电流	IFM	25	mA
反向电压	VR	5	V
耗散功率	PD	75	mW
工作温度	Topr	−20~+75	℃
储存温度	Tstg	−40~+100	℃
焊接温度（3 s）	Tsol	260	℃

表1-15 红色发光二极管的光电参数（Ta=25℃）

参 数 名 称	符 号	测 试 条 件	最 小 值	典 型 值	最 大 值	单 位
正向电压	VF	IF=10 mA	—	2.1	2.5	V
反向电流	IR	VR=5 V	—	—	10	μA
发光强度	IV	IF=10 mA	2.0	—	—	mcd
峰值波长	λP	IF=10 mA	—	700	—	nm
光谱半宽度	△λ	IF=10 mA	—	100	—	nm

图1-7为红色发光二极管的外形尺寸。

2. 限流电阻选型

要把流水灯驱动板做成实物，选用金属膜电阻即可。金属膜电阻如图1-8所示。其电阻阻值和功率参数会根据设计要求进行计算。

1.2.3 参数计算

流水灯电路比较简单，只需要计算限流电阻的阻值和功率。这里以图1-6中的发光二极管D1为例，计算其限流电阻的阻值。

$$R = \frac{VCC - VF}{IF} \tag{1-1}$$

根据设计要求，IF=10 mA，VCC=3.3 V。由表1-15所列发光二极管的光电参数可知，当IF=10 mA时，VF典型值为2.1 V，最大值为2.5 V。这里取中间值VF=2.3 V。由此，可以得到限流电阻R1的阻值为：

$$R1 = \frac{VCC - VF}{IF} = \frac{(3.3 - 2.3)\,V}{0.01\,A} = 100\,\Omega \tag{1-2}$$

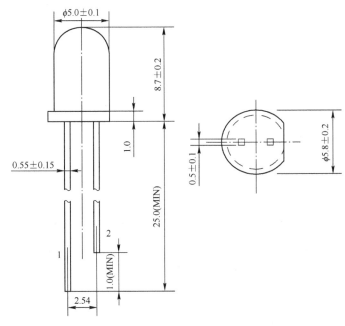

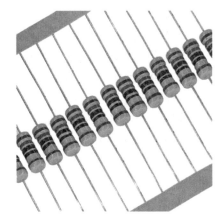

图 1-7　红色发光二极管的外形尺寸　　　　　　　图 1-8　金属膜电阻实物

R1 上消耗的功率为：

$$P = R1 \times I1 \times I1 = 100\ \Omega \times 0.01\ A \times 0.01\ A = 0.01\ W$$

为了留有一定的裕量，选取 0.25 W 电阻即可。

自此，发光二极管和限流电阻都已经按任务要求选定了型号。那么，设计是否合理，能不能满足 STM32 GPIO 端口的工作条件呢？下面做进一步验证：

由 GPIO 端口特性可知，单个 GPIO 端口引脚在推挽输出模式下可以输出 25 mA 的灌电流，而本任务的设计值为 10 mA，满足要求。又因为所有 GPIO 端口引脚电流之和不能大于 150 mA，本项目共 8 个发光二极管，总电流为 80 mA，也满足要求。因此，电路设计和参数选取是满足该设计任务要求和 STM32 工作要求的。电路设计原理正确，参数合理。

1.2.4　硬件电路制作

根据选定的发光二极管和电阻参数购买元器件。进行合理布局并焊接，最终完成流水灯驱动电路板的制作。其实物如图 1-9 所示。

图 1-9　流水灯驱动电路板实物图

1.3 流水灯驱动软件设计

1.3.1 任务：驱动软件设计

[能力目标]
- 会使用 STM32 I/O 端口作为输出控制流水灯；
- 会使用模块化编程方法编写控制程序；
- 能将流水灯驱动程序模块添加到 MDK5 工程中。

[任务描述]

根据 1.2.1 小节所设计的流水灯硬件电路设计流水灯驱动程序，当前任务主要是在已有工程模板的基础上添加流水灯驱动模块，编写控制 8 个 LED 灯从左到右依次点亮并循环往复的流水灯驱动程序。如果没有做好的 MDK5 工程模板，这里提供两种方法，具体获取方法见本书的配套资源。

具体要求为：

1）在基于库文件的 MDK5 工程模板文件夹中新建流水灯程序模块文件夹；

2）新建流水灯驱动程序头文件和源程序文件；

3）按项目要求编写流水灯驱动程序。

流水灯主要用到的固件库文件如下面程序所示，流水灯驱动程序架构如图 1-10 所示。

1. stm32f10x_gpio. c /stm32f10x_gpio. h

2. stm32f10x_rcc. c/stm32f10x_rcc. h

3. misc. c/ misc. h

4. stm32f10x_usart /stm32f10x_usart. h

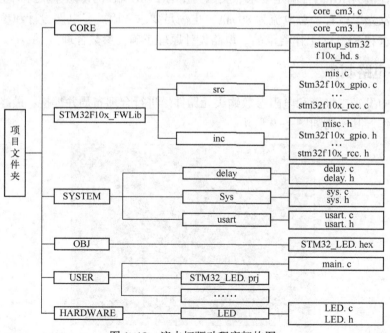

图 1-10 流水灯驱动程序架构图

其中，stm32f10x_rcc.h 在每个项目中都要使用，因为系统时钟配置函数以及相关的外设时钟使能函数都在其源文件 stm32f10x_rcc.c 中。usart.h 和 misc.h 每个项目也会使用。

首先，在 MDK5 工程模板文件夹（图 1-10 中的项目文件夹）下新建 1 个文件夹，命名为 HARDWARE，用来存储以后与硬件相关的程序；其次，在 HARDWARE 文件夹下新建 1 个 LED 文件夹，用来存放与 LED 相关的程序，如图 1-11 所示；再次，打开 USER 文件夹下的 LED.uvprojx 工程（如果使用的是新建的工程模板，则是 Template.uvprojx，可以将其重命名为 LED.uvprojx），在打开的工程窗口中单击"新建"按钮 🗐 新建 1 个文件，并保存在 ..\HARD-WARE\LED 文件夹下，保存的文件名为 led.c，输入以下程序：

图 1-11　新建 HARDWARE 文件夹

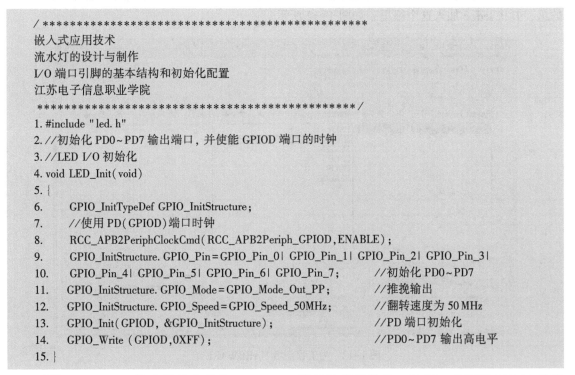

```
/ **********************************************
嵌入式应用技术
流水灯的设计与制作
I/O 端口引脚的基本结构和初始化配置
江苏电子信息职业学院
********************************************** /
1. #include "led.h"
2. //初始化 PD0~PD7 输出端口，并使能 GPIOD 端口的时钟
3. //LED I/O 初始化
4. void LED_Init( void)
5. |
6.     GPIO_InitTypeDef GPIO_InitStructure;
7.     //使用 PD( GPIOD)端口时钟
8.     RCC_APB2PeriphClockCmd( RCC_APB2Periph_GPIOD,ENABLE);
9.     GPIO_InitStructure.GPIO_Pin=GPIO_Pin_0| GPIO_Pin_1| GPIO_Pin_2| GPIO_Pin_3|
10.    GPIO_Pin_4| GPIO_Pin_5| GPIO_Pin_6| GPIO_Pin_7;          //初始化 PD0~PD7
11.    GPIO_InitStructure.GPIO_Mode=GPIO_Mode_Out_PP;           //推挽输出
12.    GPIO_InitStructure.GPIO_Speed=GPIO_Speed_50MHz;          //翻转速度为 50 MHz
13.    GPIO_Init( GPIOD, &GPIO_InitStructure);                  //PD 端口初始化
14.    GPIO_Write （GPIOD,0XFF);                                //PD0~PD7 输出高电平
15. |
```

函数 LED_Init( )的功能是实现将 PD0~PD7 配置为推挽输出。注意：在配置 STM32 外设时，应先使能该外设的时钟。GPIO 是挂载在 APB2 总线上的外设，在固件库中对挂载在 APB2 总线上的外设时钟使能是通过函数 RCC_APB2PeriphClockCmd( )来实现的。例如：

```
RCC_APB2PeriphClockCmd(RCC_APB2Periph_GPIOD, ENABLE);
```

这行程序的作用是使能 APB2 总线上 GPIOD 端口的工作时钟。

函数 LED_Init( )配置了 PD0~PD7 的模式为推挽输出,并且默认输出为 1。这样就完成了对这两个 IO 端口的初始化。

保存 led. c 程序,然后按照同样的方法,新建 led. h 文件,也保存在 LED 文件夹下。在 led. h 中输入如下程序:

```
/***********************************************
嵌入式应用技术
流水灯的设计与制作
LED. h 库文件的建立
江苏电子信息职业学院
***********************************************/
1. #ifndef __LED_H
2. #define __LED_H
3. #include " sys. h"
4. //LED 端口定义
5. void LED_Init(void) ;      //初始化
6. #endif
```

保存 led. h 文件。之后,在项目管理窗口中在程序分组的上一层文件夹右击,在弹出菜单中选择 Manage Project Items,进入 Manage Project Items 管理器,在该管理器中新建 HARDWARE 的组,并将 led. c 加入这个组里,如图 1-12 所示。

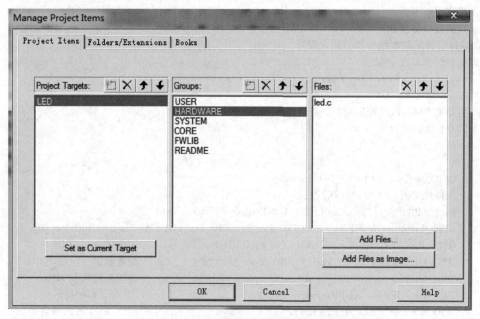

图 1-12 为工程新增 HARDWARE 组

单击图 1-12 中的 OK 按钮,回到工程。可以看到,在 LED 工程下多了 1 个 HARDWARE 的组,该组下有 1 个 led. c 文件,如图 1-13 所示。

再将 led. h 头文件的路径加入工程里,如图 1-14 所示。

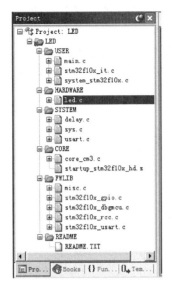

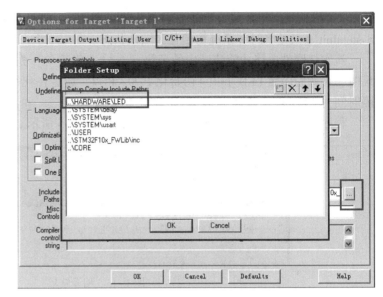

图 1-13　LED 工程新增 HARDWARE
　　　　组后的效果图

图 1-14　将 led. h 头文件的路径加入工程

加入完成后，回到主界面，在 main 函数里编写程序如下：

```
/********************************************
   嵌入式应用技术
   流水灯的设计与制作
   流水灯主函数的编写
   江苏电子信息职业学院
   ********************************************/
1. #include "led. h"
2. #include "delay. h"
3. #include "sys. h"
4. int main( void)
5. {
6.     u8 Disdate = 0;
7.     delay_init( );
8.     LED_Init( );
9.     while(1)
10.    {
11.        Disdate = 1;
12.        for( i = 0; i < 8; i++)
13.        {
14.            GPIO_Write( GPIOD, ~( Disdate<<i) );
15.            delay_ms(500);
16.        }
17.    }
18. }
```

该程序包含了头文件"led. h"，使得函数 LED_Init( )能在函数 main( )里被调用。应注意：在固件库 V3. 5 中，系统在启动时会调用 system_stm32f10x. c 中的函数 SystemInit( )对系统时钟进行初始化，在时钟初始化完毕后会调用函数 main( )。所以不需要再在函数 main( )中调用函数 SystemInit( )。当然，如果需要重新设置时钟系统，可以编写自己的时钟设置程序，函数 SystemInit( ) 只是将时钟系统初始化为默认状态。

流水灯硬件电路功能测试中的函数 main( ) 非常简单，先调用函数 delay_init( ) 进行初始化延时，再调用函数 LED_Init( ) 初始化 PD0 ~ PD7，最后在死循环里面实现 D1 ~ D7 的闪烁，间隔时间为 500 ms。

程序编写完成后，进行编译，得到结果如图 1-15 所示。

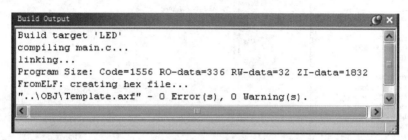

图 1-15　编译结果

从编译信息可以看出，没有错误，也没有警告且程序占用闪存（FLASH）大小为 1892 B（1556+336），所用的 SRAM 大小为 1864 B（32+1832）。

图 1-15 中：

- Code 表示程序所占用 FLASH 的大小（FLASH）。
- RO-data 即 Read Only-data，表示程序定义的常量，如 const 类型（FLASH）。
- RW-data 即 Read Write-data，表示已被初始化的全局变量（SRAM）。
- ZI-data 即 Zero Init-data，表示未被初始化的全局变量（SRAM）。

通过上述数据，就可以知道程序当前使用的 FLASH 和 SRAM 大小了。应注意的是程序所占存储空间的大小不是 .hex 文件的大小，而是编译后的 Code 和 RO-data 之和。

程序编译完成，可先进行软件仿真，验证无误后，再下载到流水灯硬件电路板观察实际运行的结果。

1.3.2　任务：程序下载与调试

[能力目标]
- 会连接 STM32 硬件调试下载器；
- 会设置 MDK5 软件仿真参数；
- 能使用 MDK5 软件仿真流水灯功能；
- 会设置 MDK5 硬件下载器参数。

[任务描述]
对于 1.3.1 小节设计好的流水灯控制程序，可以先使用 MDK5 软件仿真功能验证其是否满足设计要求，仿真正确后，再通过 J-LINK 将程序下载到目标板，如果满足设计需求，则项目完成；如不满足设计需求，则根据故障现象修改程序，再下载验证直到满足设计要求。如果没有做好的流水灯驱动，这里提供两种方法，具体的获取见本书配套的电子资源。

本次任务是利用软件仿真和硬件实测两种方法验证系统程序是否正确。具体要求为：
- 正确连接硬件仿真器；
- 使用 MDK5 软件仿真功能；

● 使用 J-LINK 下载程序到目标板，实际测试。

仿真的具体步骤如下：

首先，进行软件仿真（在工程编译前，请先确保 Options for Target→ Debug 选项卡里面已经设置为 Use Simulator）。在 File Toolbar 工具条上单击"打开/关闭调试"按钮 @ 开始仿真，接着在 Debug Toolbar 工具条上单击"逻辑分析仪"按钮 ▦ ，显示逻辑分析窗口，单击 Setup 按钮，新建两个信号 PORTD.5 和 PORTD.6，如图 1-16 所示。

在 Display Type 中选择 Bit，然后单击 Close 按钮关闭该对话框，可以看到逻辑分析窗口有两个信号，如图 1-17 所示。

接着，在"编译调试"工具条中单击 ▦ 图标，开始运行。运行一段时间后，单击"仿真暂停" ⊗ 按钮，暂停仿真，回到逻辑分析窗口，可以看到如图 1-18 所示的波形。

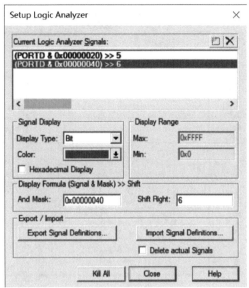

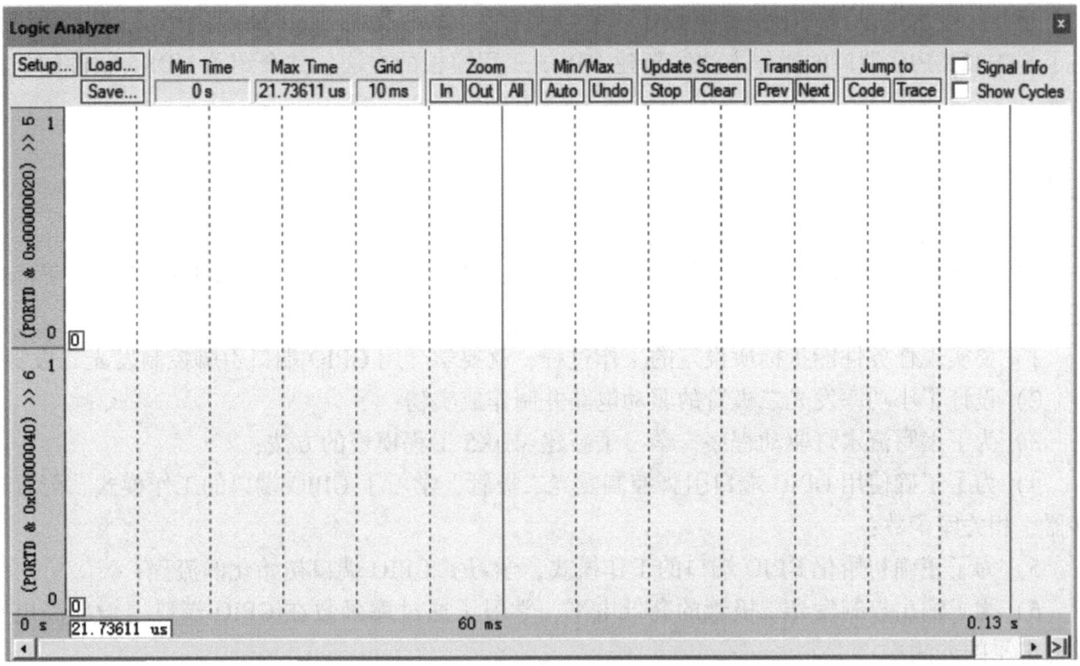

图 1-16　逻辑分析设置

图 1-17　逻辑分析后的逻辑分析窗口

注意，图 1-18 中 Grid 应调到 0.2 s 左右比较合适，可以通过 Zoom 里面的 In 按钮来放大波形，通过 Out 按钮来缩小波形，或者单击 All 按钮显示全部波形。从图 1-18 中可以看到 PORTD.5 和 PORTD.6 交替输出，可以通过 Grid 快速测量周期。至此，软件仿真已经顺利通过。随后可以把程序下载到开发板上，查看运行结果是否与仿真的一致。

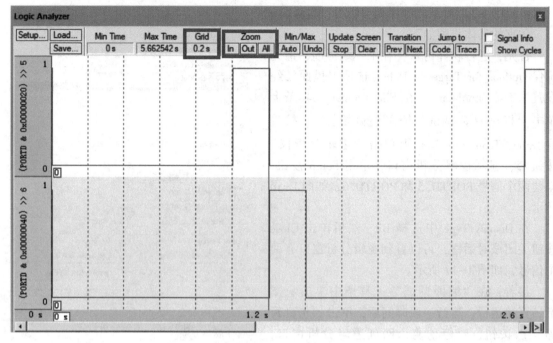

图 1-18　仿真波形

至此，流水灯设计与制作就完成了。本项目作为学习 STM32 入门的第 1 个例子，详细介绍了 STM32 GPIO 端口的操作方法和新建 MDK5 工程模板的方法，并介绍了 MDK5 软件的仿真功能。

1.4　小结

设计与制作流水灯的任务主要用来引导读者建立第 1 个基于库函数的 MDK5 工程。下面对任务 1 使用的知识总结如下：

1）要实现任务性能指标所设定的工作过程，就要学会用 GPIO 端口引脚控制发光二极管；

2）设计了小功率发光二极管的驱动电路并制作成实物；

3）为了编写流水灯驱动程序，学习了新建 MDK5 工程模板的方法；

4）为了正确使用 GPIO 端口引脚控制发光二极管，学习了 GPIO 端口的工作模式、配置寄存器、相关库函数；

5）为了正确初始化 GPIO 端口的工作模式，学习了 GPIO 端口初始化的流程；

6）为了输出控制发光二极管的高低电平，学习了通过库函数在 GPIO 端口上输出高电平及低电平的方法；

7）为了使用模块化编程，学习了在工程模板基础上添加程序文件 led. c 和 led. h；

8）为了在没有硬件电路板的情况下，验证程序功能是否正确，学习了软件仿真、软件逻辑分析仪的使用；

9）各模块驱动程序编写并测试完成后，即可针对不同应用要求，编写 main 应用程序；

10）程序下载与调试，确认满足设计要求，完成系统程序的设计。

读者可能会有疑问：1 个简单的流水灯控制程序，工程居然这么复杂？其实不是这样的。

设计流水灯硬件电路和编写流水灯驱动程序只是引导读者了解 STM32、库文件以及利用库文件开发工程的一般步骤，建立基于 STM32F1 系列处理器开发嵌入式系统的思想，最终达到利用库函数快速、高效地开发工程项目的目的。

嵌入式系统开发流程如图 1-19 所示。

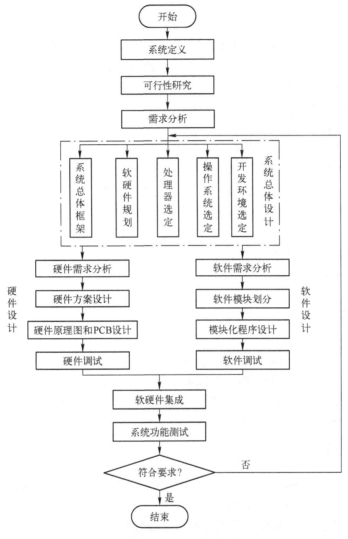

图 1-19　嵌入式系统开发流程

1.5　习题

1. 简述 STM32 GPIO 的工作模式。

2. 编写将 PA.4，PA.5 设置为推挽输出，电平翻转速度为 50 MHz 的初始化程序。

3. 编写将 PB.3，PB.4 设置为带下拉电阻的输入工作模式，电平翻转速度为 10 MHz 的初始化程序。

4. 试着自己设定 1 个流水灯的工作过程，写出控制程序，并下载验证。

第 2 章　红外测温仪设计与制作

本章要点:

- 熟练掌握 STM32 GPIO 端口引脚输入、输出工作模式的配置方法;
- 熟练掌握 STM32 GPIO 端口引脚输入电平的读取方法;
- 掌握 LCM1602 接口定义;
- 掌握 LCM1602 配置寄存器;
- 掌握红外温度传感器 MLX90614 接口定义;
- 掌握红外温度传感器 MLX90614 SMBus 控制时序;
- 掌握红外温度传感器 MLX90614 SMBus 温度读取;
- 掌握红外温度传感器 MLX90614 SMBus 温度计算方法;
- 掌握摄氏度与华氏度的转换方法;
- 掌握温度测量数据误差处理方法;
- 掌握按键功能分配及使用方法;
- 熟练掌握程序下载方法。

2.1　红外温度传感器

红外温度传感器是本项目的核心器件。在使用前,应先选定红外温度传感器的具体型号,然后学习其硬件电路设计、控制方法、温度数据读取方法和温度计算方法等相关知识。本节主要讲解 MLX90614 硬件电路设计的相关知识,通过这部分内容的学习,读者能够设计出 MLX90614 驱动电路原理图和绘制 PCB 版图。

2.1.1　MLX90614 简介

MLX90614 是一款由 Melexis 公司研发并生产的测温器,是红外非接触式温度计。它包括:

1) 红外热电堆感应器 MLX81101;

2) 专为适用于这款感应器输出而设计的信号处理芯片 MLX90302。

MLX90614 采用了工业标准的 TO-39 封装。而 MLX90302 在信号调节芯片中使用了先进的低噪声放大器、1 枚 17 位 ADC 以及功能强大的 DSP 元件,从而实现了高精确度温度测量。计算并存储于 RAM 中的环境温度以及物体温度可实现 0.01℃ 的解析度,并且它可通过双线标准 SMBus 输出获得 0.02℃ 的解析度,或者通过 10 位 PWM 输出获得。MLX90614 在 -40~125℃ 环境温度,及 -70~382℃ 物体温度范围内进行出厂校准。芯片计算出的温度是感应器视角范围内所有物体的平均温度。MLX90614 在室温范围内提供的标准精度为 ±0.5℃。

注意:上述精度的实现是假设感应器处在均衡的温度环境中。所谓均衡的温度环境是指在感应器封装表面不存在温度梯度差,而感应器的精确度会受这种温度梯度差影响。造成这种温度梯度差的原因有:发热电子器件处在感应器背部,加热器或散热器距离感应器太近等。

预防由上述温度梯度差造成的读数误差,对于小视角范围感应器版本 -XXC 和 -XXF 更为

24

重要，因为此类小视角范围感应器本身灵敏度相对较小。因而，Melexis 公司还研发并生产了-XCX 版本。此版本的感应器本身采用了热梯度差补偿原理，从而使得由热梯度造成的误差大大减小。但是，即便相对于其他版本-XCX 版本感应器测得的误差有所减小，并不意味着这种误差可以完全消除。所以，正确地设计感应器的摆放位置或者对感应器添加温度保护装置，对于此版本也同样重要。

红外温度传感器的主要功能为感知被测人员的体温。红外温度传感器输出的温度数据经STM32F103 高性能 32 位 ARM 处理器处理后显示在液晶屏幕上，可以通过按键启动 1 次温度检测、摄氏度和华氏度两种温度单位的转换、测量温度信息的清除等功能。红外温度传感器的结构框图如图 2-1 所示。

由图 2-1 可知，红外温度传感器由 4 个核心模块组成，分别是：红外温度传感器模块，该模块主要通过温度传感器获取被测人员或物体的表面温度；STM32 最小系统板主要负责读取红外温度传感器的温度数据，加以处理后，发送到液晶显示模块上显示；液晶显示模块主要用于显示温度信息；按键模块主要用于启动温度转换、清除显示数据以及摄氏度和华氏度单位切换，以适应不同的使用场合。下面分别讲述各模块涉及的知识和其硬件电路原理图设计。

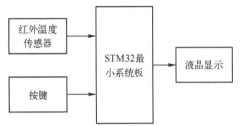

图 2-1　红外温度传感器的结构框图

作为出厂标准，MLX90614 中被测物体的热辐射系数（Emissivity）设置为 1。用户可在芯片内对此系数在 0.1~1.0 范围内进行设置，从而避免对被测物体进行黑体校准。在无特殊设定情况下，10 位脉宽调制（PWM）输出可测量-2~12℃范围内的温度，解析度为 0.14℃。用户可通过更改 EEPROM 中两个地址的内容设置可测量温度范围，并且此操作不会影响感应器出厂校准设置。PWM 引脚可设置成热敏继电器（Thermal Relay）模式（输入为被测物体温度），从而感应器也可用于温箱或者温度警报（冰点/沸点）等应用，而且成本低。用户可自行设定温度阈值。在 SMBus 系统应用中，PWM 信号也可作为处理器的中断信号而触发处理器以读取测量结果。感应器有 3 V 和 5 V 工作电压版本。其中 5 V 版本可通过简易的外部电路实现 8~16 V 工作电压的应用。MLX90614 的 3 种常见型号如图 2-2 所示。

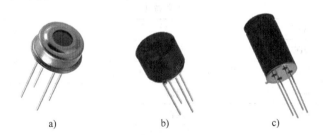

图 2-2　MLX90614 的 3 种常见型号
a）MLX90614ESF-BAA　b）MLX90614ESF-BCC　c）MLX90614ESF-DCI

2.1.2　MLX90614 引脚功能

MLX90614 引脚排列顶视图如图 2-3 所示。
MLX90614 引脚描述如表 2-1 所示。

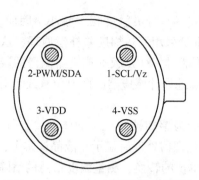

图 2-3　MLX90614 引脚排列顶视图

表 2-1　MLX90614 引脚描述

序号	引 脚 名	功　　能
1	SCL/Vz	两线通信协议的串行时钟信号。该引脚上的 5.7 V 齐纳二极管用于连接外部双极晶体管,以实现对器件高电源电压 8~16 V 的应用
2	PWM/SDA	数字信号输入/输出。正常模式下,该引脚以脉宽调制方式输出测量的物体温度;SMBus 兼容模式下,该引脚自动配置为 NMOS 开漏输出
3	VDD	外部电源电压
4	VSS	接地,金属罐也连接到该引脚上

2.1.3　MLX90614 电气特性

　　在设计 MLX90614 应用电路原理图之前,必须先学习 MLX90614 的电气特性,本章只给出了 MLX90614ESF-BCC 的部分电气特性,读者可以参考 MLX90614 官方提供的规格书中电气特性部分的内容查看更详细的电气特性。

　　MLX90614ESF-BCC 的主要电气特性参数如表 2-2 所示。

表 2-2　MLX90614ESF-BCC 主要电气特性参数

参　　数	符　　号	测 试 条 件	最小值	典型值	最大值	单位
电源特性						
外部电源	VDD		2	3	3.6	V
电源电流	IDD	无负载		1	2	mA
电源电流(编程)	IDDpr	无负载,擦除/写入 EEPROM 操作	/	1.5	2	mA
断电电源电流	Isleep	无负载	1	2	5	μA
断电电源电流	Isleep	全温度范围	1	2	6	μA
上电复位						
POR 电位	VPOR_up	上电(全温度范围)	1.4	1.75	1.95	V
POR 电位	VPOR_down	断电(全温度范围)	1.3	1.7	1.9	V
POR 迟滞	VPOR_hys	全温度范围	0.08	0.1	1.15	V
VDD 上升时间(10%~90%的规定电源电压)	TPOR	确保 POR 信号	/	/	2	ms
有效输出	Tvalid	POR 之后		0.15		s

2.2 MLX90614 驱动电路设计

根据前面所学习的内容，设计 MLX90614 驱动电路原理图，并根据原理图，设计 MLX90614 单元电路 PCB，焊接、调试完成后作为后续任务的单元模块。

2.2.1 MLX90614 电路设计

MLX90614 的 SCL 和 SDA 为 SMBus 兼容的两线接口引脚，使用时与 STM32 的 I/O 口连接，用于从 MLX90614 的内部 RAM/EEPROM 读取数据，或者向 MLX90614 的内部 RAM/EEPROM 写入数据；而 VDD 和 VSS 是 MLX90614 供电电源输入引脚。MLX90614 驱动电路原理图和 MLX90614 改进型驱动电路原理图如图 2-4 和图 2-5 所示。

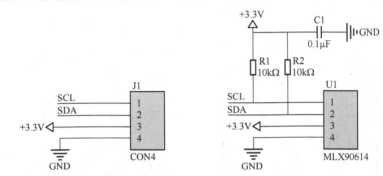

图 2-4　MLX90614 驱动电路原理图⊖

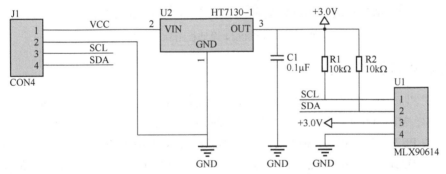

图 2-5　MLX90614 改进型驱动电路原理图

图 2-4 和图 2-5 中，R1、R2 为 10 kΩ 的上拉电阻，本项目选用 0805 封装的普通贴片电阻即可；C1 为 0.1 μF 电容，本项目选用常见的 0805 封装、X7R 材质的瓷片电容，但应注意电容的耐压值要大于 6V；J1 为 4 引脚、24 mm 间距的单排针，STM32F103 最小系统通过 J1 为 MLX90614 提供工作电源和控制信号；U1 为 MLX90614 原理图封装，MLX90614 的 4 个引脚分别连接到 J1 的 4 个引脚上。

细心的读者可能会有所疑问，本项目中为什么设计两种驱动电路？对比图 2-4 和图 2-5 不难发现，这两种驱动电路的主要区别是 MLX90614 的工作电压不同。图 2-4 中，MLX90614 的工作电压由 J1 的引脚 1 提供。

⊖ 本书中电路图用相关软件绘制，未用国标规定的符号，读者可自行查阅相关标准。

本项目使用的是 STM32F103 最小系统电路板，而 STM32F103 的工作电压一般是+3.3 V，所以图 2-4 中，MLX90614 的工作电压标注成了+3.3 V，这也是最常见、最容易得到的电压值，但这个电压是可以在 STM32F103 正常工作电压范围内变化的。图 2-5 中，MLX90614 的工作电压被 HT7130-1 限制在+3.0 V，这样做的好处是：外部供电电压 VCC 范围可以更宽，最高可以到+24 V。VCC 的范围也就是 HT7130-1 的输入电压范围。HT7130-1 是 HOLTEK 公司生产的一款低压差、高精密直流电压变换芯片，读者可自行参考 HT7130-1 的产品规格书查看其具体参数。在实际设计产品时，可以综合考虑各种外部因素，选择图 2-4 和图 2-5 中的一种即可。本项目采用图 2-4 所示 MLX90614 驱动电路原理图进行 PCB 设计。MLX90614 设计板图和实物如图 2-6 所示。

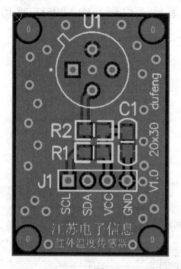 

图 2-6　MLX90614 设计板图和实物图

2.2.2　I/O 端口引脚分配

为了实现 STM32F103 对 MLX90614 的操作，必须为 MLX90614 的 SCL 和 SDA 引脚分配 I/O 口。本项目中，MLX90614 的 SCL 引脚与 STM32F103 的 PB6 相连，MLX90614 的 SDA 引脚与 STM32F103 的 PB7 相连。MLX90614 模块与 STM32F103 最小系统的连接如图 2-7 所示。其中，左边虚框为 STM32F103 最小系统，右边虚框为 MLX90614 电路模块。STM32F103 最小系统电路板通过 J1 向 MLX90614 电路模块提供工作电源和控制信号。

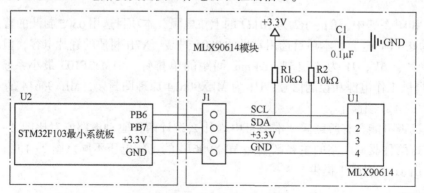

图 2-7　MLX90614 模块与 STM32F103 最小系统的连接

28

2.3 LCM1602 液晶显示模块

液晶显示模块是本项目的重要器件，可以将检测的温度值显示出来。本节主要介绍 LCM1602 的基本指标、引脚功能和电气特性，通过这部分内容的学习，读者能够设计出 LCM1602 的驱动电路原理图和 PCB 板图。

2.3.1 LCM1602 简介

LCM1602 液晶显示模块是广泛使用的一种字符型液晶显示模块。它由字符型液晶显示屏（LCD）、控制驱动主电路 HD44780 及其扩展驱动电路 HD44100，以及少量电阻、电容元件和结构件等装配在 PCB 板上而成。不同厂家生产的 LCM1602 芯片可能有所不同，但使用方法都是一样的。为了降低成本，绝大多数制造商都采用 COB 封装工艺直接将裸片焊接到板子上。LCM1602 字符型液晶显示模块的主要显示指标如下。

- 显示像素：16（W）字符×2（H）字符；
- 字符尺寸：3.0（W）mm×5.23（H）mm；
- 点间距：0.61（W）mm×0.66（H）mm；
- 可视区域：64.5（W）mm×16.4（H）mm；
- 模块尺寸：80（W）mm×36（H）mm×13（T）mm；
- LCD 类型：黄绿 STN；
- 显示模式：透反射式、正显示；
- 视角：6:00 点钟；
- 背光形式：黄绿色 LED 背光；
- 温度范围：宽温，工作时为-2~70℃；存储时为-25~75℃。

LCM1602 字符型液晶显示模块是一种通用液晶显示器件。每个厂家基本遵循同样的外形尺寸、接口定义和工作参数。常见的 LCM1602 字符型液晶显示模块如图 2-8 和图 2-9 所示。

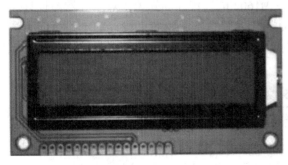
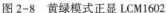

图 2-8 黄绿模式正显 LCM1602

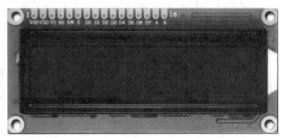

图 2-9 蓝模式负显 LCM1602

2.3.2 LCM1602 引脚功能

LCM1602 有 16 个引脚，其具体功能如表 2-3 所示。

表 2-3　LCM1602 引脚功能

序　号	符　号	引脚说明	序　号	符　号	引脚说明
1	VSS	电源地	9	D2	数据
2	VDD	电源正极	10	D3	数据
3	V0	对比度调节	11	D4	数据
4	RS	数据/命令选择 H：显示数据 L：指令数据	12	D5	数据
5	R/W	读/写选择 H：读 L：写	13	D6	数据
6	E	使能信号	14	D7	数据
7	D0	数据	15	BLA	背光源正极
8	D1	数据	16	BLK	背光源负极

各引脚说明如下。

引脚 1：VSS 为电源地；

引脚 2：VDD 接 5 V 正电源；

引脚 3：V0 为液晶显示器对比度调整端，接 VDD 时对比度最弱，接 VSS 时对比度最高，对比度过高时会产生"鬼影"现象，使用时可以通过 1 个 10 kΩ 的电位器调整其对比度；

引脚 4：RS 为寄存器选择，高电平时选择数据寄存器、低电平时选择指令寄存器；

引脚 5：R/W 为读/写信号，高电平时进行读操作，低电平时进行写操作。当 RS 和 R/W 共同为低电平时可以写入指令或显示地址；当 RS 为低电平，R/W 为高电平时，可以读取"忙"标志位；当 RS 为高电平，R/W 为低电平时，可以写入数据；

引脚 6：E 端为使能端，当 E 端由高电平跳变为低电平时，液晶模块执行命令；

引脚 7~14：D0~D7 为 8 位双向数据线；

引脚 15：背光源正极；

引脚 16：背光源负极。

2.3.3　LCM1602 电气特性

设计 LCM1602 应用电路之前，必须先学习 LCM1602 电气特性的知识。对于开发与设计而言，掌握 LCM1602 的电气特性是十分重要的。如果不掌握这部分内容，设计的电路可能无法正常工作，甚至会损坏 LCM1602 显示模组。LCM1602 工作时的极限参数和正常工作时的直流特性如表 2-4 和表 2-5 所示。

表 2-4　LCM1602 工作时的极限参数（VSS＝0 V，Ta＝+25℃）

项　目	符　号	最　小　值	最　大　值	单　位
电源电压	VDD~VSS	-0.3	5.5	V
输入电压	V1	-0.3	VDD	V
工作温度	TOP	-2	70	℃
存储温度	TSTG	-25	75	℃

注意：1）环境温度 Ta＝0℃：湿度最大值为 50 HR；

2）Ta＜40℃：湿度最大值为 90% RH；

3）Ta≥40℃：绝对湿度必须低于 90% RH 的湿度。

表 2-5 LCM1602 直流特性（VCC＝5.0V，VSS＝0V，T＝+25℃）

测试项目	符　号	最　小	典　型	最　大	单　位
输入高电平	VIH	2	—	VCC	V
输入低电平	VIL	0	—	0.6	V
输出高电平	VOH	2	—	—	V
输出低电平	VOL	—	—	0.4	V
输入漏电流（1）	IIL1	—	—	1.0	A
输入电流	IDD	—	1.5	2	mA

2.4 LCM1602 驱动电路设计

根据 LCM1602 引脚功能描述和电气特性，设计 LCM1602 驱动电路原理图。

1. LCM1602 驱动电路设计

现设计 LCM1602 液晶显示模块的驱动电路原理图，如图 2-10 所示。图中 J1 是 LCM1602 与 STM32F103 连接的接口，J2 是 LCM1602 的 16 引脚接口，RW1 是阻值为 10 kΩ 的可调电位器，RW1 的固定端 1 个端口接+3.3 V 电源，1 个端口接 GND，中间滑动端接 LCM1602 的对比度调节引脚 V0，通过调节滑动端，可以为 V0 端提供 0~3.3 V 的电压，用于调节 LCM1602 的显示对比度。

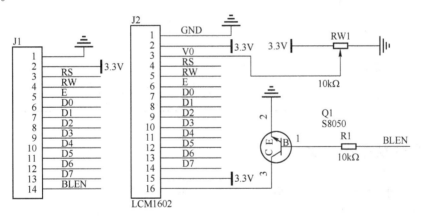

图 2-10 LCM1602 驱动电路

Q1 和 R1 一起构成了 1 个开关电路，用于控制 LCM1602 背光的打开或关闭。特别是在电池供电系统中，这种设计非常实用，当系统进入待机状态时，由 STM32F103 控制 LCM1602 的背光关闭，达到低功耗应用的目的。

2. 控制 I/O 端口引脚分配

为了实现 STM32F103 对 LCM1602 的操作，必须为 LCM1602 的控制引脚和数据引脚分配控制 I/O 端口。STM32F103 最小系统与 LCM1602 模块连接方式如图 2-11 所示。其中，左边虚线框为 STM32F103 最小系统，右边虚线框为 LCM1602 驱动电路模块。STM32F103 最小系统板通过 J1 向 LCM1602 驱动电路模块提供工作电源和控制信号。为了描述方便，具体引脚分配请读者参考表 2-6。

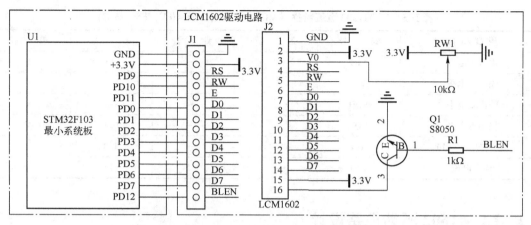

图2-11 LCM1602模块与STM32F103最小系统连接

表2-6 LCM1602控制引脚分配

序号	符号	引脚说明	控制 I/O	序号	符号	引脚说明	控制 I/O
1	VSS	电源地	—	9	D2	数据	PD2
2	VDD	电源正极	—	10	D3	数据	PD3
3	V0	对比度调节	—	11	D4	数据	PD4
4	RS	数据/命令选择 H：显示数据 L：指令数据	PD9	12	D5	数据	PD5
5	R/W	读/写选择 H：读 L：写	PD10	13	D6	数据	PD6
6	E	使能信号	PD11	14	D7	数据	PD7
7	D0	数据	PD0	15	BLA	背光源正极	—
8	D1	数据	PD1	16	BLK	背光源负极	PD12

2.5 按键驱动电路设计

根据项目要求设计按键驱动电路。

1. 按键驱动电路设计

本项目中共需要3个按键，按键电路比较简单。按键驱动电路的原理图，如图2-12所示。

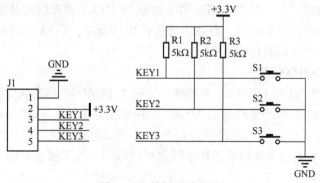

图2-12 按键驱动电路

如图 2-12 所示，J1 是按键驱动电路与 STM32F103 最小系统电路之间的接口，R1、R2 和 R3 是按键的上拉电阻，采用 0805 封装的贴片电阻，阻值为 5 kΩ。增加这 3 个上拉电阻的作用是在按键无操作时，提供 1 个稳定的高电平，提高按键操作的抗干扰能力。S1、S2 和 S3 是 3 个机械式轻触按键。S1 的功能是启动 1 次温度测量，S2 的功能是清除测量结果，S3 的功能是切换摄氏度和华氏度两种温度单位，开机默认状态温度单位为摄氏度，按 1 次 S3，温度单位切换为华氏度，再按 1 次 S3，温度单位从华氏度切换回摄氏度，如此往复。

2. 控制 I/O 端口引脚分配

为了实现 STM32F103 获取按键的操作状态，必须为每个按键分配控制 I/O 端口。然后才可以通过 STM32F103 的 I/O 口读取按键输入的电平。STM32F103 最小系统与按键驱动电路的连接如图 2-13 所示。按键 S1、S2 和 S3 分别连接到 STM32F103 的 PE0、PE1 和 PE2。

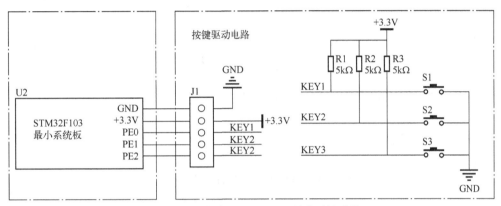

图 2-13　按键与 STM32F103 最小系统连接

2.6　红外温度计电路设计

如图 2-14 所示，红外温度计电路共有 4 部分。分别是：①STM32F103 最小系统电路；②LCM1602 驱动电路；③ MLX90614 红外测温单元电路；④按键驱动电路。红外温度计控制 I/O 端口分配如表 2-7 所示。

表 2-7　红外温度计控制 I/O 端口分配表

符号	引脚说明	控制 I/O	符号	引脚说明	控制 I/O
S1	启动测量键	PE0	D3	数据	PD3
S2	清除显示键	PE1	D4	数据	PD4
S3	温度单位切换键	PE2	D5	数据	PD5
RS	数据/命令选择 H：显示数据 L：指令数据	PD9	D6	数据	PD6
R/W	读/写选择 H：读 L：写	PD10	D7	数据	PD7
E	使能信号	PD11	BLK	背光源负极	PD12
D0	数据	PD0	SCL	MLX90614 串行时钟线	PB6
D1	数据	PD1	SDA	MLX90614 串行数据输入/输出线	PB6
D2	数据	PD2			

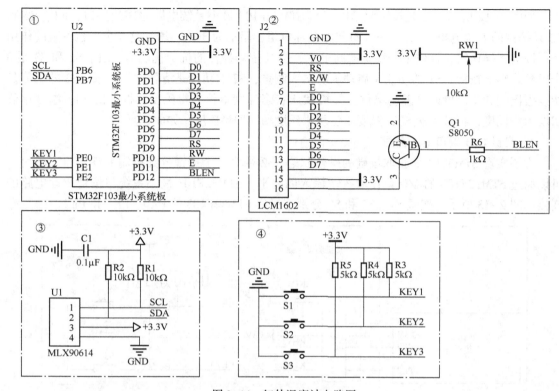

图 2-14　红外温度计电路图

2.7　MLX90614 SMBus 总线

MLX90614 芯片用于对物体温度和环境温度进行测量和计算，进行温度后处理，并将结果通过 PWM 或 SMBus 模式输出。环境温度 Ta 和物体温度 To 可通过两种方式读取：通过两线接口读取 RAM 单元（0.02℃ 分辨率，固定范围），或者通过 PWM 模式输出。本项目中，采用 SMBus 模式输出结果。如果想使用 SMBus 两线串行协议正确读取转换结果，就必须掌握 MLX90614 SMBus 两线串行协议相关知识。下面着重讲解本项目所使用的 SMBus 两线串行协议相关知识。

2.7.1　SMBus 总线功能

MLX90614 芯片支持两线串行协议，对应的引脚为 SCL 和 PWM/SDA。

- SCL：数字量输入，用作 SMBus 通信时钟信号。该引脚有辅助建立外部电压调节器的功能。当使用外部电压调节器时，两线串行协议只有在电压调节器过驱动模式[⊖]时才有效。
- PWM/SDA：数字量输入/输出，用于测量物体温度，有 PWM 输出和 SMBus 输出模式。可在 EEPROM 里编程来改变引脚模式（推挽式或开漏式），出厂默认为开漏式，即 NMOS 式。在 SMBus 模式里，SDA 为开漏式 NMOS IO 端口，PWM/热继电器工作模式时该引脚为推挽式。

SMBus 接口为两线串行协议，允许主控器件（MD）和 1 个或 1 个以上的从动器件（SD）通信。系统在给定的时刻只有 1 个主控器件。MLX90614 只作为从动器件使用。一般来讲，MD

　　⊖ 过驱动模式是指该模式下栅源之间的电压超过阈值电压。

是通过从动地址（SA）选择从动器件并开始数据传输。MD 可以对 RAM 和 EEPROM 的数据进行读取，并可对 EEPROM 中的 9 个单元进行写入操作（地址为 0x2h，0x21h，0x22h，0x23h，0x24h，0x25h，0x2Eh，0x2Fh，0x39h）。当对 MLX90614 进行读取操作，如果器件自身的 EEPROM 里存储的从动地址和主控器件发送的从动地址一致的情况下，器件会回馈以 16 位的数据和 8 位 PEC。SA 的特性允许在两线上连接多达 127 个器件。在器件连接总线之前，为了访问器件或给 SD 分配 1 个地址，通信必须以 0 从动地址（SA）加 R/W 位开始，当 MD 发送此命令，MLX90614 总会忽略内部芯片编码信息。

注意不要将相同从动地址的 MLX90614 器件接在相同总线上，因为 MLX90614 不支持 ARP。MD 可以使 MLX90614 工作在低功耗的"睡眠模式"。

2.7.2　SMBus 总线协议

MLX90614 的 PWM/SDA 引脚是否作为 PWM 模式输出，取决于 EEPROM 的设置。如果设为 PWM 使能，在上电复位（POR）之后，PWM/SDA 引脚被直接配置为 PWM 输出。可以通过 1 个特殊的命令来使引脚避开 PWM 模式而恢复到数据传送（SDA）功能。

1. SMBus 所含元素

SMBus 包含要素如图 2-15 所示。在 SD 接收到每个 8 位数据后，会回复 ACK/NACK 信息。当 MD 通信初始化，将首先发送受控地址，只有能识别该地址的 SD 会确认，其他的会保持沉默。如果 SD 未确认其中的任意字节，MD 应停止通信并重新发送信息。

NACK 也会在 PEC 接收后出现，这意味着在接收的信息有错误并且 MD 应重新发送信息。PEC 的计算结果是基于除 START、REPEATED

S—起始条件
Sr—重发起始条件
Rd—读
Wr—写
A—应答或非应答
S—停止条件
PEC—数据包校验码
□—主设备到从设备
■—从设备到主设备

图 2-15　SMBus 包含要素

STAR、STOP、ACK 和 NACK 位外的所有位。PEC 是循环冗余校验码 CRC-8 检验时的多项式 aX8+X2+X1+1。每个字节的最高有效位首先传送。

2. SMBus 读取数据格式

SMBus 读取数据的格式取决于命令 RAM 或 EEPROM。读取数据格式如图 2-16 所示。

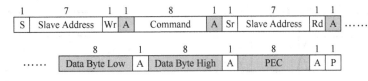

图 2-16　SMBus 读取数据格式

3. SMBus 写入数据格式

SMBus 只能对 EEPROM 写入数据。写入数据格式如图 2-17 所示。

图 2-17　SMBus 写入数据格式

2.7.3 SMBus 的 AC 特性

1. SMBus 时序

MLX90614 满足所有 SMBus 时序规范。MLX90614 SMBus 时钟的最大频率为 100 kHz, 最小频率为 10 kHz。

MLX90614 SMBus 的特定时序为:

- SMBus Request (tREQ) 定义了一段时间 (至少 1.44 ms), 在这段时间里 SCL 应该置为低电平使 MLX90614 从 PWM 模式转换为 SMBus 模式;
- Timeout L 是将 SCL 置为低电平允许的最长时间 (不多于 45 μs)。这段时间后 MLX90614 会设置通信模块并准备重新通信;
- Timeout H 是将 SCL 置为高电平允许的最长时间 (不多于 27 ms)。这段时间后会假定总线是空闲的 (根据 SMBus 规范) 并重置通信模块;
- Tsuac(SD) 定义了一段时间 (不超过 2 μs), 此时间在 SCL 的第 8 个下降沿后, MLX90614 会将 SDA 置为低电平以确认接受的字节;
- Thdac(SD) 定义了一段时间 (不超过 1.5 μs), 此时间在 SCL 的第 9 个下降沿后, MLX90614 释放 PWM/SDA (MD 可以继续通信);
- Tsuac(MD) 定义了一段时间 (不超过 0.5 μs), 此时间在 SCL 的第 8 个下降沿后, MLX90614 会释放 PWM/SDA (MD 可以确认接收的字节);
- Thdac(MD) 定义了一段时间 (不超过 1.5 μs), 此时间在 SCL 的第 9 个下降沿后, MLX90614 会控制 PWM/SDA (它可继续传送下个字节);

在最新时序用到 MD 和 SD 索引, 其中 MD 当主控器件, SD 当从动器件。

SMBus 时序如图 2-18 所示。

2. SMBus 位传送

PWM/SDA 的数据必须在 SCL 为低电平时改变。数据在 SCL 的上升沿被 MD 和 SD 读取, 建议在 SCL 为低电平的中间时刻改变数据。SMBus 位传送如图 2-19 所示。

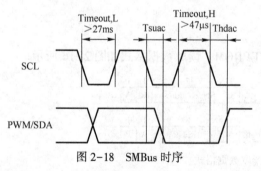

图 2-18　SMBus 时序

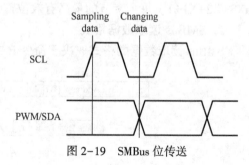

图 2-19　SMBus 位传送

2.7.4 任务: MLX90614 驱动程序设计

[能力目标]

- 会编写 SMBus 控制 I/O 端口的初始化程序;
- 会编写 MLX90614 发送起始位子程序;
- 会编写 MLX90614 发送结束位子程序;
- 会编写 MLX90614 发送字节子程序;

- 会编写 MLX90614 发送位子程序；
- 会编写 MLX90614 接收字节子程序；
- 会编写 MLX90614 接收位子程序。

[任务描述]

根据前面介绍的 MLX90614 硬件电路设计和 SMBus 总线相关知识，编写 MLX90614 驱动 I/O 端口的初始化程序，STM32F103 向 MLX90614 发送起始位子程序，STM32F103 向 MLX90614 发送停止位子程序，STM32F103 向 MLX90614 发送字节子程序，STM32F103 向 MLX90614 发送位子程序，STM32F103 接收 MLX90614 发出的字节子程序，STM32F103 接收 MLX90614 发出的位子程序，为读取温度数据做准备。

MLX90614 内部 RAM 大小为 32x17，EEPROM 大小为 32x16，RAM 和 EEPROM 地址分配详见 MLX90614 数据手册。读取 RAM 时，由于 RAM 中含有符号位，数据被分为两部分。例如：当物体温度从-70.01℃变到+3829℃时，RAM 中地址为 0x07h 的数据存储器中存储的数据范围为 0x27AD~0x7FFF。由 RAM 读取的 MSB（最高有效位）是线性化温度的错误指示符，高表示激活。TOBJ1、TOBJ2 和 Ta 的原始数据的 MSB 为符号位，例如 IR sensor1 的数据。对 EEPROM 写入数据之前需要写入 0x0000 以擦除 EEPROM 单元里的内容，EEPROM 中部分数据是无法修改出厂设置的，它们的地址请参考 MLX90614 说明书中 EEPROM 写操作相关内容。MLX90614 操作命令如表 2-8 所示。

表 2-8   MLX90614 操作命令表

操 作 码	命 令
000x xxxx	访问 RAM
001x xxxx	访问 EEPROM
1111_0000	读取标识符
1111_1111	进入 SLEEP 模式

说明：

1）xxxxx 代表要读取/写入的内存地址的 5LSB 位；

2）读取标识符类似读命令。MLX90614 在传送 16 位数据后会反馈 PEC，其中只有 4 位是 MD 需要的，它会在传送完第 1 个字节后停止通信，读取（除读取标识符之外的其他读操作）和读取标识符的区别在于后者没有重复起始位。

标识符字节按位说明：

Data[7]：EEBUSY 表示之前对 EEPROM 的读/写操作正在进行，高电平有效；

Data[6]：未使用；

Data[5]：EE_DEAD -EEPROM 发生双重错误，高电平有效；

Data[4]：INIT-POR 初始化程序正在进行，低电平有效；

Data[3]：未执行；

Data[2~0] 和 Data[8~15] 都为 0。

【程序设计】

下面把复杂的程序开发任务，分成若干个简单的步骤逐步讲解。

第 1 步：建立红外温度计测量项目工程

这一步，把已经建好的工程模板复制 1 份，再把工程文件夹的名称改为 STM32F103_

irTem，如图 2-20 所示。

图 2-20　复制工程模板

第 2 步：新建 MLX90614 程序模块文件夹

打开 D：\STM32F103_irTEM 项目文件夹，找到该文件夹下面的 HARDWARE 子文件夹，然后双击该文件夹，进入 HARDWARE 文件夹后，单击鼠标右键，可新建 1 个文件夹并更名为 MLX90614。至此，新建 MLX90614 程序文件夹的工作就完成了。

第 3 步：新建 MLX90614 驱动程序文件

打开工程，单击左上角 File 菜单，在弹出的下拉快捷菜单中，单击 new，会新建 1 个名称为 Text1 的文本文件。用同样的方法，新建 Text2 文本文件，如图 2-21 所示。

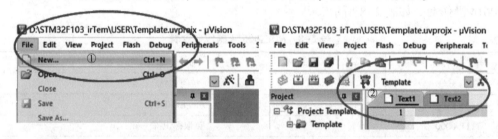

图 2-21　新建驱动程序文件

选中 Text1 文本文件，文件被选中处于当前可编辑状态时，在文件名下面有条下划线，如图 2-21 中②所示，表示 Text1 文件就为当前可操作的文件。然后单击 File 菜单，在弹出的下拉菜单中单击 Save As，把另存为路径定位到：D：\STM32F103_irTEM\HARDWARE\MLX90614，文件名改为 mlx90614.c。同样的方法，把 Text2 文件名改为 mlx90614.h，也保存到 MLX90614 文件夹下面。至此，MLX90614 驱动程序文件就新建完成了。

第 4 步：把 MLX90614 驱动程序文件添加到工程中

经过第 3 步的操作，虽然完成了 MLX90614 驱动程序文件的创建，但是它们并没有被加入到工程中，不能参与工程编译，也就是说，这两个文件对工程而言，暂时是没有用的。所以必须先将 MLX90614 驱动程序文件添加到工程管理窗口的 HARDWARE 程序分组中，并为其指定好头文件路径，该程序模块才会被编译、链接、生成可执行程序。添加完成后的程序分组和路径如图 2-22 所示。

第 5 步：编辑 mlx90614 源文件

首先打开 mlx90614.c 文件，输入 #include "mlx90614.h"，#include "delay.h"，包含 mlx90614

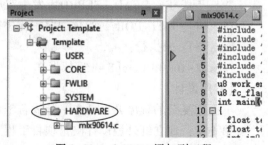

图 2-22　mlx90614 添加到工程

的头文件和延时模块的头文件。这两行程序输入完成后，编译工程，不用在意编译结果是否有误，编译完成后，mlx90614.c 所用到的头文件都被关联进来了。

第 6 步：编辑 mlx90614.h

下面是 mlx90614.h 的完整源程序，后面进行详细讲解。

```
/*********************************************
嵌入式应用技术
红外温度计设计与制作
mlx90614.h 驱动程序设计
江苏电子信息职业学院
作者:df
*********************************************/
1. #ifndef __MLX90614_H
2. #define __MLX90614_H
3. #include "sys.h"
4. //mlx90614 端口定义
5. #define SDA_IN()   {GPIOB->CRL&=0X0FFFFFFF;GPIOB->CRL|=(u32)8<<28;}
6. #define SDA_OUT() {GPIOB->CRL&=0X0FFFFFFF;GPIOB->CRL|=(u32)3<<28;}
7. #define SMB_SCL    PBout(6)            //SCL
8. #define SMB_SDA    PBout(7)            //SDA
9. #define READ_SDA PBin(7)              //输入 SDA
10. #define Nack_counter 10
11. extern u8 bit_out;
12. extern u8 bit_in;
13. extern u8 DataH,DataL,Pecreg;
14. #define MLX90614_I2CADDR   0x00
15. //RAM
16. #define MLX90614_TOBJ1      0x07
17. //SMB 所有操作函数
18. void   SMB_Init(void);              //初始化 SMB 的 IO 口
19. void   start_bit(void);             //MLX90614 发起始位子程序
20. void   stop_bit(void);              //MLX90614 发结束位子程序
21. u8     rx_byte(void);               //MLX90614 接收字节子程序
22. void   send_bit(void);              //MLX90614 发送位子程序
23. void   tx_byte(u8 dat_byte);        //MLX90614 发送字节子程序
24. void   receive_bit(void);           //MLX90614 接收位子程序
25. u16   memread(void);               //读温度数据子程序
26. float cal_tem(u16memdata,u8 f_c);   //读温度数据
27. #endif
```

说明：

第 1 行、2 行和第 27 行为条件编译，避免 mlx90614.h 头文件被重复包含；

第 3 行用于定义包含系统文件的头文件，程序的第 7~9 行宏定义中的 PBout(6)、PBout(7) 和 PBin(7)就是在 sys.h 中定义的；

第 5、6 行用于改变 SDA 的方向，当 STM32F103 需要向 MLX90614 输出数据时，SDA 要设置成输出工作模式，当 STM32F103 需要从 MLX90614 读取数据时，SDA 要设置成输入工作模式；

第 10 行定义了 1 个常数 Nack_counter，它的作用是控制 STM32F103 接收到非应答的次数，最多接收 10 次非应答，如果因为 mlx90614 故障没能正确接收到应答位，STM32F103 向

mlx90614 最多重复发送数据的次数为 10 次;

第 11 行和第 12 行定义了两个外部无符号字符变量 bit_out 和 bit_in,主要用于设置 SDA 的输出电平和保存 SDA 的输入电平,当 bit_out 为 1 时,控制 SDA 输出高电平,当 bit_out 为 0 时,控制 SDA 输出低电平;当读取 SDA 为高电平时,bit_in 赋值为 1,当读取 SDA 为低电平时,bit_in 赋值为 0;

第 13 行定义了 3 个外部无符号字符变量。DataH 用于存放读取到的温度数据的 MSB,DataL 用于存放读取到的温度数据的 LSB,Pecreg 用于存放数据包错误程序;

第 14 行定义了 1 个常量 MLX90614_I2CADDR,用于保存 MLX90614 的从机地址 (SA),本项目中可以是 0x00,也可以是 0xb4;

第 16 行定义了 1 个常量 MLX90614_TOBJ1,用于存放 MLX90614 的 RAM 中 TOBJ1 的地址(0x07);

第 18 行声明了 1 个函数 void SMB_Init(void),该函数的作用是初始化 SMBus 的 I/O 口工作模式;

第 19 行声明了 1 个函数 void start_bit(void),该函数的作用是向 MLX90614 发送起始位;

第 20 行声明了 1 个函数 void stop_bit(void),该函数的作用是向 MLX90614 发送停止位;

第 21 行声明了 1 个函数 u8 rx_byte(void),该函数的作用是从 MLX90614 接收 1 个字节数据;

第 22 行声明了 1 个函数 void send_bit(void),该函数的作用是向 MLX90614 发送 1 位数据;

第 23 行声明了 1 个函数 void tx_byte(u8 dat_byte),该函数的作用是向 MLX90614 发送 1 个字节数据;

第 24 行声明了 1 个函数 void receive_bit(void),该函数的作用是从 MLX90614 接收 1 位数据;

第 25 行声明了 1 个函数 u16 memread(void),该函数的作用是从 MLX90614 接收 2 字节数据(16 位);

第 26 行声明了 1 个函数 float cal_tem(u16 memdata,u8 f_c),该函数的作用是根据读取的温度数据计算温度;

第 27 步:编辑 mlx90614.c

对于 mlx90614.c 文件,也直接给出源程序,结合源程序进行详细讲解。由于 mlx90614.c 行数比较多,除头文件包含和变量定义放到一起进行说明外,其余内容以函数为单位进行介绍。

(1) mlx90614.c 头文件和变量定义源程序

```
/*****************************
嵌入式应用技术
红外温度计设计与制作
mlx90614.c 头文件和变量定义
江苏电子信息职业学院
作者:df
*****************************/
1. #include " mlx90614. h"
2. #include " delay. h"
3. u8 bit_out=0;
4. u8 bit_in=0;
5. u8DataH,DataL,Pecreg;
```

说明：

第 1 行和第 2 行为头文件包含语句，把 mlx90614. h 和 delay. h 两个头文件包含到 mlx90614. c，这样在 mlx90614. c 里才能使用 delay 延时模块的延时函数；

第 3、4 和第 5 行为变量定义语句，bit_out、bit_in、DataH、DataL 和 Pecreg 五个变量只是在 mlx90614. h 中进行了声明，而且声明为外部变量，便于在其他程序模块中使用。这些变量必须在 mlx90614. c 源程序文件中先定义，才能在后续的函数中使用。

（2）SMBus IO 初始化函数

```
/***********************************************
嵌入式应用技术
红外温度计设计与制作
SMBus IO 初始化函数
江苏电子信息职业学院
作者:df
***********************************************/
1. void SMB_Init(void)
2. {
3.     GPIO_InitTypeDef GPIO_InitStructure;
4.     RCC_APB2PeriphClockCmd(RCC_APB2Periph_GPIOB, ENABLE);   //使能 GPIOB 时钟
5.     GPIO_InitStructure. GPIO_Pin = GPIO_Pin_6|GPIO_Pin_7;
6.     GPIO_InitStructure. GPIO_Mode = GPIO_Mode_Out_PP;            //推挽输出
7.     GPIO_InitStructure. GPIO_Speed = GPIO_Speed_50MHz;
8.     GPIO_Init(GPIOB, &GPIO_InitStructure);
9.     GPIO_SetBits(GPIOB,GPIO_Pin_6|GPIO_Pin_7);                   //PB6, PB7 输出高
10. }
```

说明：

该函数的主要功能是初始化 SDA、SCL 驱动 I/O 口的工作方式，由源程序可知，调用 SMB_Init( )函数以后，PB6 和 PB7 的工作模式被设置成推挽输出模式，最大反转频率为 50 MHz，初始状态为高电平。

（3）STM32F103 向 MLX90614 发送起始位函数

```
/***********************************************
嵌入式应用技术
红外温度计设计与制作
STM32F103 向 MLX90614 发送起始位函数
江苏电子信息职业学院
作者:df
***********************************************/
1. void   start_bit(void)
2. {
3.     SDA_OUT();       //SMBus SDA 线输出
4.     SMB_SDA = 1;
5.     delay_us(5);
6.     SMB_SCL = 1;
7.     delay_us(5);
8.     SMB_SDA = 0;     //起始位: SCL 为高电平时, SDA 从高电平变为低电平
9.     delay_us(5);
```

```
10.     SMB_SCL=0;      //钳住 SMBus 总线,准备发送或接收数据
11.     delay_us(5);
12. }
```

说明:

通过调用此函数,向 MLX90614 发送起始位。

第 3 行的作用是把 PB7(SDA)工作模式设置为输出模式,为发送起始位做准备;

第 4 行和第 6 行的作用是控制 PB7 (SDA 驱动 I/O 端口引脚) 和 PB6 (SCL 驱动 I/O 端口引脚) 输出高电平,为发送起始位设置初始条件。因为初始条件是当 SCL 为高电平时,SDA 从高电平变为低电平。因此,要发送初始条件,PB7 (SDA 驱动 I/O 端口引脚) 和 PB6 (SCL 驱动 I/O 端口引脚) 必须首先输出高电平;

第 5、7、9 和 11 行的作用是 SCL 或 SDA 电平发生变化时,延时一段时间,以满足 SMBus 总线的 AC 特性要求;

第 8 行的作用是控制 PB7 (SDA 驱动 I/O 端口引脚) 输出低电平,发送起始位;

第 10 行的作用是 PB6 (SCL 驱动 I/O 端口引脚) 输出低电平,钳住 SMBus 总线,等待发送数据或命令。

(4) STM32F103 向 MLX90614 发送停止位函数

```
/************************************************
嵌入式应用技术
红外温度计设计与制作
STM32F103 向 MLX90614 发送停止位函数
江苏电子信息职业学院
作者:df
 ************************************************/
1. void    stop_bit(void)
2. {
3.     SDA_OUT();       //SMB SDA 线输出
4.     SMB_SCL=0;
5.     delay_us(5);
6.     SMB_SDA=0;       //停止位:SCL 为高电平时,SDA 从低电平变为高电平
7.     elay_us(5);
8.     SMB_SCL=1;
9.     delay_us(5);
10.    SMB_SDA=1;       //发送 SMBus 总线结束信号
11.    delay_us(5);
12. }
```

说明:

通过调用此函数,向 MLX90614 发送停止位。当 SCL 高电平时,SDA 从低变高,产生总线停止信号。

第 3 行的作用是把 PB7(SDA)工作模式设置为输出模式,为发送停止位做准备;

第 4 行和第 6 行的作用是控制 PB7 (SDA 驱动 I/O 端口引脚) 和 PB6 (SCL 驱动 I/O 端口引脚) 输出低电平,因为 I^2C 总线协议规定 SDA 电平变化必须发生在 SCL 低电平期间,所以必须先将 SCL 置低电平,再将 SDA 置低电平;

第 5、7、9 和 11 行的作用是 SCL 和 SDA 电平发生变化后,延时一段时间,以满足 SMBus

总线的 AC 特性要求；

第 8 行的作用是控制 PB6（SCL 驱动 I/O 端口引脚）输出高电平，为发送停止位创造条件；

第 10 行的作用是控制 PB7（SDA 驱动 I/O 端口引脚）输出高电平，向 SMBus 总线发送结束信号。

（5）发送 1 位数据函数

```
/******************************************
嵌入式应用技术
红外温度计设计与制作
发送 1 位数据函数
江苏电子信息职业学院
作者:df
******************************************/
1. void    send_bit(void)
2. {
3.     SDA_OUT();
4.     if(bit_out==0) SMB_SDA=0;
5.     else        SMB_SDA=1;
6.     delay_us(1);
7.     SMB_SCL=1;
8.     delay_us(8);
9.     SMB_SCL=0;
10.    delay_us(8);
11. }
```

说明：

通过调用此函数，向 MLX90614 发送 1 位数据。该函数比较简单，在此就不做详细说明。

（6）头文件和变量定义源程序

```
/******************************************
嵌入式应用技术
红外温度计设计与制作
头文件和变量定义源程序
江苏电子信息职业学院
作者:df
******************************************/
1. void    tx_byte(u8 dat_byte)
2. {
3.   char i,n,dat;
4.   n=Nack_counter;            //应答失败后重复的次数赋值给变量 n
5.   TX_again:
6.   dat=dat_byte;
7.   for(i=0;i<8;i++)
8.   {
9.    if(dat&0x80)
10.     bit_out=1;
11.  else
```

```
12.      bit_out = 0;
13.      send_bit( );
14.         dat = dat<<1;
15.      }
16.   receive_bit( );              //接收应答位
17.   if( bit_in = = 1)
18.   {
19.    stop_bit( );
20.   if( n! = 0)
21.      {
22. n--;
23. goto Repeat;
24. }
25.   else
26.   goto exit;
27.   }
28.   else
29. goto exit;
30. Repeat:
31.   start_bit( );
32. goto TX_again;
33. exit: ;
34. }
```

说明：

通过调用此函数，向 MLX90614 发送 1 个字节数据。该函数执行过程相对复杂，具体执行过程请参考图 2-23。

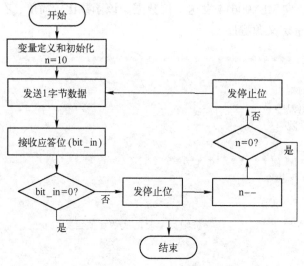

图 2-23　发送 1 个字节数据流程图

（7）接收 1 位数据源程序

```
红外温度计设计与制作
接收 1 位数据源程序
江苏电子信息职业学院
作者:df
*******************************************/
1. void receive_bit(void)
2. {
3.   SDA_IN();
4.   SMB_SDA=1;
5.   bit_in=1;
6.   SMB_SCL=1;
7.   delay_us(8);
8.   bit_in=READ_SDA;
9.   delay_us(1);
10.  SMB_SCL=0;
11.   delay_us(8);
12. }
```

说明:

通过调用此函数,从 MLX90614 接收 1 位数据。

第 3 行作用是把 STM32F103 数据接收 I/O 口设置为输入模式;

第 4 行作用是把 SDA 电平拉高,准备接收数据。如果 MLX90614 输出高电平,SDA 电平将保持高电平,如果 MLX90614 输出低电平,SDA 电平将被拉低;

第 5 行作用是给 bit_in 变量赋初值 1,准备接收数据;

第 6 行作用是将 SCL 置为高电平,准备接收数据;

第 7 行和第 8 行的作用是延时 8 μs 后,读取 SDA 的电平;

第 9 行和第 10 行的作用是延时 1 μs 后,将 SCL 置为低电平,为下 1 次接收做准备;

第 11 行的作用是延时 8 μs 后,以满足 SMBus 总线 AC 特性的要求,保证数据传送的可靠性。

(8) 接收 1 个字节数据源程序

```
/********************************************
嵌入式应用技术
红外温度计设计与制作
接收 1 个字节数据源程序
江苏电子信息职业学院
作者:df
*******************************************/
1. u8 rx_byte(void)
2. {
3.   u8 i,dat;
4.   dat=0;
5.   for(i=0;i<8;i++)
6.   {
7.     dat=dat<<1;
8.     receive_bit();
9.     if(bit_in==1)
```

```
10.     dat = dat+1;
11.     }
12.   send_bit( );
13.   return dat;
14. }
```

说明：

通过调用此函数，从 MLX90614 接收 1 个字节数据；

第 3 行和第 4 行的作用是定义循环控制变量 i、接收数据的暂存变量 dat 并赋初值 0；

第 4 行作用是把 SMB_SDA 电平拉高，准备接收数据，如果 MLX90614 输出高电平，SDA 电平将保持高电平，如果 MLX90614 输出低电平，SMB_SDA 电平将被拉低；

第 5~11 行的作用是利用 for 循环，从 MLX90614 接收 8 位数据（1 个字节）；

第 12 行是 STM32F103（主控制器）向 MLX90614 发送应答位或非应答位，发送的数据取决于 bit_out 的值是 0 还是 1，bit_out = 0 时发送 ACK，bit_out = 1 时发送 NACK；

第 13 行是返回读取的数据。

2.8 MLX90614 温度读取和计算原理分析

RAM 中不能写入数据，只能进行读取，并且只有有限数量的数据是用户感兴趣的，如表 2-9 所示。

表 2-9 RAM 表

名　　字	地　　址	可否读取
Melexis 预留	000h	Yes
⋮	⋮	⋮
Melexis 预留	003h	Yes
原始数据 IR 通道 1	004h	—
原始数据 IR 通道 2	005h	—
TA	006h	Yes
TOBJ1	007h	Yes
TOBJ2	008h	Yes
Melexis 预留	009h	Yes
⋮	⋮	⋮
Melexis 预留	01Fh	Yes

（1）环境温度 Ta

传感器芯片是通过 PTC 或 PTAT 元件测量温度的，传感器所有的状态和数据处理都是在片内进行的，处理好的线性传感器温度值 Ta 在芯片内存里。

传感器的温度输出分辨率为 0.02℃，传感器的出厂校准范围为 40~125℃。在 RAM 单元地址 006h 中，2DE4h（11748d）对应 -38.2℃（线性输出最低限度），4DC4h（19908d）对应 125℃。通过下式将 RAM 中的内容转换为实际的温度值 Ta：

$$Ta[°K] = Tareg×0.02 \quad 或 \quad 0.02°K/LSB$$

°K—开尔文温度单位，Tareg—环境温度寄存器，LSB—最低有效位

（2）物体温度 To

温度输出分辨率为 0.02℃，并存于 RAM。To 的实际温度为：

$$To[°K] = Tareg × 0.02 \quad 或 \quad 0.02°K/LSB$$

注意：1LSB 对应于 0.02Deg（摄氏度单位），且 MSB 位是错误指示符（"1"表示错误）。例如：

1）读取的数据为 0000 时，对应的温度为−273.15℃（无错误），为 MLX90614 可能输出的最小数值；

2）读取的数据为 0001 时，对应的温度为−273.13℃（无错误）；

3）读取的数据为 0002 时，对应的温度为−273.11℃（无错误）；

4）读取的数据为 3AF7 时，对应的温度为 28.75℃（无错误）；

5）读取的数据为 7FFF 时，对应的温度为 38.29℃（无错误），为 MLX90614 可能输出的最大数值。

物体温度数值和单位的转换如下：

1）转换为十进制数值，例如 3AF7h = 15095d；

2）除以 50（或乘以 0.02），例如 15095/50 K = 301.9 K；

3）将温度单位 K 转换为 ℃，如（301.9−273.15）℃ = 28.75℃。

任务：温度读取与计算程序设计

［能力目标］

● 能编写温度读取子函数；

● 能编写温度计算子函数。

［任务描述］

通过 2.2 节的学习，编写温度读取函数和温度计算函数。需要说明的是，温度读取子函数和温度计算子函数也是 mlx90614.c 源文件的一部分。

（1）读取温度子程序

```
/ ***********************************************

嵌入式应用技术
红外温度计设计与制作
读取温度子程序
江苏电子信息职业学院
作者:df
  ***********************************************/
1. u16 memread( void)
2. {
3.    start_bit( );
4.    tx_byte( MLX90614_I2CADDR);      //Send Slave Address
5.    tx_byte( MLX90614_TOBJ1);        //Send Command
6.    start_bit( );
7.    tx_byte( 0x01);
8.    bit_out = 0;
```

```
9.    DataL = rx_byte( );
10. bit_out = 0;
11.   DataH = rx_byte( );
12. bit_out = 1;
13. Pecreg = rx_byte( );
14. stop_bit( );
15. return( DataH * 256+DataL);
16. }
```

说明:

通过调用此函数,从 MLX90614 接收 1 个字节数据;

第 3 行是启动数据传输;

第 4 行是发送 MLX90614 的从机地址,这里从机地址为 0x00;

第 5 行是发送读取 RAM = 0x07 的命令;

第 6 行是重发起始位。

第 7 行是发送 MLX90614 从机地址并读取命令,即 SA_R = 0x01;

第 8 行是给 bit_out 赋值 0,即接收 1 个字节后,向 MLX90614 发送 ACK;

第 9 行是读取温度值的 LSB,保存在 DataL 变量中;

第 10 行是给 bit_out 赋值 0,即接收 1 个字节后,向 MLX90614 发送 ACK;

第 11 行是读取温度值的 MSB,保存在 DataH 变量中;

第 12 行是给 bit_out 赋值 0,即接收 1 个字节后,向 MLX90614 发送 NACK;

第 13 行是读取数据包错误标志,存储在 Pecreg 变量中;

第 14 行是发送停止位,结束 SMBus 总线;

第 15 行是将读取到的温度数据返回,供后续温度计算子程序使用。

(2) 计算温度子程序

```
/ **********************************************
嵌入式应用技术
红外温度计设计与制作
计算温度子程序
江苏电子信息职业学院
作者:df
 **********************************************/
1. float cal_tem( u16 memdata,u8 f_c)
2. {
3.     float temp;
4.     temp = memdata * 0.02−273.5;
5.     if( f_c == 1)
6.     temp = temp * 1.8+32;
7.     return temp;
8. }
```

通过调用此函数,把读取到的温度数据转换成温度值,温度单位根据形参 f_c 确定。当 f_c = 0 时,温度单位是摄氏度,当 f_c = 1 时,温度单位是华氏度。

以上就是 mlx90614.c 源文件的全部内容。

2.9 LCM1602 软件设计基础

LCM1602 字符型液晶显示模块是本项目的核心部件。主要用于显示测量的温度信息以及按键操作信息。在编写 LCM1602 驱动程序之前，必须掌握 LCM1602 的控制时序，以及控制时序的 AC 特性，并且时序控制程序中的时间参数必须满足 LCM1602 的 AC 特性所规定的要求，STM32F103 才能既稳定又高效地控制 LCM1602。下面就从 LCM1602 的控制时序、LCM1602 控制时序的 AC 特性、LCM1602 的指令集和 LCM1602 显示字符表四个方面进行介绍，为编写 LCM1602 驱动程序打好基础。

2.9.1 LCM1602 控制时序

LCM1602 液晶显示模块的主控芯片为 HD44780，或其他可替代的芯片，其使用方法都是一样的。通过查阅 HD44780 芯片的说明书，LCM1602 与 CPU 的接口有两种方式：一种是 4 位并行接口，另一种是 8 位的并行接口。本项目采用的是 8 位并行接口。LCM1602 的读时序和写时序分别如图 2-24 和图 2-25 所示。

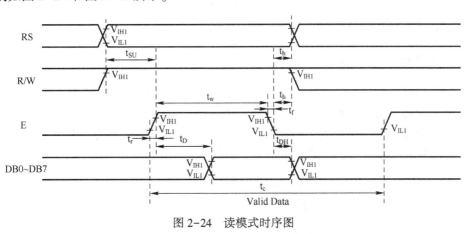

图 2-24 读模式时序图

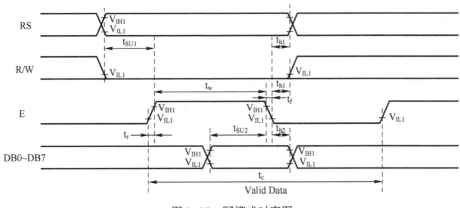

图 2-25 写模式时序图

读模式时序图和写模式时序图对应的 AC 特性如表 2-10 所示。

表 2-10　AC 特性（VDD=2~4.5 V，Ta=-30~85℃）

模式	特　性	符号	最小值	典型值	最大值	单位
读模式	E Cycle Time	t_c	1000	—	—	ns
	E Rise/Fall Time	t_r, t_f	—	—	25	
	E Pulse Width(High,Low)	t_w	450	—	—	
	R/W and RS Setup Time	t_{SU}	60	—	—	
	R/W and RS Hold Time	t_h	2	—	—	
	Data Setup Time	t_D	195	—	—	
	Data Hold Time	t_{DH}	10	—	—	
写模式	E Cycle Time	t_c	1000	—	—	ns
	E Rise/Fall Time	t_r, t_f	—	—	25	
	E Pulse Width(High,Low)	t_w	450	—	—	
	R/W and RS Setup Time	t_{SU1}	60	—	—	
	R/W and RS Hold Time	t_{h1}	2	—	—	
	Data Output Delay Time	t_{SU2}	—	—	360	
	Data Hold Time	t_{h2}	5	—	—	

2.9.2　LCM1602 指令集

LCM1602 中已经包含智能控制芯片，要想通过单片机控制 LCM1602 显示所需信息，还必须掌握控制它的指令系统。控制 LCM1602 的指令总共有 11 条，如表 2-11 所示。但是在本项目中，只需使用其中的 7 条指令。表中还给出了控制引脚 RS 和 R/W 信号电平信息，也能看到每条指令运行所需的时间。下面重点解释这 7 条指令的使用方法。

表 2-11　LCM1602 指令集

序号	指令名称	控制信号		控制代码								运行时间（工作频率为 250 kHz）
		RS	R/W	D7	D6	D5	D4	D3	D2	D1	D0	
1	清屏	0	0	0	0	0	0	0	0	0	1	1.64 ms
2	归起始位	0	0	0	0	0	0	0	0	1	*	1.64 ms
3	输入方式设置	0	0	0	0	0	0	0	1	I/D	S	40 μs
4	显示状态设置	0	0	0	0	0	0	1	D	C	B	40 μs
5	画面滚动	0	0	0	0	0	1	S/C	R/L	*	*	40 μs
6	工作方式设置	0	0	0	0	1	DL	N	F	*	*	40 μs
7	CGRAM 地址设置	0	0	0	1	A5	A4	A3	A2	A1	A0	40 μs
8	DDRAM 地址设置	0	0	1	A6	A5	A4	A3	A2	A1	A0	40 μs
9	读 BF 和 AC 值	0	1	BF	A6	A5	A4	A3	A2	A1	A0	40 μs
10	写数据	1	0	数据								40 μs
11	读数据	1	1	数据								40 μs

注：* 表示 0 或 1 两者任意一个都可以。

（1）第 1 条指令：清屏

功能：将空白码（2H）写入 DDRAM 全部的 80 个单元内。

方法：单片机通过 I/O 端口引脚设置 RS＝0、R/W＝0，再通过其数据寄存器，在使能信号 E 的作用下，向 LCM1602 的 D0~D7 端口写入该条指令，就能清除 LCM1602 的显示画面。

（2）第 3 条指令：输入方式设置

功能：指定光标移动方向，并实现整个显示内容的移动方向。

地址指针计数器 AC 的修改方式位 I/D：I/D＝0，AC 为减 1 计数器；I/D＝1，AC 为加 1 计数器；

是否允许显示画面的滚动位 S：S＝0，禁止滚动；S＝1，允许滚动；

方法：单片机通过 I/O 端口引脚设置 RS＝0、R/W＝0，再通过其数据寄存器，在使能信号 E 的作用下，向 LCM1602 的 D0~D7 端口写入该条指令就能设置 LCM1602 的输入方式功能了。

（3）第 4 条指令：显示状态设置

格式：	0	0	0	0	1	D	C	B

功能：该指令控制着画面、光标及闪烁的开与关。该指令有 3 个状态位 D、C、B，这 3 个状态位分别控制着画面、光标和闪烁的显示状态。

画面显示状态位 D：D＝1，开显示；D＝0，关显示。

光标显示状态位 C：C＝1，光标显示；C＝0，光标消失。

闪烁显示状态位 B：B＝1，闪烁启用；B＝0，闪烁禁止。

方法：单片机通过 I/O 端口引脚设置 RS＝0、R/W＝0，再通过其数据寄存器，在使能信号 E 的作用下，向 LCM1602 的 D0~D7 端口写入该条指令就能设置 LCM1602 的显示功能了。

（4）第 6 条指令：工作方式设置

格式：	0	0	1	DL	N	F	0	0

功能：该指令设置了控制器的工作方式，包括控制器与计算机的接口形式、显示字符的行数和字体。该指令有 3 个参数 DL、N 和 F。

设置控制器与计算机的接口形式位 DL：

DL＝1 表示设置数据总线为 8 位长度，即 DB7~DB0 有效；

DL＝0 表示设置数据总线为 4 位长度，即 DB7~DB4 有效，按照先高 4 位、后低 4 位的顺序分两次传输。

设置显示字符的行数 N：N＝0，为 1 行字符行；N＝1，为 2 行字符行。

设置显示字符的字体 F：F＝0，为 5×7 点阵字体；F＝1，为 5×10 点阵字体。

方法：单片机通过 I/O 端口引脚设置 RS＝0、R/W＝0，再通过其数据寄存器，在使能信号 E 的作用下，向 LCM1602 的 D0~D7 端口写入该条指令就能设置 LCM1602 的工作方式。

（5）第 8 条指令：DDRAM 地址设置

格式：	1	A6	A5	A4	A3	A2	A1	A0

功能：该指令是设置 LCM1602 液晶显示模块的 2 行 16 列的地址的，也就是确定要显示数据的位置。注意，LCM1602 液晶显示模块第 1 行的起始地址是 0x00，第 2 行的起始地址是 0x40；

方法：单片机通过 I/O 端口引脚设置 RS＝0、R/W＝0，再通过其输入数据寄存器端口，在使能信号 E 的作用下，从 LCM1602 的 D0～D7 端口写入。

（6）第 9 条指令：读"忙"标志和地址指针

格式：	BF	A6	A5	A4	A3	A2	A1	A0

功能：单片机在对 LCM1602 每次操作时首先要读 BF 值并判断 LCM1602 当前操作状态，只有 LCM1602 控制器处于空闲状态时，单片机才可以向 LCM1602 写入指令程序来显示数据或读取显示数据。

方法：单片机通过 I/O 端口引脚设置 RS＝0、R/W＝1，再通过其某个端口的输入数据寄存器读取 LCM1602 的 D0～D7 端口上的数据，在使能信号 E 的作用下，把端口数据保存到 1 个 8 位变量中。

（7）第 10 条指令：写数据

1）单片机向 LCM1602 写入控制指令

功能：把控制指令写入 LCM1602 内部的指令寄存器中。

方法：单片机通过 I/O 端口引脚设置 RS＝0、R/W＝0，再通过其数据寄存器，在使能信号 E 的作用下，向 LCM1602 的 D0～D7 端口发送该条指令。

2）单片机向 LCM1602 写入预显示字符

功能：通过 LCM1602 内部 CGROM 内的字模索引程序，显示字符。

方法：单片机通过 I/O 端口引脚设置 RS＝1、R/W＝0，再通过其数据寄存器，在使能信号 E 的作用下，向 LCM1602 的 D0～D7 端口发送预显示的字模索引程序。

2.9.3　LCM1602 ASCII 码字符表

LCM1602 能够显示的信息可以设置成两行，每行显示 16 个包括空格在内的 ASCII 码字符。这些字符包括 26 个大小写的英文字母、阿拉伯数字、常见的符号及日文片假名等。其字符编码如表 2-12 所示。

表 2-12　LCM1602 ASCII 码字符表

高4位＼低4位	0000	0001	0010	0011	0100	0101	0110	0111	1000	1001	1010	1011	1100	1101	1110	1111
××××0000	CG RAM (1)		0	@	P	`	p				—	タ	ミ	α	p
××××0001	(2)		!	1	A	Q	a	q			。	ア	チ	ム	ä	q
××××0010	(3)		"	2	B	R	b	r			「	イ	ツ	メ	β	θ
××××0011	(4)		#	3	C	S	c	s			」	ウ	テ	モ	ε	∞
××××0100	(5)		$	4	D	T	d	t			、	エ	ト	ヤ	μ	Ω
××××0101	(6)		%	5	E	U	e	u			・	オ	ナ	ユ	σ	ü
××××0110	(7)		&	6	F	V	f	v			ヲ	カ	ニ	ヨ	ρ	Σ

52

高4位＼低4位	0000	0001	0010	0011	0100	0101	0110	0111	1000	1001	1010	1011	1100	1101	1110	1111
××××0111	(8)		'	7	G	W	g	w			ア	キ	ヌ	ラ	g	π
××××1000	(1)		(	8	H	X	h	x			ィ	ク	ネ	リ	┘	×̄
××××1001	(2)		)	9	I	Y	i	y			ゥ	ケ	ノ	ル	˙	у
××××1010	(3)		*	:	J	Z	j	z			エ	コ	ハ	レ	j	千
××××1011	(4)		+	;	K	[	k	{			オ	サ	ヒ	ロ	×	万
××××1100	(5)		,	<	L	¥	l	|			ャ	シ	フ	ワ	¢	円
××××1101	(6)		-	=	M	]	m	}			ュ	ス	ヘ	ン	も	÷
××××1110	(7)		.	>	N	^	n	→			ョ	セ	ホ	゛	n̄	
××××1111	(8)		/	?	O	_	o	←			ッ	ツ	リ	マ	°	■

2.9.4 任务：LCM1602 驱动程序设计

［能力目标］

- 会编写 LCM1602 控制 I/O 端口的初始化程序；
- 会编写 LCM1602 写数据程序；
- 会编写 LCM1602 读数据程序；
- 会编写 LCM1602 读"忙"标志程序；
- 会编写 LCM1602 字符串显示程序；
- 会编写温度显示程序。

［任务描述］

利用 2.9.1~2.9.3 内容，编写 LCM1602 驱动程序，要求驱动程序能够正确完成 LCM1602 主控芯片的初始化，能够在指定起始地址开始显示字符串，为后续红外测温仪的温度显示打基础。

【程序设计】

通过 2.4 节的学习，已经具备了编写 LCM1602 驱动程序所需要的知识，下面就逐步完成 LCM1602 驱动程序的编写。

第 1 步：建立红外温度计项目工程

这 1 步，2.1 小节中已经完成了。这里就不再重复创建工程的步骤。

第 2 步：新建 LCM1602 程序模块文件夹

方法：打开 D:\STM32F103-irTEM 项目文件夹，找到该文件夹下面的 HARDWARE 子文件夹，然后双击该文件夹，进入 HARDWARE 文件夹后，单击鼠标右键，新建 1 个文件夹并更名为 LCM1602，至此，新建 LCM1602 程序文件夹的工作就完成了。

第 3 步：新建 LCM1602 驱动程序文件

1）打开工程，单击左上角 File 菜单，在弹出的下拉菜单中单击 new，会新建 1 个名称为 Text1 的文本文件，用同样的方法，新建 Text2 文本文件，如图 2-26 所示。

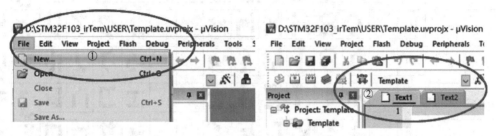

图 2-26 新建驱动程序文件

2）选中 Text1 文本文件，文件被选中时表示处于可编辑状态，在文件名下面有条下划线，如图 2-26 中②所示，Text1 文件就为当前可操作的文件。然后单击 File 菜单，在弹出的下拉菜单中单击 Save As，把路径定位到 D:\STM32F103_irTEM\HARDWARE\LCM1602，文件名改为 lcm1602.c。同样的方法，把 Text2 文件名改为 lcm1602.h，也保存到 LCM1602 文件夹下面。至此，LCM1602 驱动程序文件就新建完成了。

第 4 步：把 LCM1602 驱动程序文件添加到工程中

经过第 3 步的操作，虽然完成了 LCM1602 驱动程序文件的创建，但是它们并没有被加入到工程中，不参与工程编译，也就是说，这两个文件对工程而言，暂时是没有用处的。所以必须先将 LCM1602 驱动程序文件添加到工程管理窗口的 HARDWARE 程序分组中，并为其指定好头文件路径，该程序模块才会被编译、链接、生成可执行程序。添加完成后的程序分组和路径如图 2-27 所示。

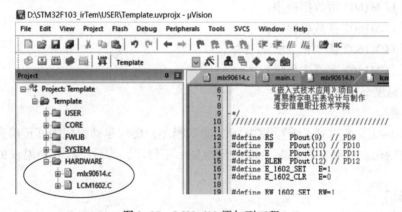

图 2-27 LCM1602 添加到工程

第 5 步：编辑 LCM1602 源文件

首先打开 LCM1602.C 文件，输入 # include " LCM1602.h "，# include " delay.h "，包含 LCM1602 的头文件和延时模块的头文件。这两行程序输入完成后，编译工程，与添加 mlx90614 一样，编译完成后，LCM1602.C 所用到的头文件都被关联进来。

第6步：编辑 LCM1602.h

下面是 LCM1602.h 的完整源程序。

```
/********************************************
嵌入式应用技术
红外温度计设计与制作
LCM1602.h 程序设计
江苏电子信息职业学院
作者:df
********************************************/
1.  #ifndef __LCM1602_H
2.  #define __LCM1602_H
3.  #include "sys.h"
4.  #define RS      PDout(9)        // PD9
5.  #define RW     PDout(10)       // PD10
6.  #define E       PDout(11)       // PD11
7.  #define BLEN   PDout(12)       // PD12
8.  #define E_1602_SET     E=1
9.  #define E_1602_CLR     E=0
10. #define RW_1602_SET    RW=1
11. #define RW_1602_CLR    RW=0
12. #define RS_1602_CLR    RS=0
13. #define BLEN_ON        BLEN=1
14. #define BLEN_OFF       BLEN=0
15. void   SET_1602DB_Output(void);
16. void   SET_1602DB_Input(void);
17. void   Init_1602(void);
18. void   Write_1602(unsigned char id,unsigned char dat);
19. unsigned char Read_1602(unsigned char id);
20. unsigned char Read_BF(void);
21. void LCM_Wr_string(unsigned char line,unsigned char addr, char * p);
22. void disp_temp(unsigned char line,unsigned char addr,float temp_value,u8 fc);
23. #endif
```

说明：

第1、2 和第 23 行为条件编译，避免 lcm1602.h 头文件被重复包含；

第3行用于定义包含系统文件的头文件，程序的第 4~7 行宏定义中的 PDout(9)，PDout (10)，PDout(11) 和 PDout (12)就是在 sys.h 中定义的；

第8~14 行采用宏定义方式实现 RS、RW、E 和 BLEN 输出高低电平的控制：

第15 行声明了 1 个函数 void SET_1602DB_Output(void)，该函数的作用是把 LCM1602 数据线控制引脚设置为输出工作模式；

第16 行声明了 1 个函数 void SET_1602DB_Input(void)，该函数的作用是把 LCM1602 数据线控制引脚设置为输入工作模式；

第17 行声明了 1 个函数 void Init_1602(void)，该函数的作用是初始化 LCM1602 的工作状态；

第 18 行声明了 1 个函数 void Write_1602(unsigned char id,unsigned char dat),该函数的作用是向 LCM1602 写入 1 个字节数据;

第 19 行声明了 1 个函数 unsigned char Read_1602(unsigned char id),该函数的作用是从 LCM1602 读取 1 个字节数据;

第 20 行声明了 1 个函数 unsigned char Read_BF(void),该函数的作用是把从 LCM1602 读取的数据,屏蔽掉无用位,只保留"忙"标志位,用于判断"忙"操作;

第 21 行声明了 1 个函数 void LCM_Wr_string(unsigned char line,unsigned char addr, char * p),该函数的作用是向 LCM1602 指定地址写入 1 串字符;

第 22 行声明了 1 个函数 void disp_temp(unsigned char line,unsigned char addr,float temp_value,u8 fc),该函数的作用是向 LCM1602 指定地址写入温度数据,用于显示被测物体的温度。

第 7 步:编辑 LCM1602.c

对于 LCM1602.c 文件,也像 mlx90614.c 那样,直接给出源程序进行详细介绍。LCM1602.c 行数比较多,除头文件包含和变量定义放到一起进行说明外,其余内容以函数为单位进行介绍。

(1) 头文件和变量定义源程序

```
1. #include "lcm1602.h"
2. #include "delay.h"
```

说明:

第 1 行和第 2 行为头文件包含语句,把 lcm1602.h 和 delay.h 两个头文件包含到 mlx90614.c,这样在 lcm1602.c 里才能使用 delay 延时模块的延时函数。lcm1602.c 源文件中没有全局变量的定义。

(2) LCM1602 控制 I/O 设置为输出模式

```
/**********************************************
嵌入式应用技术
红外温度计设计与制作
LCM1602 控制 I/O 设置为输出模式
江苏电子信息职业学院
作者:df
**********************************************/
1. void SET_1602DB_Output(void)
2. {
3.    GPIO_InitTypeDef GPIO_InitStructure;
4.    RCC_APB2PeriphClockCmd(RCC_APB2Periph_GPIOD,ENABLE);
5.    GPIO_InitStructure.GPIO_Mode = GPIO_Mode_Out_PP;
6.    GPIO_InitStructure.GPIO_Pin = GPIO_Pin_All ;
7.    GPIO_InitStructure.GPIO_Speed = GPIO_Speed_50MHz;
8.    GPIO_Init(GPIOD,&GPIO_InitStructure);
9.    BLEN_ON;
10. }
```

说明:

该函数的主要功能是将 RS,RW,E,DB0~DB7 的控制 I/O 端口输出模式初始化,也就是把 PD9~PD12,PD0~PD7 设置成输出模式。该程序比较简单,就不逐行解释了。若读者有不清楚的地方, 可以参考 STM32F103 官方固件库中关于 GPIO 部分固件库的介绍。

（3）LCM1602 控制 I/O 设置为输入模式

```
/ ****************************************************
嵌入式应用技术
红外温度计设计与制作
LCM1602 控制 I/O 设置为输入模式
江苏电子信息职业学院
作者:df
 ****************************************************/
1. void SET_1602DB_Input( void)
2. {
3.    GPIO_InitTypeDef GPIO_InitStructure;
4.    RCC_APB2PeriphClockCmd( RCC_APB2Periph_GPIOD, ENABLE);
5.    GPIO_InitStructure. GPIO_Mode = GPIO_Mode_IPU;
6.    GPIO_InitStructure. GPIO_Pin = ( GPIO_Pin_0 | GPIO_Pin_1 | GPIO_Pin_2 | GPIO_Pin_3 |
7.     GPIO_Pin_4 | GPIO_Pin_5 | GPIO_Pin_6 | GPIO_Pin_7); //PX0-PX7
8.    GPIO_InitStructure. GPIO_Speed = GPIO_Speed_50MHz;
9.    GPIO_Init( GPIOD, &GPIO_InitStructure);
10. }
```

说明:

该函数的主要功能是将 DB0 ~ DB7 的控制 I/O 端口输入工作模式初始化, 也就是把 PD0 ~ PD7 设置成输入模式, 为从 LCM1602 读取数据做准备。

（4）LCM1602 写数据函数

```
/ ****************************************************
嵌入式应用技术
红外温度计设计与制作
LCM1602 写数据函数
江苏电子信息职业学院
作者:df
 ****************************************************/
1. void Write_1602( unsigned char id, unsigned char dat)
2. {
3.     unsigned int read_buF = 0, dat_buF = 0;
4.    while( Read_BF( ) = = 0x80);
5.    if( id = = 0)
6.      RS_1602_CLR;
7.    else
8.      RS_1602_SET;
9.    RW_1602_CLR;
10.    read_buF = GPIO_ReadInputData( GPIOD);
11.    read_buF = read_buF&0xff00;
12.    dat_buF = dat;
13.    read_buF = read_buF | dat_buF;
14.    GPIO_Write( GPIOD, read_buF);
15.    delay_us( 2);
```

```
16.     E_1602_SET;
17.     delay_us(2) ;
18.     E_1602_CLR;
19. }
```

说明：

通过调用此函数，向 LCM1602 写入 1 个字节数据。当 id=0 时写入指令数据；当 id=1 时写入显示数据。这个函数里面用到了 GPIO_ReadInputData( ) 和 GPIO_Write( ) 两个对端口操作的库函数。

第 3 行定义了两个无符号整型变量。其中，read_buF 用于存放 PORTD 的输出电平状态，data_buF 用于暂存数据；

第 5~8 行根据 id 的值确定是写入指令还是写入显示数据。如果 id=0，RS 输出低电平，选中指令寄存器；如果 id=1，RS 输出高电平，选中 DDRAM 数据存储器；

第 9 行是把 RW 置为低电平，指示当前操作为写操作；

第 10~13 行是在输出数据的时候，采用的是读—修改—回写的操作方法，保持已经设定好的 RS 和 RW 的输出电平状态；

第 14 行通过调用 GPIO_Write( ) 库函数，向 LCM1602 写入数据；

第 15 行和 17 行通过调用延时函数，满足 LCM1602 写时序的 AC 特性参数，保证写操作稳定可靠；

第 16 行和 18 行产生数据的锁存信号，LCM1602 中数据被锁存到内部寄存器。

（5）LCM1602 读数据函数

```
/ * * * * * * * * * * * * * * * * * * * * * * * * * * * * * * * * * * * * * * * * * *
嵌入式应用技术
红外温度计设计与制作
LCM1602 读数据函数
江苏电子信息职业学院
作者:df
 * * * * * * * * * * * * * * * * * * * * * * * * * * * * * * * * * * * * * * * * * * /
1. unsigned char Read_1602( unsigned char id)
2. {    unsigned int dat_buF;
3.    SET_1602DB_Input( );
4.    if( id = = 0)
5.        RS_1602_CLR;
6.    else
7.        RS_1602_SET;
8.    RW_1602_SET;
9.    E_1602_SET;
10.    delay_us(2) ;
11.     dat_buF = GPIO_ReadInputData( GPIOD);
12.    E_1602_CLR;
13.    SET_1602DB_Output( );
14.    return ( unsigned char) ( dat_buF);
15. }
```

说明：

通过调用此函数，从 LCM1602 读取 1 个字节数据。如果 id=0，RS 置为低电平，则读取的是指令寄存器；如果 id=1，RS 输出高电平，则读取的是数据；

第 2 行定义了 1 个无符号整型变量 dat_buF，用于存放从 LCM1602 读取的数据；

第 3 行程序用于把 PD0~PD7 设置成输入工作模式；

第 4~7 行根据 id 的值确定读取的是指令还是数据。如果 id=0，RS 置为低电平，读取的是指令数据；如果 id=1，RS 输出高电平，读取的是数据；

第 8 行把 RW 置为高电平，指示当前操作为读操作；

第 9~11 行把 E 置为高电平，使能 LCM1602 数据输出，延时 2 μs 后，读取 LCM1602 的输出数据；

第 12 行把 E 置为低电平；

第 13 行重新将 PORTD 设置为输出模式；

第 14 行返回 1 个字节的数据。

（6）LCM1602 判忙函数

```
/*****************************************
嵌入式应用技术
红外温度计设计与制作
LCM1602 判忙函数
江苏电子信息职业学院
作者:df
*****************************************/
1. unsigned char Read_BF(void)
2. {
3.     unsigned char bf;
4.     bf=Read_1602(0)&0x80;
5.     return bf;
6. }
```

说明：

通过调用此函数，返回 LCM1602 的"忙"标志位。

第 3 行定义 1 个无符号字符变量 bf，用于暂存读取到的"忙"标志数据；

第 4 行是从 LCM1602 的指令寄存器读取 1 个字节数据（最高位为"忙"标志位），读取到的数据与 0x80 执行按位与操作，只保留最高位，其余位全部清零；

第 5 行是返回"忙"标志位，用于判断 LCM1602 工作状态。

（7）LCM1602 初始化程序

```
/*****************************************
嵌入式应用技术
红外温度计设计与制作
LCM1602 初始化程序
江苏电子信息职业学院
作者:df
*****************************************/
1. void Init_1602(void)
```

```
2. {
3.   SET_1602DB_Output( );
4.   Write_1602(0,0x38);
5.   Write_1602(0,0x0c);
6.   Write_1602(0,0x06);
7.   Write_1602(0,0x01) ;
8. }
```

说明：

通过调用此函数，把 LCM1602 设置成需要的工作状态。

第 3 行作用是把 LCM1602 控制 I/O 端口设置为输出模式；

第 4 行为 LCM1602 的模式设置。执行这条程序后，LCM1602 被设置为：8 位数据接口，两行显示，5×7 字符；

第 5 行为 LCM1602 的显示控制。执行这条程序后，LCM1602 被设置为：开显示，不显示光标，字符不闪烁；

第 6 行为 LCM1602 的显示或光标移动方向的控制。执行这条程序后，LCM1602 被设置为：每写 1 次数据，地址指针自动加 1，光标不移动；

第 7 行执行的是清屏指令，执行这条程序后，LCM1602 的 DDRAM 全部被 2H 填充，屏幕不显示。

（8）LCM1602 显示字符串函数

```
/ ***************************************************
嵌入式应用技术
红外温度计设计与制作
LCM1602 显示字符串函数
江苏电子信息职业学院
作者:df
 ***************************************************/
1. void LCM_Wr_string( unsigned char line,unsigned char addr, char * p)
2. {
3.    if( line = = 1 )
4.      Write_1602(0,0x80|addr);
5.    else if( line = = 2)
6.      Write_1602(0,0xc0|addr);
7.    while( * p! ='\0')
8. {
9.    Write_1602(1, * p);
10.       p=p+1;
11.   }
12. }
```

说明：

通过调用此函数，在 LCM1602 指定位置显示 1 个字符串。其程序流程图如图 2-28 所示。

60

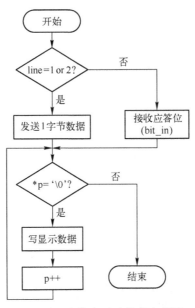

图 2-28 字符串显示程序流程图

（9）LCD1602 温度显示程序

```
/************************************************
嵌入式应用技术
红外温度计设计与制作
LCD1602 温度显示程序
江苏电子信息职业学院
************************************************/
1. void disp_temp(unsigned char line,unsigned char addr,float temp_value,u8 fc)
2. {
3.    char dispbuF[9];
4.    unsigned int TEMP_int;
5.     if(temp_value<0)
6.       {
7.        temp_value=0-temp_value;
8.        dispbuF[0]='-';
9.       }
10.    else
11.       dispbuF[0]=' ';
12.    dispbuF[4]='.';
13.    if(fc==0)
14.     dispbuF[7]='C';
15.    else if(fc==1)
16.        dispbuF[7]='F';
17.    dispbuF[8]='\0';
18.    TEMP_int=(unsigned int)(temp_value*100); //保留两位小数
19.    if(TEMP_int>=10000)
20.       {
21.        dispbuF[1]=TEMP_int/10000+0X30;
22.        dispbuF[2]=TEMP_int%10000/1000+0X30;
23.        dispbuF[3]=TEMP_int%1000/100+0X30;
```

```
24.        dispbuF[5]=TEMP_int%100/10+0X30;
25.        dispbuF[6]=TEMP_int%10+0X30;
26.     }
27. else if(TEMP_int>=1000)
28.     {
29.        dispbuF[1]='';
30.        dispbuF[2]=TEMP_int/1000+0X30;
31.        dispbuF[3]=TEMP_int%1000/100+0X30;
32.        dispbuF[5]=TEMP_int%100/10+0X30;
33.        dispbuF[6]=TEMP_int%10+0X30;
34.     }
35. else
36.     {
37.        dispbuF[1]='';
38.        dispbuF[2]='';
39.        dispbuF[3]=TEMP_int/100+0X30;
40.        dispbuF[5]=TEMP_int%100/10+0X30;
41.        dispbuF[6]=TEMP_int%10+0X30;
42.     }
43. LCM_Wr_string(line,addr,dispbuF);
44. }
```

说明:

通过调用此函数,在 LCM1602 的指定位置显示被测物体的温度,温度的单位由 fc 参数确定。当 fc=0 时,温度单位为摄氏度,当 fc=1 时,温度显示单位为华氏度。其程序流程图如图 2-29 所示。

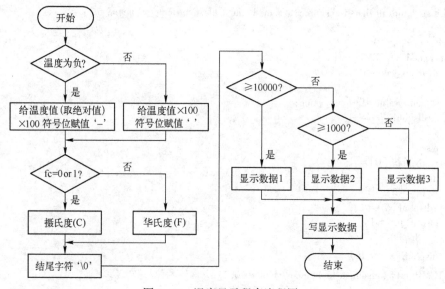

图 2-29 温度显示程序流程图

2.9.5 任务:按键驱动程序设计

[能力目标]

● 会编写按键控制 I/O 端口的初始化程序;

● 会编写按键扫描驱动程序；
● 会编写按键功能处理驱动程序。

[**任务描述**]

根据前面讲述的按键硬件电路设计相关知识，编写按键控制 I/O 端口的初始化程序、按键扫描驱动程序、按键功能处理驱动程序，为后续编写红外温度计主程序做准备。按键扫描驱动程序比较简单，但在项目中却起到关键作用，它是人机接口的重要组成部分，按键扫描驱动程序设计的好坏直接决定着红外温度计用户的使用感受。若处理好了，用户使用起来就比较简单和方便；若设计得不好，产品体验差，购买的人不多。

【**程序设计**】

第 1 步：建立红外温度计项目工程

本步在 1.1 小节中已经介绍。

第 2 步：新建按键程序模块文件夹

打开 D 盘根目录下项目文件夹 STM32F103_irTEM，找到 HARDWARE 子文件夹，然后双击该文件夹。进入 HARDWARE 文件夹后，单击鼠标右键，新建一个文件夹并更名为 KEY，至此，新建 KEY 程序文件夹的工作就完成了。

第 3 步：新建 KEY 按键驱动程序文件

1）打开工程，单击左上角 File 菜单，在弹出的下拉菜单中单击 new，会新建一个名称为 Text1 的文本文件。用同样的方法，新建 Text2 文本文件，如图 2-30 所示。

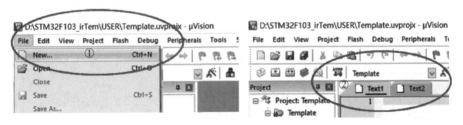

图 2-30　新建按键驱动程序文件

2）选中 Text1 文本文件，文件被选中表示当前处于可编辑状态，在文件名下面有条下划线，如图 2-16 中②所示，Text1 文件就为当前可操作的文件。然后单击 File 菜单，在弹出的下拉菜单中单击 Save As，把另存为路径定位到 D：\STM32F103_irTEM\HARDWARE\KEY，文件名改为 key.c。同样的方法，把 Text2 文件名改为 key.h，也保存到 KEY 文件夹下面。至此，KEY 按键驱动程序文件就新建完成了。

第 4 步：把按键驱动程序文件添加到工程中

经过第 3 步的操作，虽然完成了按键驱动程序文件的创建，但是它们并没有被加入到工程中，不参与工程编译，也就是说，这两个文件对工程而言，暂时是没有用处的。所以必须先将按键驱动程序文件添加到工程管理窗口的 HARDWARE 程序分组中，并为其指定好头文件路径，该程序模块才会被编译、链接、生成可执行程序。添加完成后的程序分组和路径如图 2-31 所示。

第 5 步：编辑 key 源文件

首先打开 key.c 文件，输入#include "key.h",#include "delay.h"，包含 key 的头文件和延时模块的头文件。这两行程序输入完成后，编译工程，与编辑 mlx90614 和 lcm1602 源文件一样，不必考虑编译结果是否有错误，编译完成后，key.c 所用到的头文件都被关联进来。接下来就可以编写按键驱动程序了。

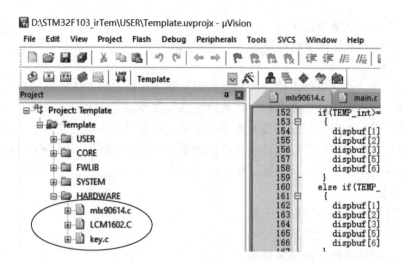

图 2-31　KEY 添加到工程

第 6 步：编辑 key. h

下面是 key. h 的完整源程序，后面会进行详细介绍。

```
/********************************************
嵌入式应用技术
红外温度计设计与制作
key. h 程序设计
江苏电子信息职业学院
作者:df
********************************************/
1. #ifndef __KEY_H
2. #define __KEY_H
3. #include " sys. h"
4. #define KEY1    PEin(0)
5. #define KEY2    PEin(1)
6. #define KEY3    PEin(2)
7. #define MEAR_PRES    1
8. #define CLEAR_PRES   2
9. #define FC_PRES    3
10. void KEY_Init(void);
11. u8 KEY_Scan(u8);
12. void key_process(u8 key_value);
13. #endif
```

说明：

第 1、2 和第 13 行为条件编译，避免 key. h 头文件被重复包含；

第 3 行用于定义包含系统文件的头文件，程序第 4~6 行宏定义中的 PEin(0)，PEin(1) 和 PEin(2) 就是在 sys. h 中定义的；

第 7~9 行用于 MEAR_PRES、CLEAR_PRES 和 FC_PRES 这 3 个的宏定义，作为 KEY1、KEY2 和 KEY3 操作时的返回值，这样定义的好处是：在编写按键功能处理函数时，只需要使用 MEAR_PRES、CLEAR_PRES 和 FC_PRES 这 3 个常量名称识别按键即可，方便程序编写、可读性高；

第 10 行声明了 1 个函数 void KEY_Init(void)，该函数的作用是设置按键控制 I/O 端口的工作模式；

第 11 行声明了 1 个函数 u8 KEY_Scan(u8)，该函数的作用是读取按键输入电平的状态，进而判断用户操作了哪个按键；

第 12 行声明了 1 个函数 void key_process(u8 key_value)，该函数的作用根据按键扫描程序的返回值，实现对应按键操作要完成的功能。

第 7 步：编辑 key.c

对于 key.c 文件，也像 mlx90614.c 和 lcm1602.c 一样，直接给出源程序进行详细介绍。key.c 程序行数比较多，除头文件包含和变量定义放到一起进行说明外，其余内容以函数为单位进行介绍。

（1）头文件和变量定义源程序

```
1. #include "key.h"
2. #include "delay.h"
3. #include " lcm1602.h "
4. #include " mlx90614.h "
```

说明：

这四行是头文件包含语句，把头文件 key.h、lcm1602.h、delay.h 和 mlx90614.h 4 个头文件包含到 key.c，这样在 key.c 里才能使用延时、温度测量和温度显示相关函数。

（2）按键控制 I/O 端口设置为输入模式

```
/***********************************************
嵌入式应用技术
红外温度计设计与制作
KEY 初始化函数
江苏电子信息职业学院
作者:df
***********************************************/
1. void KEY_Init(void)
2. {
3.     GPIO_InitTypeDef GPIO_InitStructure;
4.     RCC_APB2PeriphClockCmd(RCC_APB2Periph_GPIOE,ENABLE);
5.     GPIO_InitStructure.GPIO_Pin  = GPIO_Pin_0|GPIO_Pin_1|GPIO_Pin_1;//KEY1-KEY2
6.     GPIO_InitStructure.GPIO_Mode = GPIO_Mode_IPU;
7.     GPIO_Init(GPIOE, &GPIO_InitStructure);
8. }
```

说明：

该函数的主要功能是将按键 S1~S3（程序里对应 KEY1~KEY3）的控制 I/O 端口初始设置为带上拉电阻的输入模式，也就是把 PE0~PE2 这 3 个 I/O 口设置为带上拉电阻的输入模式。该程序比较简单，在此就不逐行解释了。若读者有不清楚的地方，可以参考 STM32F103 官方固件库中关于 GPIO 部分固件库的介绍。

（3）按键扫描

```
/***********************************************
嵌入式应用技术
红外温度计设计与制作
按键扫描
江苏电子信息职业学院
作者:df
```

```
**************************************************/
1. u8 KEY_Scan(void)
2. {
3.    static  u8  key_up=1;
4.      if(key_up&&(KEY1==0||KEY2==0||KEY3==0))
5.      {
6.          delay_ms(10);
7.          key_up=0;
8.          if(KEY1==0)      return    MEAR_PRES;
9.          else if(KEY2==0) return    CLEAR_PRES;
10.         else if(KEY3==0) return    FC_PRES;
11.     }
12.   else if(KEY1==1&&KEY2==1&&KEY3==1)
13.       key_up=1;
14.   return 0;
15. }
```

说明:

通过调用此函数, 获取按键的操作状态并返回对应按键的值, 后面即将讲述的按键处理函数就是根据本函数的返回值进行相应的操作。为了更好地理解程序的工作过程, 可以参考图 2-32 所示函数流程图。

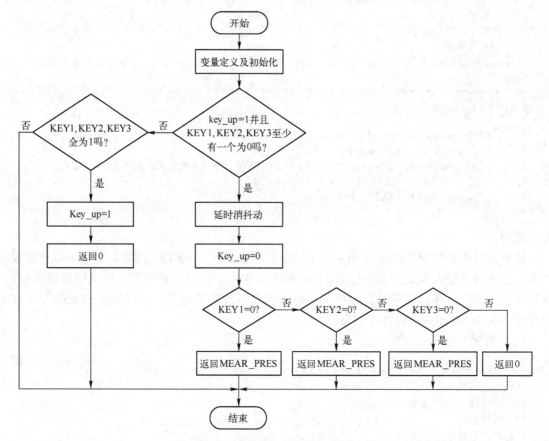

图 2-32 按键扫描程序流程图

（4）按键处理

通过调用此函数，根据按键操作状态做出相应处理；如果用户操作的是 S1（KEY1）按键，就启动温度读取、数据处理和显示温度的操作过程；当用户操作的是 S2（KEY2），就清除前次测量的温度值；当用户操作的是 S3（KEY3），就改变温度的显示单位，若再次操作此按键，温度显示方式可以在摄氏度和华氏度两种显示方式间切换，开机默认状态为摄氏度。因为按键处理程序行数比较多，为了讲解方便，把按键处理程序拆分成四部分：按键处理程序框架，S1（KEY1）按键处理程序、S2（KEY2）按键处理程序和 S3（KEY3）按键处理程序。

1）按键处理程序框架

```
/************************************************
嵌入式应用技术
红外温度计设计与制作
按键处理程序
江苏电子信息职业学院
作者:df
************************************************/
1. void key_process( u8 key_value)
2. {     static u8    fc_flag=0;
3.       float temp=0;
4.       float temp_buF[9];
5.       int i=0,j=0;
6.       float t=0;
7.       switch( key_value)
8.           {
9.               case MEAR_PRES:
10.                  {
11.                  }break;
12.              case CLEAR_PRES:
13.                  {
14.                  }break;
15.              case FC_PRES:
16.                  {
17.                  }break;
18.              default: break;
19.          }
20. }
```

说明：

为了便于程序理解，首先给出了按键处理程序的框架程序，这部分程序由完整的按键处理程序去掉 MEAR_PRES、CLEAR_PRES 和 FC_PRES 这 3 个 switch 语句分支而得到。这样，按键处理函数的逻辑结构就变得十分清晰，更容易理解。后续只要把这 3 部分内容放入到这个框架程序里，就组成了完整的按键处理程序。下面逐行说明。

第 2~6 行为按键处理程序所用到的局部变量定义与初始化；其中 fc_flag 用于标记温度单位是摄氏度还是华氏度，因为这个变量的值只能在 FC_PRES 分支里改变，因此定义为静态变量；temp 为浮点型变量，用于暂存温度的计算过程和最终结果；temp_buF[ ] 为温度存储数组，这里采用多次采样、排序、去除最大和最小值、余下的值再求算术平均值的数据处理方法来提高温度测量稳定性，消除随机干扰。i、j 和 t 为循环控制和数据处理的中间存储变量。

第 7~19 行为 switch 语句，根据变量的值做对应按键的功能处理。其中，第 9~11 行为测量键（S1）的功能处理分支；第 2~14 行为清除键（S2）的功能处理分支；第 15~17 行为温度单位设置键（S2）的功能处理分支；

第 18 行为默认处理分支，程序进入这一行，无任何操作，而是直接跳出。

图 2-33 所示为按键处理程序流程图。

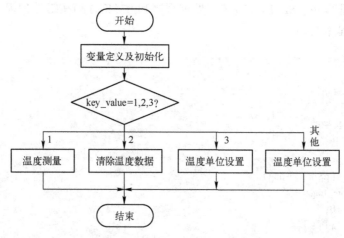

图 2-33　按键处理程序流程图

2）温度清除分支

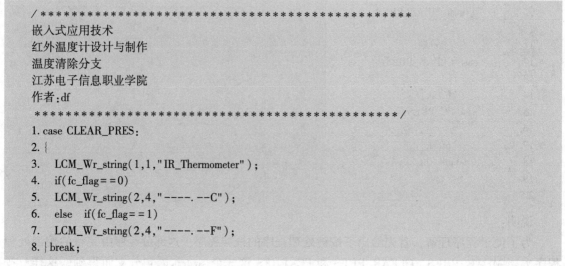

说明：

温度清除分支的主要作用是清除显示数据，格式为"---. —"，单位符号根据 fc_flag 的值确定。fc_flag 的值为 0 时，温度显示模式为摄氏度，符号用'C'表示；fc_flag 的值为 1 时，温度显示模式为华氏度，符号用'F'表示；

第 3 行的作用是在 LCM1602 的第 1 行的，第 2 个字符位置开始，显示"IR_Thermometer"，这一行表示仪表名称，即"红外温度计"的英文缩写；

第 4~7 行的作用是清除温度的显示数据，用"---. —"代替，并根据 fc_flag 的值设置温度单位符号。

3）温度测量分支

```
/********************************************
嵌入式应用技术
红外温度计设计与制作
温度测量分支
江苏电子信息职业学院
作者:df
********************************************/
1.    case MEAR_PRES:
2.    {
3.     temp = 0;
4.     for(i=0;i<9;i++)
5.      {
6.       temp_buF[i] = memread( ) * 0.02-273.15;
7.       delay_ms(10);
8.      }
9.     for(i=0;i<8;i++)
10.     {
11.       for(j=1;j<9-i;j++)
12.       {
13.        if(temp_buF[j]<temp_buF[j-1])
14.         {
15.          t=temp_buF[j];
16.           temp_buF[j]=temp_buF[j-1];
17.          temp_buF[j-1]=t;
18.         }
19.       }
20.     }
21.    for(i=1;i<8;i++)
22.    temp=    temp_buF[i]+temp;
23.    temp=temp * 0.142857;
24.    if(fc_flag==1)
25.     temp=temp * 1.8+32;
26.    disp_temp(2,4,temp,fc_flag);
27.   while(KEY1==0);
28.   } break;
```

说明:

温度测量分支是按键处理程序的核心。主要完成温度测量、排序、求算术平均值、温度单位转换为华氏度和温度显示等任务。

第4~8行作用是每10 ms测量1个温度数据，一共测量9个数据，并暂存在temp_buF数组中;

第9~20行作用是对temp_buF数组中9个温度数据进行排序;

第21~23行作用是对temp_buF数组中9个已经排序的数据进行舍弃最大和最小值的操作，对中间的7个温度数据计算算术平均值;

第24、25行作用是判断fc_flag的值是否为1，如果fc_flag=1，则把温度转换为华氏度,如果 fc_flag=0，则不做处理；

第 26 行作用是显示温度信息；

第 27 行作用是等待 S1（KEY1）释放。

4）温度单位设置分支

```
/*********************************************
嵌入式应用技术
红外温度计设计与制作
温度单位设置分支
江苏电子信息职业学院
作者:df
*********************************************/
1. case FC_PRES:
2. {
3.    if( fc_flag==0)
4.    {
5.       fc_flag=1;
6.       LCM_Wr_string(2,4,"----.--F");
7.    }
8.    else if( fc_flag==1)
9.    {
10.      fc_flag=0;
11.       LCM_Wr_string(2,4,"----.--C");
12.    }
13. } break;
```

说明：

温度单位设置分支主要完成摄氏度和华氏度工作模式的设置。开机默认工作模式为摄氏度，按 1 次 S3(KEY3)，工作模式切换为华氏度，再按 1 次 S3(KEY3)，又回到摄氏度工作模式，如此反复。

这里读者可能会思考 1 个问题：如果这款红外温度计销售到采用华氏度的国家或地区，每次开机都要设置 1 次温度模式。这样就太麻烦了，用户体验也不好。如果通过更改程序，把红外温度计的默认单位设置为华氏度，那么在使用摄氏度的地区又不方便了。有没有更好的解决方案呢？答案是肯定的。可以在用户设置好工作模式后，把工作模式保存下来，每次开机的时候读取这个工作模式数据，自动设置好红外温度计的工作模式。这个分支程序非常简单，在此不再赘述。

至此，红外温度计的 MLX90614、LCM1602 和按键 3 个核心模块的驱动程序就完成了。下面编写红外温度计的主程序，完成红外温度计的测量功能。

2.10　软件设计

2.10.1　任务：主程序设计

[能力目标]

● 会编写主控制程序；

● 能根据编译结果的错误提示修改程序。

[任务描述]

在 MLX90614、LCM1602 和按键驱动程序基础上编写红外测温仪的主控程序，根据编译结果，改正程序语法错误，直到编译结果无错误提示为止。

【程序设计】

在新建工程模板的时候，已经把 main.c 主程序源文件添加到了工程中，因此，这里就不用重新创建 main.c 文件了。只需要在此文件中添加主程序即可。下面直接给出主程序的源程序，然后逐行进行介绍。

```
/********************************************
嵌入式应用技术
红外温度计设计与制作
主程序设计
江苏电子信息职业学院
作者:df
********************************************/
1. #include "stm32f10x.h"
2. #include "delay.h"
3. #include "mlx90614.h"
4. #include "key.h"
5. #include "lcm1602.h"
6. int main(void)
7. {
8.     delay_init();
9.     SMB_Init();
10.    Init_1602();
11.    KEY_Init();
12.    LCM_Wr_string(1,1,"IR_Thermometer");
13.    LCM_Wr_string(2,4,"----.--C");
14.    while(1)
15.    {
16.        key_process(KEY_Scan(0));
17.    }
18. }
```

说明：

第1~5行为主程序中所用模块的头文件；

第8行是延时的初始化程序，执行此函数之后，就根据系统主频设置好了嘀嗒定时器和基本延时参数；

第9行是 MLX90614 控制 I/O 端口工作模式初始化程序，执行此程序后，就确定了 MLX90614 控制 I/O 端口的初始状态；

第10行是 LCM1602 控制 I/O 端口工作模式初始化程序，执行此程序后，就确定了 LCM1602 控制 I/O 端口的初始状态并完成了 LCM1602 的初始化；

第12行和13行是红外温度计开机界面初始化设置；

第14~17行是主循环，实现红外温度计的测温、温度显示、温度清除和温度单位选择等功能；

至此，红外温度计的软硬件设计就全部完成了。后续工作主要是系统的软硬件联调并根据调试结果进行系统改进。

2.10.2 任务：程序下载与调试

[能力目标]
- 会搭建硬件调试环境。
- 能根据软硬件联调的结果改进程序设计。

[任务描述]

把设计、编译好的程序通过 J-LINK 或 ST-LINK 下载到目标板，测试红外温度计的各项功能，如果满足设计需求，则项目完成；如不满足设计需求，则根据故障现象修改程序，再下载、调试和验证直到满足设计要求。项目配套例程见本书配套的电子资源。

项目完整的程序框架如图 2-34 所示。

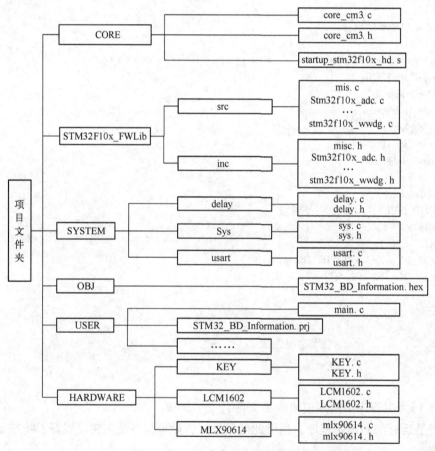

图 2-34 项目完整的程序架构图

开机界面显示如图 2-35 所示。

正常开机后，按下 S1（KEY1）。大约 1 s LCM1602 上会显示测量结果。出现测量结果后，即可释放 S1（KEY1）。运行结果如图 2-36 所示。

温度测量功能测试完成后，操作 S2（KEY2）

图 2-35 开机界面显示

键，清除温度信息。温度清除后的显示界面如图 2-35 所示。

温度清除功能测试完成后，操作 S3(KEY3)键，改变温度的显示模式。开机默认状态为摄氏度，运行结果如图 2-36 所示。切换为华氏度模式的运行结果如图 2-37 所示。

图 2-36　温度测量结果

图 2-37　华氏度测温模式界面

2.11　小结

红外温度计设计任务是用于疫情防治的一款非接触式红外测温装置，其相关的知识点和技能点总结如下：

1) 掌握 MLX90614 测温原理；
2) 掌握 MLX90614 SMBus 相关知识；
3) 掌握 MLX90614 RAM 相关知识；
4) 掌握 MLX90614 温度读取与温度计算相关知识；
5) 掌握 LCM1602 硬件设计相关知识；
6) 掌握 LCM1602 软件设计相关知识；
7) 掌握按键驱动电路硬件设计相关知识；
8) 掌握按键软件设计相关知识；
9) 掌握 STM32 固件库中 I/O 端口读取、引脚电平读取相关库函数；
10) 会设计 MLX90614 驱动程序；
11) 会设计 LCM1602 驱动程序；
12) 会设计按键驱动程序和按键功能处理程序；
13) 会下载和调试程序。

2.12　习题

1. 简述 SMBus 和 I^2C 协议有何区别？
2. 编写采用 4 位数据总线时的 LCM1602 驱动程序。
3. 为系统添加人体红外感应模块，当有人经过时，自动测温，并提示温度是否正常。
4. 做一个上位机系统，把接收的数据存放在数据库中，留作统计分析的基础数据。

第3章　红外遥控开关设计与制作

本章要点：

- STM32 定时器介绍
- STM32 定时器库函数
- STM32 定时器溢出中断
- STM32 定时器输入捕获
- STM32 定时器输入捕获中断
- IR-NEC 红外通信协议
- IR-NEC 红外通信解码程序设计
- IR-NEC 红外 LED 灯控制程序设计
- IR-NEC 红外键盘键值显示程序设计

3.1　STM32 单片机定时器

本章介绍 STM32F1 的通用定时器的应用。STM32F1 系列芯片的定时器功能十分强大，最多有 8 个定时器。分为 3 类：TIME1 和 TIME8 为高级定时器；TIME2～TIME5 为通用定时器；TIME6 和 TIME7 为基本定时器。定时器功能是 STM32F1 的重要功能。3 类定时器的区别如表 3-1 所示。

表 3-1　STM32 的三类定时器区别

定时器种类	位数	计数器模式	DMA 请求	比较/捕获通道	互补输出	特殊应用
高级定时器 （TIME1，TIME8）	16	向上、向下、向上/向下	可以	4	有	带死区控制盒紧急刹车，可应用于 PWM 电动机控制
通用定时器 （TIME2～TIME5）	16	向上、向下、向上/向下	可以	4	无	通用。定时计数，PWM 输出，输入捕获，输出比较
基本定时器 （TIME6，TIME7）	16	向上、向下、向上/向下	可以	0	无	用于驱动 DAC

3.1.1　通用定时器简介

STM32F1 的通用定时器是由 1 个可编程预分频器（PSC）驱动的 16 位自动装载计数器（CNT）构成。用于测量输入信号的脉冲长度（输入捕获）或产生输出波形（输出比较和 PWM）等。使用定时器预分频器和 RCC 时钟控制器预分频器，脉冲长度和波形周期可以在几微秒到几毫秒间调整。STM32 的每个通用定时器都是完全独立的，没有共享的任何资源。

STM3F1 的通用定时器 TIMx 功能包括：

1）16 位向上、向下、向上/向下自动装载计数器（TIMx_CNT）。

2）16 位可编程（可以实时修改）预分频器（TIMx_PSC），计数器时钟频率的分频系数为 1～65535 之间的任意数值。

3）4个独立通道（TIMx_CH1～TIMx_CH4），这些通道可以用于：输入捕获、输出比较、PWM 生成（边缘或中间对齐模式）和单脉冲模式输出。

4）可使用外部信号（TIMx_ETR）控制定时器和定时器互连（可以用 1 个定时器控制另外 1 个定时器）的同步电路。

5）如下事件发生时产生中断/DMA：更新、计数器向上溢出/向下溢出、计数器初始化（通过软件或者内部/外部触发）、触发事件（计数器启动、停止、初始化、由内部/外部触发计数）、输入捕获、输出比较。

6）支持针对定位的增量（正交）编码器和霍尔传感器中路。

7）触发输入作为外部时钟或按周期电流管理的触发输入。

由于 STM32 通用定时器功能较多，这里不再展开介绍，请参考《STM32 参考手册》通用定时器章节。为了深入了解 STM32 的通用寄存器，下面先介绍本项目相关的几个通用定时器的寄存器。定时器的寄存器如表 3-2 所示。

表 3-2　TIM 寄存器

寄　存　器	功　用
CR1	控制寄存器 1
CR2	控制寄存器 2
SMCR	从模式控制寄存器
DIER	DMA/中断使能寄存器
SR	状态寄存器
EGR	事件产生寄存器
CCMR1	捕获/比较模式寄存器 1
CCMR2	捕获/比较模式寄存器 2
CCER	捕获/比较使能寄存器
CNT	计数器寄存器
PSC	预分频寄存器
APR	自动装载寄存器
CCR1	捕获/比较寄存器 1
CCR2	捕获/比较寄存器 2
CCR3	捕获/比较寄存器 3
CCR4	捕获/比较寄存器 4
DCR	DMA 控制寄存器
DMAR	连续模式的 DMA 地址寄存器

3.1.2　定时器库函数

定时器相关的库函数主要集中在固件库文件 stm32f10x_tim. h 和 stm32f10x_tim. c 中。相关库函数如表 3-3 所示。

表 3-3　TIM 库函数

函　数　名	功　用
TIM_DeInit	将外设 TIMx 寄存器重设为默认值

函 数 名	功 用
TIM_TimeBaseInit	根据 TIM_TimeBaseInitStruct 中指定的参数对 TIMx 的时间基数单位初始化
TIM_OCInit	根据 TIM_OCInitStruct 中指定的参数对外设 TIMx 初始化
TIM_ICInit	根据 TIM_ICInitStruct 中指定的参数对外设 TIMx 初始化
TIM_TimeBaseStructInit	把 TIM_TimeBaseInitStruct 中的每个参数按默认值填入
TIM_OCStructInit	把 TIM_OCInitStruct 中的每个参数按默认值填入
TIM_ICStructInit	把 TIM_ICInitStruct 中的每个参数按默认值填入
TIM_Cmd	使能或者失能 TIMx 外设
TIM_ITConfig	使能或者失能指定的 TIM 中断
TIM_DMAConfig	设置 TIMx 的 DMA 接口
TIM_DMACmd	使能或者失能指定的 TIMx 的 DMA 请求
TIM_InternalClockConfig	设置 TIMx 内部时钟
TIM_ITRxExternalClockConfig	设置 TIMx 内部触发为外部时钟模式
TIM_TIxExternalClockConfig	设置 TIMx 触发为外部时钟
TIM_ETRClockMode1Config	配置 TIMx 外部时钟模式 1
TIM_ETRClockMode2Config	配置 TIMx 外部时钟模式 2
TIM_ETRConfig	配置 TIMx 外部触发
TIM_SelectInputTrigger	选择 TIMx 输入触发源
TIM_PrescalerConfig	设置 TIMx 预分频
TIM_CounterModeConfig	设置 TIMx 计数器模式
TIM_ForcedOC1Config	设置 TIMx 输出 1 为活动或者非活动电平
TIM_ForcedOC2Config	设置 TIMx 输出 2 为活动或者非活动电平
TIM_ForcedOC3Config	设置 TIMx 输出 3 为活动或者非活动电平
TIM_ForcedOC4Config	设置 TIMx 输出 4 为活动或者非活动电平
TIM_ARRPreloadConfig	使能或者失能 TIMx 在 ARR 上的预装载寄存器
TIM_SelectCCDMA	选择 TIMx 外设的捕获比较 DMA 源
TIM_OC1PreloadConfig	使能或者失能 TIMx 在 CCR1 上的预装载寄存器
TIM_OC2PreloadConfig	使能或者失能 TIMx 在 CCR2 上的预装载寄存器
TIM_OC3PreloadConfig	使能或者失能 TIMx 在 CCR3 上的预装载寄存器
TIM_OC4PreloadConfig	使能或者失能 TIMx 在 CCR4 上的预装载寄存器
TIM_OC1FastConfig	设置 TIMx 输出比较模式 1 快速特征

1. 函数 TIM_DeInit

表 3-4 是函数 TIM_DeInit 的具体描述。

表 3-4　TIM_DeInit 描述

函 数 名	说 明
函数原型	void TIM_DeInit(TIM_TypeDef * TIMx)
功能	将外设 TIMx 寄存器重设为默认值

函 数 名	说 明
输入参数	TIMx：x 可以是 2、3、4，用来表示不同 TIM 外设
输出参数	无
返回值	无
先决条件	无
被调用函数	RCC_APB1PeriphClockCmd( ).

［例］复位 TIM3：

TIM_DeInit(TIM3) ;

2. 函数 TIM_TimeBaseInit

表 3-5 是函数 TIM_TimeBaseInit 的具体描述。

表 3-5　函数 TIM_TimeBaseInit 描述

函 数 名	说 明
函数原型	void TIM_TimeBaseInit(TIM_TypeDef * TIMx, TIM_TimeBaseInitTypeDef * TIM_TimeBaseInitStruct)
功能	根据 TIM_TimeBaseInitStruct 中指定的参数对 TIMx 的时间基数单位初始化
输入参数 1	TIMx：x 可以是 2、3、4，用来表示不同 TIM 外设
输入参数 2	TIMTimeBase_InitStruct：指向结构 TIM_TimeBaseInitTypeDef 的指针，包含了 TIMx 时间基数单位的配置信息 参阅《UM0427 用户手册》中 "19.2.2 函数 TIM_TimeBaseInit" 小节的 TIM_TimeBaseInitTypeDef 结构体定义部分内容，查阅更多该参数允许的取值范围
输出参数	无
返回值	无
先决条件	无
被调用函数	无

TIM_TimeBaseInitTypeDef 结构体定义在文件 "stm32f10x_tim. h" 中。TIM_TimeBaseInitTypeDef 结构体具体定义如下：

```
1. typedef struct
2. {
3.    u16 TIM_Period;
4.    u16 TIM_Prescaler;
5.    u8 TIM_ClockDivision;
6.    u16 TIM_CounterMode;
7. } TIM_TimeBaseInitTypeDef;
```

1）TIM_Period：设置了在下一个更新事件装入自动装载寄存器的值。它的取值必须在 0x0000~0xFFFF 之间。

2）TIM_Prescaler：设置了作为 TIMx 时钟频率除数的预分频值。它的取值必须在 0x0000~0xFFFF 之间。

3）TIM_ClockDivision：设置了时钟分割。该参数取值见表 3-6。

表 3-6   TIM_ClockDivision 值

TIM_ClockDivision	说 明
TIM_CKD_DIV1	TDTS = Tck_tim
TIM_CKD_DIV2	TDTS = 2Tck_tim
TIM_CKD_DIV4	TDTS = 4Tck_tim

4）TIM_CounterMode 用来选择计数器模式。该参数取值见表 3-7。

表 3-7   TIM_CounterMode 值

TIM_CounterMode	说 明
TIM_CounterMode_Up	TIM 向上计数模式
TIM_CounterMode_Down	TIM 向下计数模式
TIM_CounterMode_CenterAligned1	TIM 中央对齐模式 1 计数模式
TIM_CounterMode_CenterAligned2	TIM 中央对齐模式 2 计数模式
TIM_CounterMode_CenterAligned3	TIM 中央对齐模式 3 计数模式

［例］TIM_CounterMode 使用示例：

```
1. TIM_TimeBaseInitTypeDef TIM_TimeBaseStructure；
2. TIM_TimeBaseStructure. TIM_Period = 0xFFFF；
3. TIM_TimeBaseStructure. TIM_Prescaler = 0xF；
4. TIM_TimeBaseStructure. TIM_ClockDivision = 0x0；
5. TIM_TimeBaseStructure. TIM_CounterMode = TIM_CounterMode_Up；
6. TIM_TimeBaseInit（TIM2，& TIM_TimeBaseStructure）；
```

3. 函数 TIM_OCInit

表 3-8 是函数 TIM_OCInit 的具体描述。

表 3-8   函数 TIM_OCInit 描述

函 数 名	说 明
函数原型	void TIM_OCInit（TIM_TypeDef * TIMx，TIM_OCInitTypeDef * TIM_OCInitStruct）
功能	根据 TIM_OCInitStruct 中指定的参数对外设 TIMx 初始化
输入参数 1	TIMx：x 可以是 2、3、4，用来表示不同 TIM 外设
输入参数 2	TIM_OCInitStruct：指向结构 TIM_OCInitTypeDef 的指针，包含了 TIMx 时间基数单位的配置信息 参阅《UM0427 用户手册》可了解该参数的取值范围
输出参数	无
返回值	无
先决条件	无
被调用函数	无

TIM_OCInitTypeDef 结构体定义在文件 "stm32f10x_tim. h" 中。TIM_OCInitTypeDef 结构体定义如下：

```
1. typedef struct
2. {
3.   u16 TIM_OCMode；u16 TIM_Channel；
4.   u16 TIM_Pulse；
```

```
5.    u16 TIM_OCPolarity;
6. ｝ TIM_OCInitTypeDef；
```

1）TIM_OCMode：用来选择定时器模式。该参数取值见表 3-9。

表 3-9　TIM_OCMode 取值

TIM_OCMode	说　　明
TIM_OCMode_Timing	TIM 输出比较时间模式
TIM_OCMode_Active	TIM 输出比较主动模式
TIM_OCMode_Inactive	TIM 输出比较非主动模式
TIM_OCMode_Toggle	TIM 输出比较触发模式
TIM_OCMode_PWM1	TIM 脉冲宽度调制模式 1
TIM_OCMode_PWM2	TIM 脉冲宽度调制模式 2

2）TIM_Channel：用来选择通道。该参数取值见表 3-10。

表 3-10　TIM_Channel 值

TIM_Channel	说　　明
TIM_Channel_1	使用 TIM 通道 1
TIM_Channel_2	使用 TIM 通道 2
TIM_Channel_3	使用 TIM 通道 3
TIM_Channel_4	使用 TIM 通道 4

3）TIM_Pulse：设置了待输入捕获比较寄存器的脉冲值。它的取值必须在 0x0000～0xFFFF 之间。

4）TIM_OCPolarity：用来输出比较极性。该参数取值见表 3-11。

表 3-11　TIM_OCPolarity 值

TIM_OCPolarity	说　　明
TIM_OCPolarity_High	TIM 输出比较极性高
TIM_OCPolarity_Low	TIM 输出比较极性低

［例］将外设 TIM3 的输出通道 1 配置为 PWM 模式。

```
1. TIM_OCInitTypeDef TIM_OCInitStructure;
2. TIM_OCInitStructure. TIM_OCMode = TIM_OCMode_PWM1;
3. TIM_OCInitStructure. TIM_Channel = TIM_Channel_1;
4. TIM_OCInitStructure. TIM_Pulse = 0x3FFF;
5. TIM_OCInitStructure. TIM_OCPolarity = TIM_OCPolarity_High;
6. TIM_OCInit( TIM3, & TIM_OCInitStructure）;
```

4. 函数 TIM_ICInit

表 3-12 是函数 TIM_ICInit 的具体描述。

表 3-12　函数 TIM_ICInit 描述

函　数　名	说　　明
函数原型	void TIM_ICInit(TIM_TypeDef * TIMx, TIM_ICInitTypeDef * TIM_ICInitStruct)
功能	根据 TIM_ICInitStruct 中指定的参数对外设 TIMx 初始化
输入参数 1	TIMx：x 可以是 2、3、4，用来表示不同的 TIM 外设
输入参数 2	TIM_ICInitStruct：指向结构 TIM_ICInitTypeDef 的指针，包含了 TIMx 的配置信息 参阅《UM0427 用户手册》可了解该参数的取值范围
输出参数	无
返回值	无
先决条件	无
被调用函数	无

TIM_ICInitTypeDef 结构体定义在文件 stm32f10x_tim.h 中。TIM_ICInitTypeDef 结构体具体定义如下：

```
1. typedef struct
2. {
3.     u16 TIM_ICMode；
4.     u16 TIM_Channel；
5.     u16 TIM_ICPolarity；
6.     u16 TIM_ICSelection；
7.     u16 TIM_ICPrescaler；
8.     u16 TIM_ICFilter；
9. } TIM_ICInitTypeDef；
```

1) TIM_ICMode：选择 TIM 输入捕获模式。该参数取值见表 3-13。

表 3-13　TIM_ICMode 值

TIM_ICMode	说　　明
TIM_ICMode_ICAP	TIM 使用输入捕获模式
TIM_ICMode_PWMI	TIM 使用输入 PWM 模式

2) TIM_Channel：选择通道。该参数取值见表 3-14。

表 3-14　TIM_Channel 值

TIM_Channel	说　　明
TIM_Channel_1	使用 TIM 通道 1
TIM_Channel_2	使用 TIM 通道 2
TIM_Channel_3	使用 TIM 通道 3
TIM_Channel_4	使用 TIM 通道 4

3) TIM_ICPolarity：输入活动沿。该参数取值见表 3-15。

表 3-15 TIM_ICPolarity 值

TIM_ICPolarity	说　　明
TIM_ICPolarity_Rising	TIM 输入捕获上升沿
TIM_ICPolarity_Falling	TIM 输入捕获下降沿

4）TIM_ICSelection：选择输入。该参数取值见表 3-16。

表 3-16 TIM_ICSelection 值

TIM_ICSelection	说　　明
TIM_ICSelection_DirectTI	TIM 输入通道 1、2、3、4 对应地与 IC1 或 IC2 或 IC3 或 IC4 相连
TIM_ICSelection_IndirectTI	TIM 输入通道 1、2、3 或 4 选择对应地与 IC2、IC1、IC4 或 IC3 相连
TIM_ICSelection_TRC	TIM 输入通道 1、2、3 或 4 与 TRC 相连

5）TIM_ICPrescaler：设置输入捕获预分频器。该参数取值见表 3-17。

表 3-17 TIM_ICPrescaler 值

TIM_ICPrescaler	说　　明
TIM_ICPSC_DIV1	在捕获输入上每探测到 1 个边沿 TIM 捕获执行 1 次
TIM_ICPSC_DIV2	TIM 捕获每 2 个事件后执行 1 次
TIM_ICPSC_DIV3	TIM 捕获每 3 个事件后执行 1 次
TIM_ICPSC_DIV4	TIM 捕获每 4 个事件后执行 1 次

6）TIM_ICFilter：选择输入比较滤波器。该参数取值在 0x0~0xF 之间。

［例］在 PWM 输入模式下配置 TIM2：外部信号连接到 TIM2 CH1 引脚，上升沿用于活动边，TIM2 CCR1 用于计算频率值，TIM2 CCR2 用于计算占空比值。

```
1. TIM_DeInit(TIM2);
2. TIM_ICStructInit(&TIM_ICInitStructure);
3. TIM_ICInitStructure.TIM_ICMode = TIM_ICMode_PWMI;
4. TIM_ICInitStructure.TIM_Channel = TIM_Channel_1;
5. TIM_ICInitStructure.TIM_ICPolarity = TIM_ICPolarity_Rising;
6. TIM_ICInitStructure.TIM_ICSelection = TIM_ICSelection_DirectTI;
7. TIM_ICInitStructure.TIM_ICPrescaler = TIM_ICPSC_DIV1; TIM_ICInitStructure;
8. TIM_ICFilter = 0x0;
9. TIM_ICInit(TIM2, &TIM_ICInitStructure);
```

5. 函数 TIM_TimeBaseStructInit

表 3-18 是函数 TIM_TimeBaseStructInit 的具体描述。

表 3-18 函数 TIM_TimeBaseStructInit 描述

函　数　名	说　　明
函数原型	void TIM_TimeBaseStructInit(TIM_TimeBaseInitTypeDef * TIM_TimeBaseInitStruct)
功能	把 TIM_TimeBaseInitStruct 中的每个参数按默认值填入
输入参数	TIM_TimeBaseInitStruct：指向结构 TIM_TimeBaseInitTypeDef 的指针，待初始化
输出参数	无

(续)

函 数 名	说 明
返回值	无
先决条件	无
被调用函数	无

表 3-19 给出了 TIM_TimeBaseInitStruct 各个成员的默认值。

表 3-19　TIM_TimeBaseInitStruct 默认值

成　员	默 认 值
TIM_Period	TIM_Period_Reset_Mask
TIM_Prescaler	TIM_Prescaler_Reset_Mask
TIM_CKD	TIM_CKD_DIV1
TIM_CounterMode	TIM_CounterMode_Up

［例］初始化 TIM_BaseInitTypeDef 结构体。

1. TIM_TimeBaseInitTypeDef TIM_TimeBaseInitStructure；
2. TIM_TimeBaseStructInit（& TIM_TimeBaseInitStructure）；

6. 函数 TIM_OCStructInit

表 3-20 是函数 TIM_OCStructInit 的具体描述。

表 3-20　函数 TIM_OCStructInit 描述

函 数 名	说 明
函数原型	void TIM_OCStructInit（TIM_OCInitTypeDef * TIM_OCStructInit）
功能	把 TIM_OCStructInit 中的每个参数按默认值填入
输入参数	TIM_OCStructInit：指向结构 TIM_OCInitTypeDef 的指针，待初始化
输出参数	无
返回值	无
先决条件	无
被调用函数	无

表 3-21 给出了 TIM_OCStructInit 各个成员的默认值。

表 3-21　TIM_OCStructInit 默认值

成　员	默 认 值
TIM_OCMode	TIM_OCMode_Timing
TIM_Channel	TIM_Channel_1
TIM_Pulse	TIM_Pulse_Reset_Mask
TIM_OCPolarity	TIM_OCPolarity_High

［例］初始化 TIM_OCInitTypeDef 结构体。

1. TIM_OCInitTypeDef TIM_OCInitStructure；
2. TIM_OCStructInit（& TIM_OCInitStructure）；

7. 函数 TIM_ICStructInit

表 3-22 是函数 TIM_ICStructInit 的具体描述。

表 3-22 函数 TIM_ICStructInit 描述

函 数 名	说 明
函数原型	void TIM_ICStructInit（TIM_ICInitTypeDef ∗ TIM_ICInitStruct）
功能	把 TIM_ICInitStruct 中的每个参数按默认值填入
输入参数	TIM_ICInitStruct：指向结构 TIM_ICInitTypeDef 的指针，待初始化
输出参数	无
返回值	无
先决条件	无
被调用函数	无

表 3-23 给出了 TIM_ICInitStruct 各个成员的默认值。

表 3-23 TIM_ICInitStruct 默认值

成 员	默 认 值
TIM_ICMode	TIM_ICMode_ICAP
TIM_Channel	TIM_Channel_1
TIM_ICPolarity	TIM_ICPolarity_Rising
TIM_ICSelection	TIM_ICSelection_DirectTI
TIM_ICPrescaler	TIM_ICPSC_DIV1
TIM_ICFilter	TIM_ICFilter_Mask

［例］初始化 TIM_ICInitTypeDef 结构体。

```
1. TIM_ICInitTypeDef TIM_ICInitStructure;
2. TIM_ICStructInit（& TIM_ICInitStructure）;
```

8. 函数 TIM_Cmd

表 3-24 是函数 TIM_Cmd 的具体描述。

表 3-24 函数 TIM_Cmd

函 数 名	说 明
函数原型	void TIM_Cmd（TIM_TypeDef ∗ TIMx, FunctionalState NewState）
功能	使能或者失能 TIMx 外设
输入参数 1	TIMx：x 可以是 2、3、4，用来表示不同 TIM 外设
输入参数 2	NewState：外设 TIMx 的新状态 这个参数可以取 ENABLE 或者 DISABLE
输出参数	无
返回值	无
先决条件	无
被调用函数	无

［例］使能定时器 3 计数：

TIM_Cmd(TIM3, ENABLE);

9. 函数 TIM _ITConfig

表 3-25 是函数 TIM_ITConfig 的具体描述。

表 3-25　函数 TIM_ITConfig 描述

函　数　名	说　　明
函数原型	void TIM_ITConfig(TIM_TypeDef * TIMx, u16 TIM_IT, FunctionalState NewState)
功能	使能或者失能指定的 TIM 中断
输入参数 1	TIMx：x 可以是 2、3、4，用来表示不同 TIM 外设
输入参数 2	TIM_IT：待使能或失能的 TIM 中断源 参阅《UM0427 用户手册》可了解该参数的取值范围
输入参数 3	NewState：TIMx 中断的新状态 这个参数可以取 ENABLE 或者 DISABLE
输出参数	无
返回值	无
先决条件	无
被调用函数	无

表中，TIM_IT 用于指定待使能或失能的 TIM 中断源。可以取表 3-26 的 1 个或者多个取值的组合作为该参数的值。

表 3-26　TIM_IT 值

TIM_IT	说　　明
TIM_IT_Update	TIM 中断源
TIM_IT_CC1	TIM 捕获/比较 1 中断源
TIM_IT_CC2	TIM 捕获/比较 2 中断源
TIM_IT_CC3	TIM 捕获/比较 3 中断源
TIM_IT_CC4	TIM 捕获/比较 4 中断源
TIM_IT_Trigger	TIM 触发中断源

［例］启用 TIM2 捕获/比较通道 1 中断源：

TIM_ITConfig(TIM2, TIM_IT_CC1, ENABLE);

10. 函数 TIM_OC1PreloadConfig

表 3-27 是函数 TIM_OC1PreloadConfig 的具体描述。

表 3-27　函数 TIM_OC1PreloadConfig 描述

函　数　名	说　　明
函数原型	void TIM_OC1PreloadConfig(TIM_TypeDef * TIMx, u16 TIM_OCPreload)
功能	使能或者失能 TIMx 在 CCR1 上的预装载寄存器
输入参数 1	TIMx：x 可以是 2、3、4，用来表示不同 TIM 外设

函 数 名	说　明
输入参数 2	TIM_OCPreload：设置 TIM 外设预装载寄存器的新状态 参阅《UM0427 用户手册》了解该参数的取值范围
输出参数	无
返回值	无
先决条件	无
被调用函数	无

表 3-28 是 TIM_OCPreload 表示 TIMx 在 CCR1 上的预装载寄存器的两种状态。

表 3-28　TIM_OCPreload 值

TIM_OCPreload	描　述
TIM_OCPreload_Enable	TIMx 在 CCR1 上的预装载寄存器使能
TIM_OCPreload_Disable	TIMx 在 CCR1 上的预装载寄存器失能

［例］在 CCR1 寄存器上启用 TIM2 预装载：

TIM_OC1PreloadConfig(TIM2, TIM_OCPreload_Enable) ;

11. 函数 TIM_OC2PreloadConfig

表 3-29 是函数 TIM_OC2PreloadConfig 的具体描述。

表 3-29　函数 TIM_OC2PreloadConfig

函 数 名	说　明
函数原型	void TIM_OC2PreloadConfig(TIM_TypeDef * TIMx, u16 TIM_OCPreload)
功能	使能或者失能 TIMx 在 CCR2 上的预装载寄存器
输入参数 1	TIMx：x 可以是 2、3、4，用来表示不同 TIM 外设
输入参数 2	TIM_OCPreload：设置 TIM 外设预装载寄存器的新状态 参阅《UM0427 用户手册》了解该参数的取值范围
输出参数	无
返回值	无
先决条件	无
被调用函数	无

［例］在 CCR2 寄存器上启用 TIM2 预装载：

TIM_OC2PreloadConfig(TIM2, TIM_OCPreload_Enable) ;

12. 函数 TIM_OC3PreloadConfig

表 3-30 是函数 TIM_OC3PreloadConfig 的具体描述。

表 3-30　函数 TIM_OC3PreloadConfig

函 数 名	说　明
函数原型	void TIM_OC3PreloadConfig(TIM_TypeDef * TIMx, u16 TIM_OCPreload)

函　数　名	说　明
功能	使能或者失能 TIMx 在 CCR3 上的预装载寄存器
输入参数 1	TIMx：x 可以是 2、3、4，用来表示不同 TIM 外设
输入参数 2	TIM_OCPreload：设置 TIM 外设预装载寄存器的新状态 参阅《UM0427 用户手册》可了解该参数的取值范围
输出参数、返回值、先决条件、被调用函数	无

［例］在 CCR3 寄存器上启用 TIM2 预装载：

TIM_OC3PreloadConfig(TIM2, TIM_OCPreload_Enable)；

13. 函数 TIM_OC4PreloadConfig

表 3-31 是函数 TIM_OC4PreloadConfig 的具体描述。

表 3-31　函数 TIM_OC4PreloadConfig

函　数　名	说　明
函数原型	void TIM_OC4PreloadConfig(TIM_TypeDef * TIMx, u16 TIM_OCPreload)
功能	使能或者失能 TIMx 在 CCR4 上的预装载寄存器
输入参数 1	TIMx：x 可以是 2、3、4，用来表示不同 TIM 外设
输入参数 2	TIM_OCPreload：设置 TIM 外设预装载寄存器的新状态 参阅《UM0427 用户手册》可了解该参数的取值范围
输出参数、返回值、先决条件、被调用函数	无

［例］在 CCR4 寄存器上启用 TIM2 预装载：

TIM_OC4PreloadConfig(TIM2, TIM_OCPreload_Enable)；

14. 函数 TIM_GetFlagStatus

表 3-32 是函数 TIM_ GetFlagStatus 的具体描述 。

表 3-32　函数 TIM_ GetFlagStatus 描述

函　数　名	说　明
函数原型	FlagStatus TIM_GetFlagStatus(TIM_TypeDef * TIMx, u16 TIM_FLAG)
功能	检查指定的 TIM 标志位设置与否
输入参数 1	TIMx：x 可以是 2、3、4，用来表示不同 TIM 外设
输入参数 2	TIM_FLAG：待检查的 TIM 标志位 参阅《UM0427 用户手册》可了解该参数的取值范围
输出参数	无
返回值	TIM_FLAG 的新状态（SET 或者 RESET）
先决条件	无
被调用函数	无

表 3-33 给出了可以被函数 TIM_GetFlagStatus 检查的标志位 TIM_FLAG 的列表。

表 3-33　TIM_FLAG 值

TIM_FLAG	描　　述
TIM_FLAG_Update	TIM 更新标志位
TIM_FLAG_CC1	TIM 捕获/比较 1 标志位
TIM_FLAG_CC2	TIM 捕获/比较 2 标志位
TIM_FLAG_CC3	TIM 捕获/比较 3 标志位
TIM_FLAG_CC4	TIM 捕获/比较 4 标志位
TIM_FLAG_Trigger	TIM 触发标志位
TIM_FLAG_CC1OF	TIM 捕获/比较 1 溢出标志位
TIM_FLAG_CC2OF	TIM 捕获/比较 2 溢出标志位
TIM_FLAG_CC3OF	TIM 捕获/比较 3 溢出标志位
TIM_FLAG_CC4OF	TIM 捕获/比较 4 溢出标志位

［例］检查 TIM2 捕获/比较 1 标志位是否设置或重置：

```
1. if( TIM_GetFlagStatus( TIM2, TIM_FLAG_CC1) = = SET)
2. {
3. }
```

15. 函数 TIM_ClearFlag

表 3-34 是函数 TIM_ClearFlag Table 的具体描述。

表 3-34　函数 TIM_ClearFlag Table 具体描述

函　数　名	说　　明
函数原型	void TIM_ClearFlag(TIM_TypeDef * TIMx, u32 TIM_FLAG)
功能	清除 TIMx 的待处理标志位
输入参数 1	TIMx：x 可以是 2、3、4，用来表示不同 TIM 外设
输入参数 2	TIM_FLAG：待清除的 TIM 标志位 参阅《UM0427 用户手册》可了解该参数的取值范围
输出参数	无
返回值	无
先决条件	无
被调用函数	无

［例］清除 TIM2 捕获/比较 1 标志位：

```
TIM_ClearFlag( TIM2, TIM_FLAG_CC1) ;
TIM_ClearFlag( TIM2, TIM_FLAG_CC1) ;
```

16. 函数 TIM_GetITStatus

表 3-35 是函数 TIM_ GetITStatus 的具体描述。

表 3-35　函数 TIM_ GetITStatus 具体描述

函　数　名	说　　明
函数原型	ITStatus TIM_GetITStatus(TIM_TypeDef * TIMx, u16 TIM_IT)

函 数 名	说　　　明
功能	检查指定的 TIM 是否发生中断
输入参数 1	TIMx：x 可以是 2、3、4，用来表示不同 TIM 外设
输入参数 2	TIM_IT：待检查的 TIM 中断源 参阅《UM0427 用户手册》可了解该参数的取值范围
输出参数	无
返回值	TIM_IT 的新状态
先决条件	无
被调用函数	无

[例] 将 TIM2 捕获/比较标志位清 0。

```
1. if(TIM_GetITStatus(TIM2, TIM_IT_CC1) == SET)
2. {
3. }
```

17. 函数 TIM_ClearITPendingBit

表 3-36 是函数 TIM_ ClearITPendingBit 的具体描述。

表 3-36　函数 TIM_ ClearITPendingBit 具体描述

函 数 名	说　　　明
函数原型	void TIM_ClearITPendingBit(TIM_TypeDef * TIMx, u16 TIM_IT)
功能	清除 TIMx 的中断待处理位
输入参数 1	TIMx：x 可以是 2、3、4，用来选择 TIM 外设
输入参数 2	TIM_IT：待检查的 TIM 中断待处理位 参阅《UM0427 用户手册》了解该参数的取值范围
输出参数	无
返回值	无
先决条件	无
被调用函数	无

[例] 清除 TIM2 捕获/比较 1 中断挂起位：

```
TIM_ClearITPendingBit(TIM2, TIM_IT_CC1);
```

3.2　STM32 单片机定时器应用程序设计

3.2.1　任务：定时器中断程序设计

[知识目标]
- 掌握定时器时基初始化的方法
- 掌握定时器中断初始化的方法

● 掌握定时器中断服务程序的编写方法

[**任务描述**]

编写 TIM4 定时器中断初始化程序，控制定时器 500ms 中断 1 次，在定时器中断服务程序中反转图 1-6 中的 D1 的控制 I/O 端口的电平，控制发光二极管 D1 每 500ms 闪烁 1 次。定时器中断程序设计架构如图 3-1 所示。

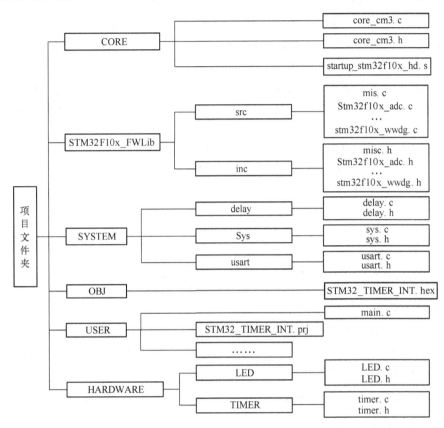

图 3-1　定时器中断程序设计架构图

1. 定时器中断初始化程序

定时器中断初始化步骤如下：

第 1 步，使能 TIM4 时钟。

TIM4 挂载在 APB1 总线下，通过 APB1 总线的时钟使能函数来使能 TIM4 时钟。调用的函数是：RCC_APB1PeriphClockCmd（RCC_APB1Periph_TIM4，ENABLE）。

第 2 步，初始化 TIM4 的时基。

在库函数中，定时器的时基参数是通过函数 TIM_TimeBaseInit 实现的：

```
void TIM_TimeBaseInit( TIM_TypeDef ∗ TIMx，TIM_TimeBaseInitTypeDef ∗ TIM_TimeBaseInitStruct) ；
```

其中，第 1 个参数用于指定要初始化的定时器，这里是 TIM4。第 2 个参数是定时器初始化参数结构体指针，结构体类型为 TIM_TimeBaseInitTypeDef，下面看看这个结构体的定义：

```
1. typedef struct
2. {
```

```
3.    uint16_t TIM_Prescaler;
4.    uint16_t TIM_CounterMode;
5.    uint16_t TIM_Period;
6.    uint16_t TIM_ClockDivision;
7.    uint8_t TIM_RepetitionCounter;
8. } TIM_TimeBaseInitTypeDef;
```

这个结构体一共有 5 个成员变量（参数），对于通用定时器只有前面 4 个参数有用，最后 1 个参数 TIM_RepetitionCounter 在高级定时器时才有用。

第 1 个参数 TIM_Prescaler 用于设置分频系数 psc；

第 2 个参数 TIM_CounterMode 用来设置计数方式，可以设置为向上计数、向下计数方式和中央对齐计数方式，常用的是向上计数模式 TIM_CounterMode_Up 和向下计数模式 TIM_CounterMode_Down；

第 3 个参数 TIM_Period 用于设置自动重载计数周期值 arr。

第 4 个参数 TIM_ClockDivision 用来设置时钟分频因子。

TIM4 初始化程序如下：

```
1. TIM_TimeBaseInitTypeDef   TIM_TimeBaseStructure;
2. TIM_TimeBaseStructure. TIM_Period = 5000;
3. TIM_TimeBaseStructure. TIM_Prescaler = 7199;
4. TIM_TimeBaseStructure. TIM_ClockDivision = TIM_CKD_DIV1;
5. TIM_TimeBaseStructure. TIM_CounterMode = TIM_CounterMode_Up;
6. TIM_TimeBaseInit(TIM4, &TIM_TimeBaseStructure);
```

第 3 步，设置 TIM4_DIER 允许更新中断。

因为需要 TIM4 更新中断，寄存器的相应位可以使能更新中断。在库函数里面定时器中断使能是通过 TIM_ITConfig 函数来实现的：

```
void TIM_ITConfig(TIM_TypeDef * TIMx, uint16_t TIM_IT, FunctionalState NewState);
```

第 1 个参数用来选择定时器号；

第 2 个参数非常重要，用来指明使能定时器中断的类型，定时器中断的类型有多种，包括更新中断 TIM_IT_Update、触发中断 TIM_IT_Trigger 以及输入捕获中断等。

第 3 个参数表示失能还是使能。

使能 TIM4 更新中断的格式为：

```
TIM_ITConfig(TIM4,TIM_IT_Update,ENABLE );
```

第 4 步，TIM4 中断优先级设置。

在定时器中断使能之后，会产生中断，需要设置 NVIC 相关寄存器，以设置中断优先级。前面已介绍过用 NVIC_Init 函数实现中断优先级的设置，这里就不再重复介绍。

第 5 步，允许 TIM4 工作，即使能 TIM4。

配置好定时器还不够，因为开启定时器之前，定时器处于停止状态，仍然不能用。需要在配置完后开启定时器，可通过 TIM4_CR1 的 CEN 位来设置。在固件库里面使能定时器的函数是通过 TIM_Cmd 函数来实现的：

```
void TIM_Cmd(TIM_TypeDef * TIMx, FunctionalState NewState)
```

这个函数用法简单，例如要使能 TIM4，程序为：

```
TIM_Cmd(TIM4, ENABLE);
```

TIM4 完整的初始化程序如下：

```
1. void TIM3_Int_Init(u16 arr,u16 psc)
2. {
3.    TIM_TimeBaseInitTypeDef    TIM_TimeBaseStructure;
4.    NVIC_InitTypeDef NVIC_InitStructure;
5.    RCC_APB1PeriphClockCmd(RCC_APB1Periph_TIM4, ENABLE);
6.    TIM_TimeBaseStructure. TIM_Period = arr;
7.    TIM_TimeBaseStructure. TIM_Prescaler =psc;
8.    TIM_TimeBaseStructure. TIM_ClockDivision = TIM_CKD_DIV1;
9.    TIM_TimeBaseStructure. TIM_CounterMode = TIM_CounterMode_Up;
10.   TIM_TimeBaseInit(TIM4, &TIM_TimeBaseStructure);
11.    TIM_ITConfig(TIM4,TIM_IT_Update,ENABLE );
12.   NVIC_InitStructure. NVIC_IRQChannel = TIM4_IRQn;
13.   NVIC_InitStructure. NVIC_IRQChannelPreemptionPriority = 0;
14.   NVIC_InitStructure. NVIC_IRQChannelSubPriority = 3;
15.   NVIC_InitStructure. NVIC_IRQChannelCmd = ENABLE;
16.   NVIC_Init(&NVIC_InitStructure);
17.   TIM_Cmd(TIM4, ENABLE);
      }
```

2. 中断服务程序

通过中断服务程序来处理定时器产生的相关中断。在中断产生后，通过状态寄存器的值来判断此次产生的中断属于什么类型，然后执行相关的操作，这里使用的是更新（溢出）中断，定时器溢出中断标志位位于状态寄存器 SR 的最低位。在处理完中断之后会向 TIM4_SR 的最低位写 0，来清除该中断标志。

在固件库函数里，用来读取中断状态寄存器值来判断中断类型的函数是：

```
ITStatus TIM_GetITStatus(TIM_TypeDef * TIMx, uint16_t)。
```

该函数是读取 TIMx 的某个指定中断类型的中断标志位。例如，要判断 TIM4 是否发生更新（溢出）中断，方法是：

```
if (TIM_GetITStatus(TIM4, TIM_IT_Update)!= RESET){}
```

固件库中清除中断标志位的函数是：

```
void TIM_ClearITPendingBit(TIM_TypeDef * TIMx, uint16_t TIM_IT)
```

该函数是清除定时器 TIMx 的中断 TIM_IT 标志位。用法简单，例如在 TIM4 的溢出中断发生后，要清除中断标志位，方法是：

```
TIM_ClearITPendingBit(TIM4, TIM_IT_Update);
```

这里需要说明的是，固件库还提供了两个函数用来判断定时器状态标志位以及清除定时器状态标志位（TIM_GetFlagStatus 和 TIM_ClearFlag），它们的作用和 TIM_GetITStatus、TIM_Clear-ITPendingBit 这两个函数的作用类似。只是在 TIM_GetITStatus 函数中会首先先判断这种中断是否使能，只有使能了才判断中断标志位，而 TIM_GetFlagStatus 直接用来判断状态标志位。中断服务程序如下：

```
1. void TIM4_IRQHandler( void)
2. {
3.     if ( TIM_GetITStatus( TIM4, TIM_IT_Update) != RESET)
4.     {
5.         TIM_ClearITPendingBit( TIM4, TIM_IT_Update  );
6.         LED = ! LED;
7.     }
8. }
```

3. 测试主程序设计

为了测试 TIM4 溢出中断工作是否正常，通过主程序完成中断分组初始化和 TIM4 初始化以后，程序进入 while( ) 循环即可。通过观察 LED 灯是否以 500 ms 周期循环闪烁即可判断定时器工作是否正常。定时时间 = (4999+1) ∗ (7199+1) /72000000 s = 500 ms，主程序如下：

```
1. int main( void)
2. {
3.  delay_init( ) ;
4.  NVIC_PriorityGroupConfig( NVIC_PriorityGroup_2) ;
5.  LED_Init( ) ;
6.  TIM4_Int_Init( 4999,7199) ;
7.  while( 1)
8.  {
9.  }
10. }
```

第 4 行，设置中断分组为 2 位抢占优先级，2 位子优先级；

第 5 行，初始化 LED 控制 I/O 引脚；

第 6 行，初始化 TIM4，定时周期为 500 ms；

第 7 行~第 10 行，为 while 无限循环，状态指示 LED 的亮灭在 TIM4 的中断服务程序中实现。

至此，就完成了 TIM4 的中断初始化程序、中断服务程序和测试主程序的设计。达到了定时器中断程序设计任务的预期目标。

定时器中断任务完整例程详见本书配套电子资源。

3.2.2　任务：输入脉冲高电平时间测量并显示的程序设计

[知识目标]

● 掌握定时器输入捕获通道初始化的方法

● 掌握定时器输入捕获中断初始化的方法

● 掌握定时器输入捕获中断服务程序的编写方法

[任务描述]

采用定时器输入捕获通道首先捕获输入脉冲的上升沿，进入定时器捕获中断后，同时清除定时器计数器的值，然后把输入捕获改为下降沿捕获，当进入下降沿捕获中断时，定时器总的计时时间就是输入脉冲的高电平时间。本任务是编写输入脉冲高电平时间（脉冲宽度）的测量及显示的程序，程序设计过程中，要考虑高电平时间较长时，定时器可能会发生溢出的情形。

脉冲宽度测量程序设计架构如图 3-2 所示。

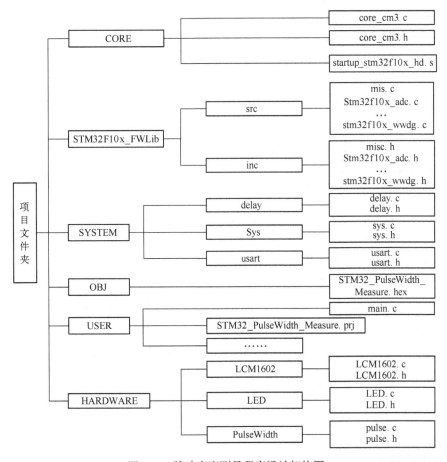

图 3-2　脉冲宽度测量程序设计架构图

1. 输入捕获简介

输入捕获模式可以用来测量脉冲宽度或脉冲频率。STM32 的定时器，除了 TIM6 和 TIM7，其他定时器都有输入捕获功能。STM32 的输入捕获，就是通过检测 TIMx_CHx 上的边沿信号，在边沿信号发生跳变（例如上升沿/下降沿）的时候，将当前定时器的值（TIMx_CNT）存放到对应通道的捕获/比较寄存器（TIMx_CCRx）里面，完成 1 次捕获，同时还可以配置捕获时是否触发中断/DMA 等。

本任务用 TIM4_CH1(PB6)来捕获高电平脉宽，即先设置输入捕获在上升沿发生，记录上升沿的时候 TIM4_CNT 的值。然后配置为下降沿捕获，当下降沿到来时，发生捕获，并记录此时的 TIM4_CNT 值。这样，前后两次 TIM4_CNT 之差，就是高电平的脉宽，此时 TIM4 的计数频率是已知的，从而可以计算出高电平脉宽的准确时间。

2. 输入捕获配置

下面是使用库函数对 TIM4_CH1(PB6)通道配置输入捕获的步骤。

（1）开启 TIM4 时钟和 GPIOB 时钟，配置 PB6 为下拉输入

要使用 TIM4，必须先开启 TIM4 的时钟。因为要捕获 TIM4_CH1 上的高电平脉宽，而 TIM4_CH1 是连接在 PB6 上面的，因此还要配置 PB6 为下拉输入。

```
1. RCC_APB1PeriphClockCmd(RCC_APB1Periph_TIM4, ENABLE);
2. RCC_APB2PeriphClockCmd(RCC_APB2Periph_GPIOB, ENABLE);
```

这两个函数的使用和 GPIO 初始化，这里不再重复介绍了。

（2）初始化 TIM4，设置 TIM4 的 ARR 和 PSC

在开启了 TIM4 的时钟之后，要设置 ARR 和 PSC 两个寄存器的值来设置输入捕获的自动装载值和计数频率。它们在库函数中是通过 TIM_TimeBaseInit 函数实现的（在上一个任务已经介绍过）。

```
1. TIM_TimeBaseInitTypeDef   TIM_TimeBaseStructure;
2. TIM_TimeBaseStructure. TIM_Period = arr;
3. TIM_TimeBaseStructure. TIM_Prescaler = psc;
4. TIM_TimeBaseStructure. TIM_ClockDivision = TIM_CKD_DIV1;
5. TIM_TimeBaseStructure. TIM_CounterMode = TIM_CounterMode_Up;
6. TIM_TimeBaseInit(TIM4, &TIM_TimeBaseStructure);
```

（3）设置 TIM4 的输入比较参数，开启输入捕获

输入比较参数包括映射关系、滤波、分频以及捕获方式等。这里需要设置：通道 1 为输入模式，IC1 映射到 TI1（通道 1）上面，并且不使用滤波（提高响应速度）器，上升沿捕获。在库函数中是通过 TIM_ICInit 函数对输入比较参数初始化的：

```
void TIM_ICInit(TIM_TypeDef * TIMx, TIM_ICInitTypeDef * TIM_ICInitStruct);
```

同样，用下面参数对结构体 TIM_ICInitTypeDef 进行定义：

```
1. typedef struct
2. {
3.     uint16_t TIM_Channel;
4.     uint16_t TIM_ICPolarity;
5.     uint16_t TIM_ICSelection;
6.     uint16_t TIM_ICPrescaler;
7.     uint16_t TIM_ICFilter;
8. } TIM_ICInitTypeDef;
```

参数 TIM_Channel 用来设置通道。设置为通道 1，即为该成员变量赋值为 TIM_Channel_1。

参数 TIM_ICPolarity 用来设置输入信号的捕获极性，这里为 TIM_ICPolarity_Rising，上升沿捕获。同时库函数还提供了单独设置通道 1 捕获极性的函数 TIM_OC1PolarityConfig（TIM4, TIM_ICPolarity_Rising），表示通道 1 为上升沿捕获，对于其他 3 个通道也有 1 个类似的函数，使用的时候一定要分清楚所用通道和相应的调用函数，格式为 TIM_OCxPolarityConfig()。

参数 TIM_ICSelection 用来设置映射关系，这里设置 IC1 直接映射在 TI1 上，库函数中选择 TIM_ICSelection_DirectTI。

参数 TIM_ICPrescaler 用来设置输入捕获分频系数，这里不分频，所以库函数中选择 TIM_ICPSC_DIV1，还有 2,4,8 分频系数可选。

参数 TIM_ICFilter 设置滤波器长度，这里不使用滤波器，所以设置为 0。这些参数详见《STM32RM0008 Rev21 参考手册》中的 14.4.8 捕获/比较模式寄存器 2（TIMx_CCMR2）"内容。

输入比较参数设置程序是：

```
TIM_ICInitTypeDef    TIM4_ICInitStructure;
1. TIM5_ICInitStructure. TIM_Channel = TIM_Channel_1;
2. TIM5_ICInitStructure. TIM_ICPolarity = TIM_ICPolarity_Rising;
3. TIM5_ICInitStructure. TIM_ICSelection = TIM_ICSelection_DirectTI;
4. TIM5_ICInitStructure. TIM_ICPrescaler = TIM_ICPSC_DIV1;
5. TIM5_ICInitStructure. TIM_ICFilter = 0x00;
6. TIM_ICInit( TIM4, &TIM4_ICInitStructure);
```

（4）使能捕获和更新中断（设置 TIM4 的 DIER 寄存器）

因为要捕获高电平信号的脉宽，所以第 1 次捕获是在上升沿，第 2 次捕获是在下降沿，因此在捕获上升沿之后，设置捕获边沿为下降沿，同时，如果脉宽比较长，那么定时器就会溢出，因此对溢出也需要做处理，否则结果就不准了。这两件事都在中断里面做，所以必须开启捕获中断和更新中断。这里使用定时器的开中断函数 TIM_ITConfig 使能捕获和更新中断：

TIM_ITConfig(TIM4, TIM_IT_Update | TIM_IT_CC1, ENABLE);

（5）设置中断分组，编写中断服务函数

设置中断分组的方法前面多次提到，主要是通过函数 NVIC_Init( ) 来完成。分组完成后，还需要在中断函数里完成数据处理和捕获设置等关键操作，从而实现高电平脉宽统计。在中断服务函数中，跟以前的外部中断和定时器中断一样，在中断开始的时候要进行中断类型的判断，在中断结束的时候要清除中断标志位。所用到的函数在前述任务中已经介绍过，分别为 TIM_GetITStatus( ) 函数和 TIM_ClearITPendingBit( ) 函数。

使用 if (TIM_GetITStatus(TIM4, TIM_IT_Update) != RESET) 语句判断是否更新中断，使用 if (TIM_GetITStatus(TIM4, TIM_IT_CC1) != RESET) 判断是否发生捕获事件。中断服务程序的最后，使用 TIM_ClearITPendingBit (TIM4, TIM_IT_CC1 | TIM_IT_Update) 清除中断和捕获标志位。

（6）使能定时器（设置 TIM4 的 CR1 寄存器）

最后需要打开定时器的计数器开关，启动 TIM4 的计数器，开始输入捕获。启动 TIM4 使用 TIM_Cmd(TIM4, ENABLE) 语句。

通过以上 6 步，定时器 4 的通道 1 就可以开始进行输入捕获了。完整的输入捕获程序如下：

```
1. void TIM4_ICP_Init( u16 arr,u16 psc)
2. {
3.     GPIO_InitTypeDef GPIO_InitStructure;
4.     NVIC_InitTypeDef NVIC_InitStructure;
5.     TIM_TimeBaseInitTypeDef    TIM_TimeBaseStructure;
6.     TIM_ICInitTypeDef    TIM_ICInitStructure;
7.     RCC_APB2PeriphClockCmd( RCC_APB2Periph_GPIOB, ENABLE);
8.     RCC_APB1PeriphClockCmd( RCC_APB1Periph_TIM4, ENABLE);
9.     GPIO_InitStructure. GPIO_Pin = GPIO_Pin_6;
10.    GPIO_InitStructure. GPIO_Mode = GPIO_Mode_IPD;
11.    GPIO_InitStructure. GPIO_Speed = GPIO_Speed_50MHz;
12.    GPIO_Init( GPIOB, &GPIO_InitStructure);
13.    GPIO_SetBits( GPIOB, GPIO_Pin_6);
14.    TIM_TimeBaseStructure. TIM_Period = arr;
15.    TIM_TimeBaseStructure. TIM_Prescaler = psc;
```

```
16.    TIM_TimeBaseStructure. TIM_ClockDivision = TIM_CKD_DIV1;
17.    TIM_TimeBaseStructure. TIM_CounterMode = TIM_CounterMode_Up;
18.    TIM_TimeBaseInit(TIM4, &TIM_TimeBaseStructure);
19.    TIM_ICInitStructure. TIM_Channel = TIM_Channel_1;
20.    TIM_ICInitStructure. TIM_ICPolarity = TIM_ICPolarity_Rising;
21.    TIM_ICInitStructure. TIM_ICSelection = TIM_ICSelection_DirectTI;
22.    TIM_ICInitStructure. TIM_ICPrescaler = TIM_ICPSC_DIV1;
23.    TIM_ICInitStructure. TIM_ICFilter = 0x03;
24.    TIM_ICInit(TIM4, &TIM_ICInitStructure);
25.    TIM_Cmd(TIM4,ENABLE);
26.    NVIC_InitStructure. NVIC_IRQChannel = TIM4_IRQn;
27.    NVIC_InitStructure. NVIC_IRQChannelPreemptionPriority = 1;
28.    NVIC_InitStructure. NVIC_IRQChannelSubPriority = 3;
29.    NVIC_InitStructure. NVIC_IRQChannelCmd = ENABLE;
30.    NVIC_Init(&NVIC_InitStructure);
31.    TIM_ITConfig(TIM4,TIM_IT_Update|TIM_IT_CC1,ENABLE);
32. }
```

3. 中断服务程序

TIM4 输入捕获中断服务程序如下：

```
1. void TIM4_IRQHandler(void)
2. {
3.    if (TIM_GetITStatus(TIM4, TIM_IT_CC1)! = RESET)
4.        {
5.        }
6.    TIM_ClearITPendingBit(TIM4, TIM_IT_CC1|TIM_IT_Update);
7. }
```

TIM4 输入捕获中断服务程序结构比较简单。第 3 行通过获取 TIM4 的 TIM_IT_CC1 标志位判断是否是 TIM4 输入通道 1 的输入捕获中断，如果是，则进行输入捕获处理。处理完成后，清除 TIM4 的 TIM_IT_CC1 中断标志位。

4. 硬件设计

硬件电路主要由 3 大部分组成：STM32F103VET6 最小系统板、信号发生器、LCM1602 液晶显示屏。硬件电路连接如图 3-3 所示。信号源提供 1 个幅值为 3 V 的被测信号，PB6 为 TIM4 的输入通道 1，LCM1602 用于显示输入脉冲的高电平宽度，单位为 ms。

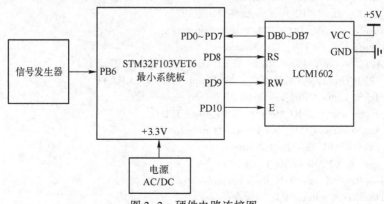

图 3-3　硬件电路连接图

5. 软件设计

输入捕获程序直接添加在 pulse.c 和 pulse.h 文件中, 这两个文件在工程中的路径为 ..\
HARDWARE\PulseWidth\。同时输入捕获相关的库函数在 stm32f10x_tim.c 和 stm32f10x_tim.h 文件中。
TIM4 定时器输入捕获初始化程序前面已经详细介绍过。下面主要介绍脉冲宽度测量和中断服务程序。

脉冲宽度测量在 TIM4 中断服务程序中进行。TIM4 中断服务程序如下:

```
/*****************************************
嵌入式应用技术
TIM4 中断服务
江苏电子信息职业学院
作者:df
*****************************************/
1. u16   TIM4CH1_CAPTURE_STA = 0;
2. u16 TIM4CH1_CAPTURE_VAL;
3. void TIM4_IRQHandler( void)
4. {
5.      if((TIM4CH1_CAPTURE_STA&0X8000) = = 0)
6.      {
7.      //-------------------------------------------------------------------
8.      //溢出中断
9.          if(TIM_GetITStatus(TIM4, TIM_IT_Update) ! = RESET)
10.         {
11.             if(TIM4CH1_CAPTURE_STA&0X4000)
12.             {
13.                 if((TIM4CH1_CAPTURE_STA&0X3FFF) = = 0X3FFF)
14.                 {
15.                     TIM4CH1_CAPTURE_STA| = 0X8000;
16.                     TIM4CH1_CAPTURE_VAL = 0XFFFF;
17.                 }
18.                 else TIM4CH1_CAPTURE_STA++;
19.             }
20.         }
21.     //-------------------------------------------------------------------
22.     //输入捕获中断
23.     if (TIM_GetITStatus(TIM4, TIM_IT_CC1) ! = RESET)
24.     {
25.         if(TIM4CH1_CAPTURE_STA&0X4000)
26.         {
27.             TIM4CH1_CAPTURE_STA| = 0X8000;
28.             TIM4CH1_CAPTURE_VAL = TIM_GetCapture1(TIM4) ;
29.             TIM_OC1PolarityConfig(TIM4,TIM_ICPolarity_Rising);
30.         }
31.         else
32.         {
33.             TIM4CH1_CAPTURE_STA = 0;//清空
34.             TIM4CH1_CAPTURE_VAL = 0;
35.             TIM_SetCounter(TIM4,0) ;
36.             TIM4CH1_CAPTURE_STA| = 0X4000;
```

```
37.        TIM_OC1PolarityConfig(TIM4,TIM_ICPolarity_Falling);
38.      }
39.    }
40.  }
41.  TIM_ClearITPendingBit(TIM4, TIM_IT_CC1|TIM_IT_Update);
42.  }
```

脉冲宽度测量程序如下:

```
/*****************************************************
嵌入式应用技术
脉冲宽度测量
江苏电子信息职业学院
作者:杜锋
*****************************************************/
1. int main(void)
2. {
3.    u8 dis_buF [ ] ="      ------us      ";
4.    u32 temp=0;
5.    delay_init(); //延时函数初始化
6.    NVIC_PriorityGroupConfig(NVIC_PriorityGroup_2);
7.    uart_init(115200);
8.    LED_Init();   //LED 端口初始化
9.    LCM1602_IO_Init();
10.   LCM1602_Init();
11.    //------------------------
12.  //初始时间显示
13.  LCM1602_Write_String(1,0,(unsigned char * )" PulseWidthMeas ");
14.  LCM1602_Write_String(2,0,(unsigned char * )dis_buF);
15.  TIM4_ICP_Init(0XFFFF,72-1);
16.  while(1)
17.  {
18.    if(TIM4CH1_CAPTURE_STA&0X8000)
19.      {
20.        temp=TIM4CH1_CAPTURE_STA&0X3FFF;
21.         temp * =65536;
22.        temp+=TIM4CH1_CAPTURE_VAL;
23.        dis_buF [4] =temp/100000+0x30;
24.        dis_buF [5] =temp%100000/10000+0x30;
25.        dis_buF [6] =temp%10000/1000+0x30;
26.        dis_buF [7] =temp%1000/100+0x30;
27.        dis_buF [8] =temp%100/10+0x30;
28.        dis_buF [9] =temp%10+0x30;
29.        LCM1602_Write_String(2,0,(unsigned char * )dis_buF);
30.         printf(" HIGH:%d us\r\n",temp);
31.        TIM4CH1_CAPTURE_STA=0;
32.      }
33.    }
34. }
```

6. 软硬件联调

（1）硬件组装

由 STM32F103VET6 最小系统板、LCM1602 液晶显示模组和信号发生器（型号为 SDG2082）按照图 3-3 进行接线，组装完成的硬件系统如图 3-4 所示。

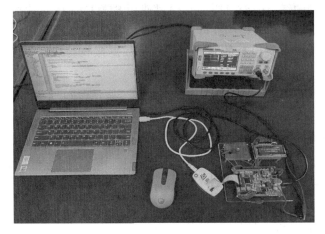

图 3-4　系统调试实物图

（2）系统调试

系统硬件组装完成后，上电之前要用万用表测量电源和地有没有短路，测量无误后，可以接通电源。设置好仿真器和目标器件型号后，重新编译工程，工程编译无误后，单击程序下载按钮。程序正确下载后，会自动运行。通过调节信号发生器，输入频率为 1 kHz、Vpp 为 3 V、占空比为 50% 的方波信号。则 LCM1602 将显示方波信号高电平的宽度，预期的理论值为 500 μs，实际显示值也是 500 μs。说明使用 TIM4 通道 1 输入捕获的测量脉冲宽度功能正常，精度也符合要求。测量结果图如图 3-5 所示。

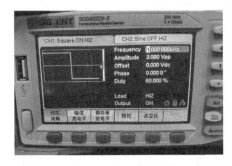 

图 3-5　脉冲宽度测量结果

3.2.3　任务：符合 NEC 协议的红外遥控器按键数据的解析和显示

［能力目标］
- 掌握 NEC 红外通信协议
- 掌握 NEC 红外通信协议分析方法
- 掌握 NEC 协议中按键值的提取方法

[任务描述]

遥控器发送基于 NEC 协议的数据载波，经红外数据一体化接收器 HS0038 解析后的方波输入定时器的输入捕获通道，使用定时器测量方波的高电平时间，与 NEC 协议标准进行对比，得出按键数据，进而根据按键值，控制 LED 灯的亮灭，实现红外遥控开关的功能。

电视遥控器是典型的红外遥控应用。本项目使用 STM32F103 单片机及红外数据一体化接收器 HS0038 来接收符合 NEC 协议的红外数据；使用 LCM1602 液晶显示模组显示遥控器控制面板上的按键程序；使用 4 个 LED 的亮灭确认红外数据接收与按键程序的正确性，如图 3-6 所示。

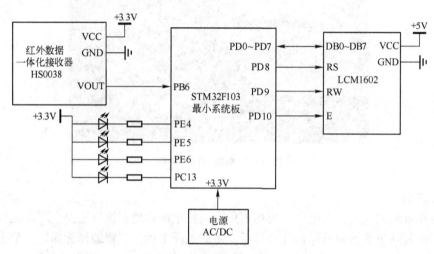

图 3-6　红外遥控项目电路图

本任务的核心技术是：
- 符合 NEC 协议的红外遥控程序的编写；
- STM32F103 单片机定时器溢出中断与捕获功能的应用；
- LCM1602 的应用；
- 发光二极管的应用。

1. NEC 协议红外遥控器的数据解析

（1）红外线简介

红外线是波长在 750 nm~1 mm 之间的电磁波，其频率高于微波而低于可见光，是一种人眼看不到的光线，如图 3-7 所示。无线电波和微波已广泛应用在长距离无线通信中，由于红外线的波长较短，对障碍物的衍射能力差，所以更适合应用在需要短距离无线通信的点对点的数据传输。为了使各种设备能够通过 1 个红外接口进行通信，红外数据协议（Infrared Data Association，IRDA）是 1 个关于红外遥控的统一的软硬件规范，是红外数据通信标准。

（2）红外遥控码标准

电视遥控器、车载 MP3 使用专用集成芯片实现遥控数据的发射，如图 3-8 所示，电视遥控信号的发射，就是将某个按键所对应的控制指令和系统码（由 0 和 1 组成的序列），调制在 38 kHz 的载波上，然后经放大器驱动红外发射管将信号发射出去。不同公司的遥控芯片，采用的遥控码格式也不一样，较普遍的有两种：一种是 NEC 标准，另一种是 Philips 标准。

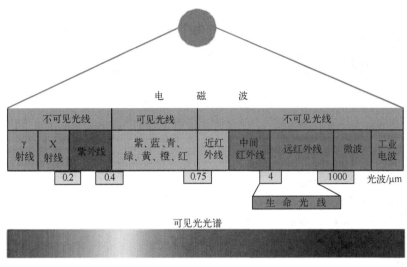

图 3-7 太阳光谱

图 3-8 某型号
红外遥控器

注：波长处于 4~400 μm 之间的为远红外线，90% 的远红外线波长介于 8~15 μm 之间，被称为生命光线，该光线能促进生物生长。

下面介绍电视机遥控器的 NEC 标准。

NEC 红外通信主要特征如下。

1）使用 38 kHz 载波频率。

2）引导码间隔是 9 ms+4.5 ms。

3）使用 16 位客户程序。

4）使用 8 位数据程序和 8 位取反的数据程序。

遥控载波的频率为 38 kHz（占空比 1:3）当某个键按下时，系统首先发射 1 个完整的全码，如果按键超过 108 ms 仍未松开，接下来发射的程序（连发程序）将由起始码（9 ms）和结束码（2.5 ms）组成，如图 3-9 所示。

1 条完整的全码 = 引导码 + 用户码 + 用户码 + 数据码 + 数据反码

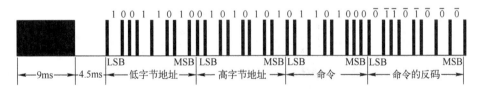

图 3-9　一条完整的红外全码

其中，引导码为高电平 9 ms，低电平为 4.5 ms；前 16 位为用户识别码，能区别不同的红外遥控设备，以防止不同遥控器的遥控码互相干扰。后 16 位为 8 位的操作码和 8 位的操作反码，用于核对数据是否准确接收。接收端根据数据码做出应执行相应动作的判断。连发是指持续按键时发送重复码。就是说，发了 1 次命令码之后，不再发送命令码，每隔 110 ms 时间，发送 1 段重复码。重复码由 9 ms 高电平、2.25 ms 的低电平以及 560 μs 的高电平（该电平因时间短而在示波器上无法分辨）组成，如图 3-10 所示。它告知接收端某键是连续按着，连续发送的重复码信号如图 3-11 所示。

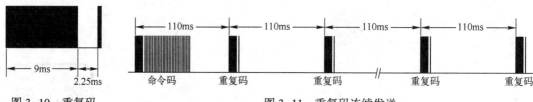

图 3-10　重复码　　　　　　　　　　图 3-11　重复码连续发送

（3）NEC 标准下逻辑"0"和"1"的表示

HS0038 红外数据一体化接收器如图 3-12 所示。

红外遥控器发送的数据如图 3-13 所示。

- 数据为 0 时用"0.56 ms 高电平+0.565 ms 低电平 = 1.125 ms"表示；
- 数据为 1 时用"高电平 0.56 ms+1.69 ms = 2.25 ms"表示。

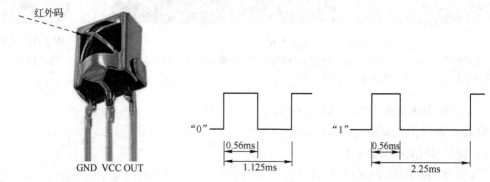

图 3-12　红外数据一体化接收器　　　图 3-13　NEC 标准"0"和"1"的波形图

注意：当红外数据一体化接收器收到 38 kHz 红外信号时，输出端输出低电平，否则为高电平。所以红外数据一体化接收器输出的波形和红外遥控器发送的波形是相反的，如图 3-14 所示。

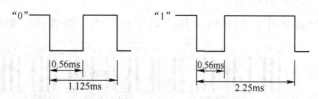

图 3-14　红外数据一体化接收器端口"0"和"1"的波形

（4）NEC 红外编码的发送与接收

红外通信是利用波长等于 950 nm 近红外波段的红外线作为传递信息的载体，即通信信道。发送端采用脉位调制（PPM）方式，将二进制数字量信号调制成某个频率的脉冲序列，并驱动红外发射管以光脉冲的形式发送出去；接收端将接收到的光脉冲转换成电信号，再经过放大、滤波等处理后送至解调电路进行解调，还原为二进制数字量信号后输出。简而言之，红外通信的实质就是对二进制数字量信号进行调制与解调，以便利用红外信道进行传输；红外通信接口就是针对红外信道的调制解调器。二进制信号的调制由遥控器专用芯片来完成，它把编码后的二进制信号调制成频率为 38 kHz 的间断脉冲串（周期约 26 μs 的脉冲），相当于用二进制信号的编码乘以频率为 38 kHz 的脉冲信号得到间断脉冲串，该间断脉冲串就是调制后用于红外发射二极管发送的信号，如图 3-15 所示。一条完整的红外编码信号与遥控器发出的波形如图 3-16 所示。

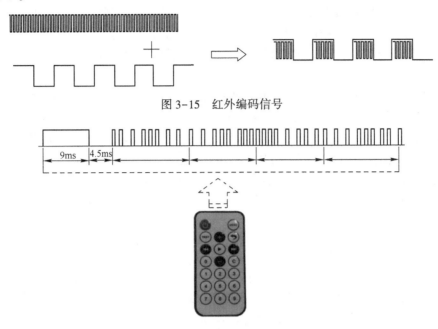

图 3-15　红外编码信号

图 3-16　红外遥控器发出的波形

通过红外数据一体化接收器接收到的数据如图 3-17 所示。注意数据电平逻辑与发射端是相反的，1 个字节数据中 LSB 先发送，MSB 后发送。

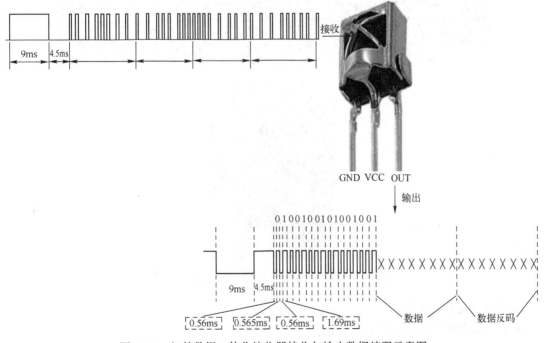

图 3-17　红外数据一体化接收器接收与输出数据编码示意图

2. NEC 协议红外遥控器的数据接收

（1）红外数据的接收原理

STM32 单片机定时器具有多种功能，输入捕获就是其中一种。STM32F1 除了基本定时器 TIM6 和 TIM7，其他定时器都具有输入捕获功能。输入捕获可以对输入信号的上升沿、下降沿或者双边沿进行捕获，通常用于测量输入信号的脉宽、测量 PWM 输入信号的频率及占空比。

输入捕获的工作原理比较简单，在输入捕获模式下，当相应的 CHx 信号检测到跳变沿后，将使用捕获/比较寄存器（TIMx_CCRx）来锁存计数器的值。就是通过检测 TIMx_CHx 的边沿信号，在边沿信号发生跳变（例如上升沿/下降沿）的时候，将当前定时器的值（TIMx_CNT）存放到对应通道的捕获/比较寄存器（TIMx_CCRx）里面，完成 1 次捕获。

红外数据接收器 HS0038 数据输出引脚接在定时器 4 的捕获引脚 PB9 上，利用定时器 4 的定时功能与输入捕获功能，接收图 3-18 的数据。图 3-19 是使用逻辑分析仪抓取的红外数据波形图。

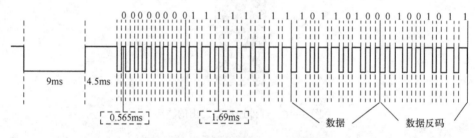

图 3-18　HS0038 接收到的红外数据

图 3-19　用逻辑分析仪抓取的红外数据波形图

红外数据接收相关的知识：

- 定时器中断与捕获中断的初始化；
- STM32 定时器 4 的溢出中断与捕获中断共用的 1 个中断服务函数；

- 接收状态变量的标记；
- 红外数据编码的处理。

（2）STM32F103 定时器 4 的初始化

1）使能 TIM4 和 PORTB 时钟：

```
1. RCC_APB1PeriphClockCmd(RCC_APB1Periph_TIM4,ENABLE);
2. RCC_APB2PeriphClockCmd(RCC_APB2Periph_GPIOB,ENABLE);
3. GPIO_InitStructure. GPIO_Mode=GPIO_Mode_IPD;
```

2）初始化定时器参数，包含自动装值、分频系数和计数方式等：

```
TIM_TimeBaseInit(TIM_TypeDef * TIMx,TIM_TimeBaseInitTypeDef * TIM_TimeBaseInitStruct);
```

3）设置通用定时器的输入捕获参数，开启输入捕获功能：

```
TIM_ICInit(TIM_TypeDef * TIMx, TIM_ICInitTypeDef * TIM_ICInitStruct);
```

4）开启捕获和定时器溢出（更新）中断：

```
TIM_ITConfig(TIM_TypeDef * TIMx, uint16_t TIM_IT, FunctionalState NewState);
```

5）调用 NVIC_Init() 函数初始化中断通道和中断优先级，使能中断：

```
NVIC_Init();
```

6）使能定时器

```
TIM_Cmd(TIM_TypeDef * TIMx, FunctionalState NewState);
```

完整例程如下：

```
1. void Remote_Init(void)
2. {
3.     GPIO_InitTypeDef GPIO_InitStructure;
4.     NVIC_InitTypeDef NVIC_InitStructure;
5.     TIM_TimeBaseInitTypeDef   TIM_TimeBaseStructure;
6.     TIM_ICInitTypeDef   TIM_ICInitStructure;
7.     RCC_APB2PeriphClockCmd(RCC_APB2Periph_GPIOB,ENABLE);
8.     RCC_APB1PeriphClockCmd(RCC_APB1Periph_TIM4,ENABLE);
9.     GPIO_InitStructure. GPIO_Pin = GPIO_Pin_9;
10.    GPIO_InitStructure. GPIO_Mode = GPIO_Mode_IPD;
11.    GPIO_InitStructure. GPIO_Speed = GPIO_Speed_50MHz;
12.    GPIO_Init(GPIOB, &GPIO_InitStructure);
13.    GPIO_SetBits(GPIOB,GPIO_Pin_9);
14.    TIM_TimeBaseStructure. TIM_Period = 10000;
15.    TIM_TimeBaseStructure. TIM_Prescaler =(72-1);
16.    TIM_TimeBaseStructure. TIM_ClockDivision = TIM_CKD_DIV1;
17.    TIM_TimeBaseStructure. TIM_CounterMode=TIM_CounterMode_Up;
18.    TIM_TimeBaseInit(TIM4, &TIM_TimeBaseStructure);
19.    TIM_ICInitStructure. TIM_Channel = TIM_Channel_4;
20.    TIM_ICInitStructure. TIM_ICPolarity = TIM_ICPolarity_Rising;
21.    TIM_ICInitStructure. TIM_ICSelection = TIM_ICSelection_DirectTI;
```

```
22.    TIM_ICInitStructure. TIM_ICPrescaler = TIM_ICPSC_DIV1;
23.    TIM_ICInitStructure. TIM_ICFilter=0x03;//IC4F=0011
24.    TIM_ICInit(TIM4, &TIM_ICInitStructure);
25.    TIM_Cmd(TIM4,ENABLE);
26.    NVIC_InitStructure. NVIC_IRQChannel = TIM4_IRQn;
27.    NVIC_InitStructure. NVIC_IRQChannelPreemptionPriority = 1;
28.    NVIC_InitStructure. NVIC_IRQChannelSubPriority = 3;
29.    NVIC_InitStructure. NVIC_IRQChannelCmd = ENABLE;
30.    NVIC_Init(&NVIC_InitStructure);   //NVIC 初始化
31.      TIM_ITConfig(TIM4,TIM_IT_Update|TIM_IT_CC4,ENABLE);
32. }
```

（3）红外遥控数据的接收

从图 3-18 可以看出，当红外遥控器按键按下时，HS0038 接收的数据除 4.5 ms 高电平特征的引导码外，还包括 32 个高电平，数据"0"的高电平持续时间为 0.565 ms，数据"1"的高电平持续时间为 1.69 ms，另外重复码的高电平持续时间是 2.25 ms。

1）数据接收状态变量。

使用 1 个数据接收状态变量 RmtSta，如表 3-37 所示。

表 3-37   RmtSta 变量的含义

7	6	5	4	3	2	1	0
引导码接收：成功为 1，否则为 0	按键信息接收：成功为 1，否则为 0	保留	PB9 上升沿捕获：成功为 1，否则为 0	定时器溢出次数的统计			

2）高电平持续时间统计的变量。

使用 u16 Dval 变量计算红外数据"0"或"1"的方法为，当红外数据到达 PB9 引脚时，单片机进入定时器中断服务函数，在判断为上升沿捕获的时刻，及时设置 PB9 为下降沿捕获，清空定时器中的 CNT 计数值，标记 RmtSta 变量的第 4 位为"1"。在 PB9 下降沿捕获时，使用 Dval 变量获取当前定时器中的数值，即高电平的时间，同时设置 PB9 为上升沿捕获。

3）红外数据的接收变量。

使用 u32 RmtRec 变量存储 32 个"0"和"1"组成的红外数据，该红外数据是根据 Dval 变量中的高电平持续时间大小反向推导出来的。

4）编写定时器中断服务函数。

根据初始化函数的结果，定时器 4 的溢出中断与捕获中断共用 1 个入口，即 void TIM4_IRQHandle（void）{}。在这个函数中，要执行 10 ms 溢出中断服务与红外数据捕获中断服务 2 个事件。

要执行 10 ms 溢出中断，需要先判断 RmtSta 变量是否成功标记了 1 条红外数据的引导码，没有标记则直接退出溢出中断服务函数。如果已经完成了 1 条完整的红外数据的接收，则把上升沿标记清除，再标记红外遥控器按键数据成功接收。

定时器捕获中断接收红外数据的算法流程如图 3-20 所示。其具体步骤如下：

● 定时器 4 的输入捕获引脚 PB9 上检测到有红外数据输入，则进入捕获中断；

● 判断 PB9 是否是上升沿，否则清除捕获中断位标志，退出中断；

● 判断是上升沿后，设置高电平下降沿捕获，定时器定时时间清 0，标记为上升沿状态；

- 下降沿捕获，读取定时器当前数值，也就是高电平持续时间，再次设置为上升沿捕获；
- 判断上升沿捕获是否标记成功，否则退出中断；
- 判断 1 条红外数据的引导码是否接收成功，为"否"，则接收引导码；
- 为"是"，则根据当前定时器的数值对红外数据进行处理。

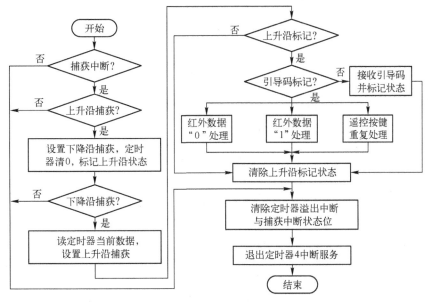

图 3-20   定时器捕获中断接收红外数据的算法流程图

定时器 4 的中断服务程序如下：

```
1. void TIM4_IRQHandler( void)
2. {
3.      if( TIM_GetITStatus( TIM4 ,TIM_IT_Update) ! = RESET)
4. {
5.      if( RmtSta&0x80)
6.      {
7.              RmtSta& = ~0X10;
8.              if( ( RmtSta&0X0F) = = 0X00) RmtSta | = 1<<6;
9.              else
10.             {
11.                     RmtSta& = ~ (1<<7) ;
12.                     RmtSta& = 0XF0;
13.             }
14.         }
15.     }
16.     if( TIM_GetITStatus( TIM4 ,TIM_IT_CC4) ! = RESET)
17.     {
18.         if( RDATA)//上升沿捕获
19.     {
20.         TIM_OC4PolarityConfig( TIM4 ,TIM_ICPolarity_Falling) ;
21.         TIM_SetCounter( TIM4,0) ;
22.         RmtSta | = 0X10;
```

```
23.          }
24.      else
25.      {
26.      Dval=TIM_GetCapture4(TIM4);
27.      TIM_OC4PolarityConfig(TIM4,TIM_ICPolarity_Rising);
28.          if(RmtSta&0X10)
29.          {
30.              if(RmtSta&0X80)
31.              {
32.                  if(Dval>300&&Dval<800)
33.                  {
34.                      RmtRec<<=1;
35.                      RmtRec|=0;
36.                  }
37.                  else if(Dval>1400&&Dval<1800)
38.                  {
39.                      RmtRec<<=1;
40.                      RmtRec|=1;
41.                  }
42.                  else if(Dval>2200&&Dval<2600)
43.                  {
44.                      RmtSta&=0XF0;
45.                  }
46.              }
47.              else if(Dval>4200&&Dval<4700)
48.              {
49.                  RmtSta|=1<<7;
50.              }
51.          }
52.          RmtSta&=~(1<<4);
53.      }
54.  }
55.  TIM_ClearITPendingBit(TIM4,TIM_IT_Update|TIM_IT_CC4);
56. }
```

（4）红外遥控按键键值的处理

定时器中断服务的功能是当红外遥控器上一个按键被操作时，通过定时器捕获功能使用变量 RmtRec 接收完整的 32 个二进制数据，如图 3-21 所示；在定时器溢出中断服务中使用 if((RmtSta&0X0F)==0X00)RmtSta|=1<<6；语句可标记红外按键成功接收状态。

图 3-21　变量 RmtRec 接收的数据

然后把 RmtRec 中的数据取出。为了得到有用数据，首先要判断地址码与地址反码是否正确，数据码与数据反码是否正确。具体算法流程如图 3-22 所示。

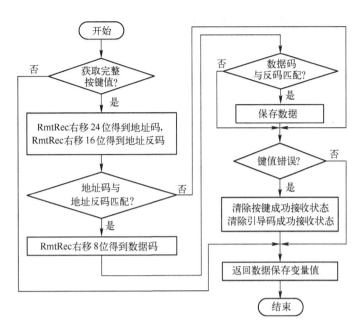

图 3-22　红外遥控器按键键值的处理的算法流程

参考程序如下：

```
1. u8 Remote_Scan( void)
2. {
3.     u8 sta = 0;
4.     u8 t1, t2;
5.     if( RmtSta&( 1<<6) )
6.     {
7.         t1 = RmtRec>>24;
8.     t2 = ( RmtRec>>16) &0xff;
9.         if( t1 = = ( u8) ~t2)
10.        {
11.            t1 = RmtRec>>8;
12.            t2 = RmtRec;
13.            if( t1 = = ( u8) ~t2)
14. sta = t1;    //数据保存
15.        }
16.    if( ( sta = = 0) || ( ( RmtSta&0X80) = = 0) )
17.        {
18.            RmtSta& = ~ ( 1<<6) ;
19.        }
20. }
21.    return sta;
22. }
```

3. 红外数据的显示与控制

对符合 NEC 协议的红外遥控器来说，可使用 LCM1602 把每个键的键值直观显示出来，再根据每个按键的具体键值执行相应的控制。

根据图 3-6 的电路，LCM1602 的 RS、RW、E 引脚分别接在 PD8、PD9、PD10 引脚上；
D0~D8 分别接在 DP0~PD7 等引脚上。4 个 LED 分别接在 PE4、PE5、PE6、PC13 引脚上。
实现的功能是：
- 红外遥控器按键按下时，在 LCM1602 的指定位置显示键值（用十进制表示）；
- 根据具体的键值点亮或熄灭 4 个 LED。
参考程序如下：

```
1. #include "led. h"
2. #include "delay. h"
3. #include "sys. h"
4. #include "lcm1602. h"
5. #include "usart. h"
6. #include "remote. h"
7. int main(void)
8. {
9.      u8 key;
10.     u8 tab[10] = {'0','1','2','3','4','5','6','7','8','9'};
11.      u16 bai,shi,ge;
12.     delay_init();
13.     NVIC_PriorityGroupConfig(NVIC_PriorityGroup_2);
14.     uart_init(115200);
15.     LED_Init();
16.     LCM1602_IO_Init();
17.     LCM1602_Init();
18.     LCM1602_Write_String(1,3,(unsigned char * )"IR REMOTE");
19.     LCM1602_Write_String(2,0,(unsigned char * )"KEY_VALUE:000    ");
20.     Remote_Init();
21.     while(1)
22.     {
23.     key = Remote_Scan();
24.         bai = key/100;
25.         shi = key%100/10;
26.         ge = key%10;
27.         LCM1602_Write_OneChar(2,11,tab[bai]);
28.         LCM1602_Write_OneChar(2,12,tab[shi]);
29.         LCM1602_Write_OneChar(2,13,tab[ge]);
30.         switch(key)
31.         {
32.                 case 48:LED1 = ! LED1;break;
33.                 case 24:LED2 = ! LED2;break;
34.                 case 122:LED3 = ! LED3;break;
35.                 case 16:LED4 = ! LED4;break;
36.         }
37.         while(1)
38.         {
39.             key = Remote_Scan();
40.             if(key == 0)
41.             {
```

```
42.              break;
43.          }
44.        }
45.      delay_ms(10);
46.    }
47. }
```

4. 硬件制作

系统调试的硬件有：STM32F1 系列芯片的最小系统板、LCM1602 液晶显示屏、红外数据一体化接收器、遥控器、下载器（ST-LINK 或 J-LINK）和计算机。实物的连接如图 3-23 所示，图中的信号发生器，在红外数据接收功能调试时是用不到的。硬件正确连接后，用万用表测量电源和地之间有无短路，确认无短路以后，才可接通电源，"否"则会烧坏计算机的 USB 接口。

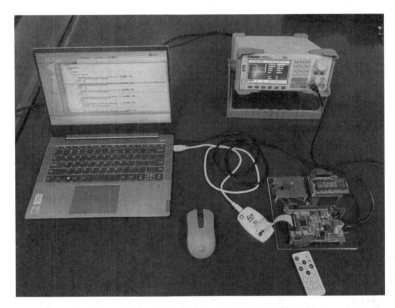

图 3-23　红外数据接收功能调试的硬件组成

5. 软件设计

红外遥控程序设计架构如图 3-24 所示。其中 CORE、STM32F10x_FWlib、SYSTEM、OBJ 对于任何一个任务基本是大体不变的。只需要修改与具体任务相关的 USER 和 HARDWARE 文件夹下的硬件模块驱动程序。本任务用 LCM1602 进行遥控器按键值的显示，LED 程序模块主要完成发光二极管驱动 I/O 端口工作模式的初始化，根据遥控器指令输出高低电平，来控制 LED 发光二极管的亮灭，REMOTE 是任务的核心，负责遥控器数据的接收与解码。已做好的红外遥控开关驱动程序见本书配套资源。

6. 软硬件联调

硬件和软件准备好后就可以下载程序并进行功能测试了。具体测试方法如下。

第 1 步：打开工程，设置下载器和目标器件，下载器和单片机的型号根据实际需求选择和设置；

第 2 步：编译工程，并修改错误，直到编译结果无错误；

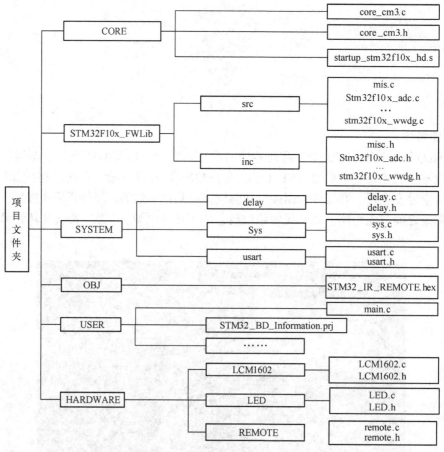

图 3-24　红外遥控程序设计架构图

第 3 步：下载程序；

第 4 步：复位 STM32 单片机，程序开始运行，界面如图 3-25 所示，开机以后没有任何按键操作时，KEY_VALUE 值显示为 000，有按键操作时，显示对应的按键值；

第 5 步：按键值显示正确，说明系统工作正常，可以操作遥控器上的 0，1，2，3 这 4 个按键，这 4 个按键对应最小系统板上 4 个 LED 发光管的亮灭，如果能正常控制，说明系统工作正常。

图 3-25　系统运行界面

3.3 小结

本章主要学习了 STM32F1 系列芯片定时器相关知识，通过定时器中断和脉冲宽度的测量这两个任务，练习并掌握了定时器的基本用法。通过第 3 个任务符合 NEC 协议的红外遥控器按键数据的解析和显示，实现了按键值的显示和 4 个 LED 灯的控制，完成了 STM32 定时器的高级应用。

3.4 习题

1. 在不改变定时器的前提下，改变输入捕获通道，完成程序设计，实现红外遥控开关的设计。

2. 参考前述定时器的初始化方法，尝试改变定时器和输入捕获通道，实现红外遥控开关的设计与制作。

第4章 北斗信息显示终端设计与制作

本章要点:

- 串口通信基础知识
- 使用库函数开发 STM32 串口应用程序的方法
- 北斗导航模块应用电路设计方法
- 北斗导航模块定位信息获取方法和协议解析
- 北斗导航模块定位信息显示方法

4.1 串口通信

4.1.1 串口通信物理层

1. 物理层结构

串口称为串行接口,也称串行通信接口,串口通信物理层的主要标准是 RS-232 标准,其规定了信号的用途、通信接口及信号的电平标准,其通信结构如图 4-1 所示。

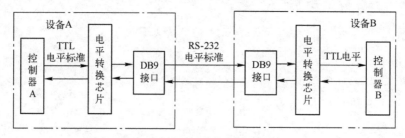

图 4-1 串行通信物理层结构

在设备内部信号是以 TTL 电平标准传输的,设备之间通过 RS-232 电平标准传输,TTL 电平和 RS-232 电平的相互转化是通过专用的串行通信电平转换芯片完成,常用的串行通信电平转换芯片有 MAX232 和 SP232。

2. 电平标准

根据使用的电平标准不同,串口通信可分为 TTL 电平标准及 RS-232 电平标准,如表 4-1 所示。

表 4-1 TTL 电平标准和 RS-232 电平标准

通 信 标 准	电 平 标 准
TTL 5V	逻辑 1:2.4~5 V
	逻辑 0:0~0.5 V
RS-232	逻辑 1:-15~-3 V
	逻辑 0:3~15 V

在嵌入式系统内部常使用 TTL 电平标准进行信息传输，但其抗干扰能力较弱。为了增加串口的通信距离及抗干扰能力，可使用 RS-232 电平标准在设备之间传输信息，常使用 MAX232 串口通信电平转换芯片对 TTL 电平及 RS-232 电平进行相互转换。

4.1.2 串口通信协议层

1. 数据包

串口通信的数据包由发送设备通过自身的 TXD 接口传输到接收设备的 RXD 接口，在协议层中规定了数据包的内容，具体包括起始位、主体数据（8 位或 9 位）、校验位以及停止位，通信的双方必须在数据包的格式约定一致的基础上才能正常收发数据。

2. 波特率

由于异步通信中没有时钟信号，所以接收双方要约定好波特率，即每秒传输的码元个数，以便对信号进行解码，常见的波特率有 4800 bit/s、9600 bit/s、115200 bit/s 等。STM32 单片机波特率的设置通过对结构体进行串口初始化来实现。

3. 起始和停止位

数据包的首尾分别是起始位和停止位，数据包的起始信号由 1 个逻辑 0 的数据位表示，停止位信号可由 0.5、1、1.5、2 个逻辑 1 的数据位表示，双方需约定一致。STM32 单片机串口通信数据包起始和停止位的设置也是通过串口对结构体进行初始化来实现。

4. 有效数据

有效数据规定了有效数据的长度，一般为 8 或 9 位，STM32 单片机有效数据的位数也是通过对结构体进行串口初始化来设置的。

5. 数据校验

在有效数据之后，有 1 个可选的数据校验位。由于数据通信更容易受到外部干扰导致传输数据出现偏差，可以在传输过程加上校验位来解决这个问题。校验方法有奇校验（odd）、偶校验（even）、0 校验（space）、1 校验（mark）以及无检验（no parity）。STM32 单片机数据校验方法可以在对结构体进行串口初始化中设置。串口通信数据包的组成如图 4-2 所示。

图 4-2　串口通信数据包的组成

4.1.3 USART 简介

1. STM32 单片机 USART 介绍

USART（通用同步/异步收发器）是一个串行通信设备，可以灵活地与外部设备进行全双工数据交换。UART 是在 USART 基础上去掉了同步通信功能，只有异步通信功能。区分同步和异步通信的一个简单方法就是看通信时需不需要对外提供时钟输出，平时用的串口通信基本都是 UART。USART 在 STM32 中多用于"打印"程序信息，一般在硬件设计时都会预留 1 个 USART 通信接口连接计算机，用于在调试程序时把一些调试信息"打印"在计算机端的串口调试助手工具上，从而了解程序运行是否正确，当程序运行出错时，可以帮助快速定位错误位置。

STM32 中一共有 5 个 USART，如表 4-2 所示。

表 4-2　STM32 中 USART 引脚分配

引　脚	APB2 总线	APB1 总线			
	USART1	USART2	USART3	UART4	UART5
TX	PA9	PA2	PB10	PC10	PC12
RX	PA10	PA3	PB11	PC11	PD12
SCLK	PA8	PA4	PB12		
nCTS	PA11	PA0	PB13		
nRTS	PA12	PA1	PB14		

调试程序时，使用 USB 连接方式通过 CN1 实现计算机与 STM32 的 USART1 电气连接，其原理图如图 4-3 所示。计算机端通过串口调试助手，可以方便地接收 STM32 的 USART1 输出的调试信息。

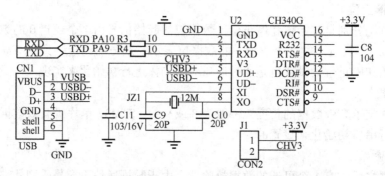

图 4-3　用 USB 实现 PC 与 USART1 连接的电路原理图

2. STM32 的 USART 中断请求事件

STM32 的 USART 有多种中断请求事件，如表 4-3 所示。

表 4-3　STM32 的 USART 中断请求

事　　件	事件标志	使能控制位
发送数据寄存器为空	TXE	TXEIE
CTS 标志	CTS	CTSIE
发送完成	TC	TCIE
准备好读取接收到的数据	RXNE	RXNEIE
检测到上溢错误	ORE	
检测到空闲线路	IDLE	IDLEIE
奇偶校验错误	PE	PEIE
断路标志	LBD	LBDIE
多通道缓冲通信中的噪声标志、上溢错误和帧错误	NF/ORE/FE	EIE

3. STM32 目标板与上位机的连接

STM32 目标板与上位机之间通过 USB 线连接，所以在上位机上要配置 1 个 USB 转串口的驱动，以便把 USB 传输过来的电平转换为 TTL 电平，TTL 电平才能与串口调试助手建立联系。一般使用 CH341 作为 win10 下的 USB 转串口驱动，驱动安装成功的情况下接入 USB 后会在计算机的设备管理器的端口中发现串口，如图 4-4 所示，COM7 就是 STM32 目标板的端口号。

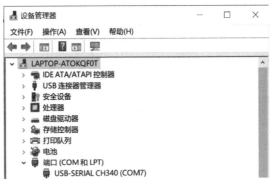

图 4-4　串口连接的设备管理器

4.2　STM32 单片机 USART 编程

4.2.1　USART 库函数

固件库编程是建立在对底层寄存器操作基础上的，通过 USART 固件库的学习，可以更好地理解串口通信相关知识。表 4-4 列举了 USART 的库函数。USART 的库函数由库文件 stm32f10x_usart. c 统一管理，其对应的头文件是 stm32f10x_usart. h。stm32f10x_usart. c 在意法半导体官方提供的库中的存放路径是：. \STM32F10x_StdPeriph_Lib_V3. 5. 0\Libraries\STM32F10x_StdPeriph_Driver\src，stm32f10x_usart. h 在意法半导体官方提供的库中的存放路径是：. \STM32F10x_StdPeriph_Lib_V3. 5. 0\Libraries\ STM32F10x_StdPeriph_Driver\inc。

表 4-4　USART 库函数

函　数　名	描　　　述
USART_DeInit	将外设 USARTx 寄存器重设为默认值
USART_Init	根据 USART_InitStruct 中指定的参数初始化外设 USARTx 寄存器
USART_StructInit	把 USART_InitStruct 中的每 1 个参数按默认值填入
USART_Cmd	使能或者失能 USART 外设
USART_ITConfig	使能或者失能指定的 USART 中断
USART_DMACmd	使能或者失能指定 USART 的 DMA 请求
USART_SetAddress	设置 USART 节点的地址
USART_WakeUpConfig	选择 USART 的唤醒方式
USART_ReceiverWakeUpCmd	检查 USART 是否处于静默模式
USART_LINBreakDetectLengthConfig	设置 USART LIN 中断检测点位数，可设置为 10 位或 11 位
USART_LINCmd	使能或者失能 USARTx 的 LIN 模式

函 数 名	描 述
USART_SendData	通过外设 USARTx 发送单个数据
USART_ReceiveData	返回 USARTx 最近收到的数据
USART_SendBreak	发送中断字
USART_SetGuardTime	设置指定的 USART 保护时间
USART_SetPrescaler	设置 USART 时钟预分频
USART_SmartCardCmd	使能或者失能指定 USART 的智能卡模式
USART_SmartCardNackCmd	使能或者失能 NACK 传输
USART_HalfDuplexCmd	使能或者失能 USART 半双工模式
USART_IrDAConfig	设置 USART IrDA 模式
USART_IrDACmd	使能或者失能 USART IrDA 模式
USART_GetFlagStatus	检查指定的 USART 标志位是否设置
USART_ClearFlag	清除 USARTx 的待处理标志位
USART_GetITStatus	检查指定的 USART 中断是否发生
USART_ClearITPendingBit	清除 USARTx 的中断待处理位

1. 函数 USART_DeInit

表 4-5 是函数 USART_DeInit 的具体描述。

表 4-5　函数 USART_DeInit 描述

函 数 名	说 明
函数原型	void USART_DeInit(USART_TypeDef * USARTx)
功能描述	将外设 USARTx 寄存器重设为默认值
输入参数	USARTx：x 可以是 1、2、3，来表示不同 USART 外设
输出参数	无
返回值	无
先决条件	无
被调用函数	RCC_APB2PeriphResetCmd( ) RCC_APB1PeriphResetCmd( )

［例］将外设 USART1 寄存器重设为默认值。

```
USART_DeInit( USART1) ;
```

2. 函数 USART_Init

表 4-6 是函数 USART_Init 的具体描述。

表 4-6　函数 USART_Init 描述

函 数 名	说 明
函数原型	void USART_Init(USART_TypeDef * USARTx, USART_InitTypeDef * USART_InitStruct)
功能描述	根据 USART_InitStruct 中指定的参数初始化外设 USARTx 寄存器

函 数 名	说　　明
输入参数 1	USARTx：x 可以是 1、2、3，来表示不同 USART 外设
输入参数 2	USART_InitStruct：指向结构 USART_InitTypeDef 的指针，包含了外设 USART 的配置信息。参阅《UM0427 用户手册》了解该参数取值范围
输出参数	无
返回值	无
先决条件	无
被调用函数	无

USART_InitTypeDef 是 USART 的初始化结构体，定义于文件"stm32f10x_usart. h"中。US-ART_InitTypeDef 定义如下：

```
1. typedef struct
2. {
3.     uint32_t USART_BaudRate;              //波特率
4.     uint16_t USART_WordLength;            //字长
5.     uint16_t USART_StopBits;              //停止位
6.     uint16_t USART_Parity;               //校验位
7.     uint16_t USART_Mode;                 // USART 模式
8.     uint16_t USART_HardwareFlowControl;   //硬件流控制
9.     u16 USART_Clock;
10.    USART_CPOL;
11.     u16 USART_CPHA;
12.    u16 USART_LastBit;
13. } USART_InitTypeDef;
```

表 4-7 描述了结构 USART_InitTypeDef 在同步和异步模式下使用的不同成员。

表 4-7　USART_InitTypeDef 成员同步和异步模式对比

成　　员	异 步 模 式	同 步 模 式
USART_BaudRate	X	X
USART_WordLength	X	X
USART_StopBits	X	X
USART_Parity	X	X
USART_HardwareFlowControl	X	X
USART_Mode	X	X
USART_Clock		X
USART_CPOL		X
USART_CPHA		X
USART_LastBit		X

注：X 表示 USART 对应工作模式（异步模式或同步模式）下，该成员变量是有效的。

1）USART_BaudRate：设置 USART 传输的波特率，波特率可以由以下公式计算：

$$IntegerDivider = ((APBClock)/(16 * (USART\_InitStruct\text{->}USART\_BaudRate)))\ FractionalDivider$$
$$= ((IntegerDivider - ((u32)\ IntegerDivider)) * 16) + 0.5\ USART\_WordLength$$

2）USART_WordLength：提示了在 1 个帧中传输或者接收的数据位数。表 4-8 给出了该参数可取的值。

表 4-8　USART_WordLength 定义

USART_WordLength	描　述
USART_WordLength_8b	8 位数据
USART_WordLength_9b	9 位数据

3）USART_StopBits：定义了发送的停止位的数目。表 4-9 给出了该参数可取的值。

表 4-9　USART_StopBits 定义

USART_StopBits	描　述
USART_StopBits_1	在帧结尾传输 1 个停止位
USART_StopBits_0.5	在帧结尾传输 0.5 个停止位
USART_StopBits_2	在帧结尾传输 2 个停止位
USART_StopBits_1.5	在帧结尾传输 1.5 个停止位

4）USART_Parity：定义了奇偶模式。表 4-10 给出了该参数可取的值。

表 4-10　USART_Parity 定义

USART_Parity	描　述
USART_Parity_No	奇偶失能
USART_Parity_Even	偶模式
USART_Parity_Odd	奇模式

注意：奇偶校验一旦使能，在发送数据的 MSB 位插入经计算的奇偶位（字长为 9 位时是第 9 位，字长为 8 位时是第 8 位）。

5）USART_HardwareFlowControl：指定了硬件流控制模式是使能还是失能。表 4-11 给出了该参数可取的值。

表 4-11　USART_HardwareFlowControl 定义

USART_HardwareFlowControl	描　述
USART_HardwareFlowControl_None	硬件流控制失能
USART_HardwareFlowControl_RTS	发送请求 RTS 使能
USART_HardwareFlowControl_CTS	清除发送 CTS 使能
USART_HardwareFlowControl_RTS_CTS	RTS 和 CTS 使能

6）USART_Mode：指定了发送和接收是使能或者失能。表 4-12 给出了该参数可取的值。

表 4-12　USART_Mode 定义

USART_Mode	描　述
USART_Mode_Tx	发送使能
USART_Mode_Rx	接收使能

7）USART_CLOCK：提示了 USART 时钟是使能还是失能。表 4-13 给出了该参数可取的值。

表 4-13　USART_CLOCK 定义

USART_CLOCK	描　　述
USART_CLOCK_Enable	时钟高电平活动
USART_CLOCK_Disable	时钟低电平活动

8）USART_CPOL：指定了 SLCK 引脚上时钟输出的极性。表 4-14 给出了该参数可取的值。

表 4-14　USART_CPOL 定义

USART_CPOL	描　　述
USART_CPOL_High	时钟高电平
USART_CPOL_Low	时钟低电平

9）USART_CPHA：指定了 SLCK 引脚上时钟输出的相位，与 CPOL 位一起配合来表示用户希望的时钟/数据的采样关系。表 4-15 给出了该参数可取的值。

表 4-15　USART_CPHA 定义

USART_CPHA	描　　述
USART_CPHA_1Edge	时钟第 1 个边沿进行数据捕获
USART_CPHA_2Edge	时钟第 2 个边沿进行数据捕获

10）USART_LastBit：控制是否在同步模式下，在 SCLK 引脚上输出最后发送的那个数据字（MSB）对应的时钟脉冲。表 4-16 给出了该参数可取的值。

表 4-16　USART_LastBit 定义

USART_LastBit	描　　述
USART_LastBit_Disable	最后 1 位数据的时钟脉冲不从 SCLK 输出
USART_LastBit_Enable	最后 1 位数据的时钟脉冲从 SCLK 输出

［例］USART1 配置举例：

```
1. / * The following example illustrates how to configure the USART1 * /
2. USART_InitTypeDef USART_InitStructure;
3. USART_InitStructure. USART_BaudRate = 9600;
4. USART_InitStructure. USART_WordLength = USART_WordLength_8b;
5. USART_InitStructure. USART_StopBits = USART_StopBits_1;
6. USART_InitStructure. USART_Parity = USART_Parity_Odd;
7. USART_InitStructure. USART_HardwareFlowControl =USART_HardwareFlowControl_RTS_CTS;
8. USART_InitStructure. USART_Mode = USART_Mode_Tx | USART_Mode_Rx;
9. USART_InitStructure. USART_Clock = USART_Clock_Disable;
10. USART_InitStructure. USART_CPOL = USART_CPOL_High;
```

```
11. USART_InitStructure. USART_CPHA = USART_CPHA_1Edge;
12. USART_InitStructure. USART_LastBit = USART_LastBit_Enable;
13. USART_Init(USART1, &USART_InitStructure);
```

3. 函数 USART_Cmd

表 4-17 是函数 USART_Cmd 的具体描述，这个函数用于使能或失能 STM32 单片机的 USART。

表 4-17 函数 USART_Cmd 描述

函 数 名	说 明
函数原型	void USART_Cmd(USART_TypeDef * USARTx, FunctionalState NewState)
功能	使能或者失能 USART 外设
输入参数 1	USARTx：x 可以是 1、2、3，表示不同 USART 外设
输入参数 2	NewState：外设 USARTx 的新状态 这个参数可以取 ENABLE 或者 DISABLE
输出参数	无
返回值	无
先决条件	无
被调用函数	无

[例] 将外设 USART1 使能和失能：

```
USART_Cmd(USART1, ENABLE);        // 使能 USART1
USART_Cmd(USART1, DISABLE);       // 失能 USART1
```

4. 函数 USART_ITConfig

表 4-18 是函数 USART_ITConfig 的具体描述，这个函数用于是配置 USART 中断参数。

表 4-18 函数 USART_ITConfig 描述

函 数 名	说 明
函数原型	void USART_ITConfig(USART_TypeDef * USARTx, u16 USART_IT, FunctionalState NewState)
功能	使能或者失能指定的 USART 中断
输入参数 1	USARTx：x 可以是 1、2、3，表示不同 USART 外设
输入参数 2	USART_IT：待使能或者失能的 USART 中断源 参阅《UM0427 用户手册》了解该参数的取值范围
输入参数 3	NewState：USARTx 中断的新状态 这个参数可以取 ENABLE 或者 DISABLE
输出参数	无
返回值	无
先决条件	无
被调用函数	无

其中，输入参数 USART_IT 是使能或者失能 USART 中断。可以取表 4-19 中的 1 个或者多个值的组合作为该参数的值。

表 4-19　USART_IT 值

USART_IT	描　　述
USART_IT_PE	奇偶错误中断
USART_IT_TXE	发送中断
USART_IT_TC	传输完成中断
USART_IT_RXNE	接收中断
USART_IT_IDLE	空闲总线中断
USART_IT_LBD	检测 LIN 断开触发的中断
USART_IT_CTS	CTS 中断
USART_IT_ERR	错误中断

［例］使能 USART1 中断：

USART_ITConfig（USART1，USART_IT_Transmit ENABLE）；

5. 函数 USART_SendData

表 4-20 是函数 USART_SendData 的具体描述。

表 4-20　函数 USART_SendData 描述

函　数　名	说　　明
函数原型	void USART_SendData（USART_TypeDef * USARTx, u8 Data）
功能	通过外设 USARTx 发送单个数据
输入参数 1	USARTx：x 可以是 1、2、3，表示不同 USART 外设
输入参数 2	Data：待发送的数据
输出参数	无
返回值	无
先决条件	无
被调用函数	无

［例］通过 USART3 发送半字数据：

USART_SendData（USART3，0x26）；

6. 函数 USART_ReceiveData

表 4-21 是函数 USART_ReceiveData 的具体描述。

表 4-21　函数 USART_ReceiveData 描述

函　数　名	说　　明
函数原型	u8 USART_ReceiveData（USART_TypeDef * USARTx）
功能	返回 USARTx 最近收到的数据
输入参数	USARTx：x 可以是 1、2、3，表示不同 USART 外设
输出参数	无
返回值	接收到的字

函　数　名	说　　　明
先决条件	无
被调用函数	无

[例] 返回 USART2 接收制的半字数据：

```
u16 RxData;
RxData = USART_ReceiveData(USART2);
```

7. 函数 USART_GetFlagStatus

表 4-22 是函数 USART_GetFlagStatus 的具体描述。

表 4-22　函数 USART_GetFlagStatus 描述

函　数　名	说　　　明
函数原型	FlagStatus USART_GetFlagStatus(USART_TypeDef * USARTx, u16 USART_FLAG)
功能	检查指定的 USART 标志位设置与否
输入参数 1	USARTx：x 可以是 1、2、3，表示不同 USART 外设
输入参数 2	USART_FLAG：待检查的 USART 标志位 参阅《UM0427 用户手册》了解该参数的取值范围
输出参数	无
返回值	USART_FLAG 的新状态（SET 或者 RESET）
先决条件	无
被调用函数	无

表 4-23 给出了所有可以被函数 USART_GetFlagStatus 检查的标志位。

表 4-23　USART_FLAG 值

USART_FLAG	描　　　述
USART_FLAG_CTS	CTS 标志位
USART_FLAG_LBD	LIN 中断检测标志位
USART_FLAG_TXE	发送数据寄存器空标志位
USART_FLAG_TC	发送完成标志位
USART_FLAG_RXNE	接收数据寄存器非空标志位
USART_FLAG_IDLE	空闲总线标志位
USART_FLAG_ORE	溢出错误标志位
USART_FLAG_NE	噪声错误标志位
USART_FLAG_FE	帧错误标志位
USART_FLAG_PE	奇偶错误标志位

[例] 判断发送寄存器是否为空：

```
FlagStatus Status;
Status = USART_GetFlagStatus(USART1, USART_FLAG_TXE);
```

8. 函数 USART_ClearFlag

表 4-24 是函数 USART_ClearFlag 的具体描述。

表 4-24　函数 USART_ClearFlag 描述

函 数 名	说　　明
函数原型	void USART_ClearFlag(USART_TypeDef * USARTx, u16 USART_FLAG)
功能	清除 USARTx 的待处理标志位
输入参数 1	USARTx：x 可以是 1、2、3，表示不同 USART 外设
输入参数 2	USART_FLAG：待清除的 USART 标志位 参阅《UM0427 用户手册》了解该参数的取值范围
输出参数	无
返回值	无
先决条件	无
被调用函数	无

[例] 清除溢出标志位：

USART_ClearFlag(USART1,USART_FLAG_OR);

9. 函数 USART_GetITStatus Table

表 4-25 是函数 USART_GetITStatus Table 具体描述。

表 4-25　函数 USART_GetITStatus Table 描述

函 数 名	说　　明
函数原型	ITStatus USART_GetITStatus(USART_TypeDef * USARTx, u16 USART_IT)
功能	检查指定的 USART 中断发生与否
输入参数 1	USARTx：x 可以是 1、2、3，表示不同 USART 外设
输入参数 2	USART_IT：待检查的 USART 中断源 参阅《UM0427 用户手册》了解该参数的取值范围
输出参数	无
返回值	USART_IT 的新状态
先决条件	无
被调用函数	无

表 4-26 给出了所有可以被函数 USART_GetITStatus Table 检查的中断标志位。

表 4-26　USART_IT 值

USART_IT	说　　明
USART_IT_PE	奇偶错误中断
USART_IT_TXE	发送中断
USART_IT_TC	发送完成中断
USART_IT_RXNE	接收中断
USART_IT_IDLE	空闲总线中断

USART_IT	说　明
USART_IT_LBD	LIN 中断探测中断
USART_IT_CTS	CTS 中断
USART_IT_ORE	溢出错误中断
USART_IT_NE	噪声错误中断
USART_IT_FE	帧错误中断

［例］获取 USART1 溢出错误中断标志位状态：

```
ITStatus ErrorITStatus;
ErrorITStatus = USART_GetITStatus(USART1, USART_IT_OverrunError);
```

10. 函数 USART_ClearITPendingBit

表 4-27 是函数 USART_ClearITPendingBit 的具体描述。

表 4-27　函数 USART_ClearITPendingBit 描述

函　数　名	说　明
函数原型	void USART_ClearITPendingBit(USART_TypeDef * USARTx, u16 USART_IT)
功能	清除 USARTx 的中断待处理位
输入参数 1	USARTx：x 可以是 1、2、3，表示不同 USART 外设
输入参数 2	USART_IT：待检查的 USART 中断源 参阅《UM0427 用户手册》了解该参数的取值范围
输出参数	无
返回值	无
先决条件	无
被调用函数	无

［例］清除溢出错误中断挂起位：

```
USART_ClearITPendingBit( USART1,USART_IT_OverrunError);
```

4.2.2　任务：USART 发送数据程序设计

［能力目标］
- 利用已建好的工程模板，创建 USART1 发送数据工程
- 编写 USART1 发送功能的初始化程序
- 编写能发送 1 个字节数据的发送程序并完成测试
- 编写能发送 1 个字符串的发送程序并完成测试

［任务描述］

根据 4.1.3 和 4.2.1 节内容，编写 USART1 串口数据发送驱动程序，要求 USART1 可以发送单个字节数据，也可以发送字符串数据，约定字符串以 '\0' 字符结束。

1. USART 数据发送 MDK5 工程创建

第 1 步：复制完整的 MyTemplate 工程文件夹，粘贴到计算机的任意目录下。建议不要粘

贴到计算机桌面或 C 盘。

第 2 步：把工程文件夹的名称改为自己想要的名字，例如 USART1_Send_Data。

第 3 步：打开工程。

第 4 步：编译工程，如果没有错误，也没有警告，说明工程正确，可以进行后续程序设计，如果编译有错误，应根据错误信息和警告信息，修改工程，直到编译后输出 "..\OBJ\MyTemplate. axf" - 0 Error(s), 2 Warning(s)."创建并编译完成后的工程界面如图 4-5 所示。

2. USART 发送功能初始化程序设计

根据任务要求，只要 USART1 具有数据发送功能即可。STM32F103 共有 5 个串口，这里采用 USART1。具体参数是：波特率为 115200 bit/s、1 个起始位、8 位数据、无校验、1 个停止位。USART1 发送功能初始化程序流程如图 4-6 所示。

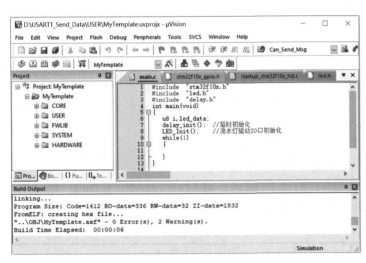

图 4-5　数据发送 MDK5 工程创建

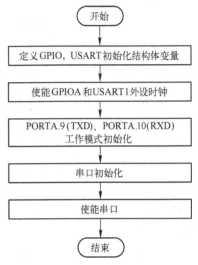

图 4-6　USART1 发送功能
初始化程序流程图

USART1 发送功能初始化程序如下：

```
/*********************************************
 嵌入式应用技术
 STM32 串口应用
 USART1 发送功能初始化
 江苏电子信息职业学院
 作者:df
 *********************************************/
1. void USART1_Init(void)
2. {
3.        GPIO_InitTypeDef GPIO_InitStrue;
4.        USART_InitTypeDef USART_InitStrue;
5.        RCC_APB2PeriphClockCmd(RCC_APB2Periph_GPIOA,ENABLE);
6.        RCC_APB2PeriphClockCmd(RCC_APB2Periph_USART1,ENABLE);
7.        GPIO_InitStrue. GPIO_Mode=GPIO_Mode_AF_PP;
8.        GPIO_InitStrue. GPIO_Pin=GPIO_Pin_9;
```

```
9.        GPIO_InitStrue. GPIO_Speed = GPIO_Speed_10MHz;
10.    GPIO_Init(GPIOA,&GPIO_InitStrue);
11.        GPIO_InitStrue. GPIO_Mode = GPIO_Mode_IN_FLOATING;
12.        GPIO_InitStrue. GPIO_Pin = GPIO_Pin_10;
13.        GPIO_InitStrue. GPIO_Speed = GPIO_Speed_10MHz;
14.    GPIO_Init(GPIOA,&GPIO_InitStrue);
15.        USART_InitStrue. USART_BaudRate = 115200;
16.    USART_InitStrue. USART_HardwareFlowControl = USART_HardwareFlowControl_None;
17.    USART_InitStrue. USART_Mode = USART_Mode_Tx;
18.    USART_InitStrue. USART_Parity = USART_Parity_No;
19.    USART_InitStrue. USART_StopBits = USART_StopBits_1;
20.    USART_InitStrue. USART_WordLength = USART_WordLength_8b;
21.    USART_Init(USART1,&USART_InitStrue);
22.    USART_Cmd(USART1,ENABLE);
23. }
```

USART1 初始化程序说明：

1）第 3 和第 4 行，分别定义了用于 GPIO 口和串口初始化的结构体变量；

2）第 7～10 行用于设置 PORTA. 9 的工作模式：推挽复用输出、翻转速度（10 MHz），PORTA. 9 与 USART1 的 TXD 复用；

3）第 11～14 行用于设置 PORTA. 10 的工作模式：浮空输入、翻转速度（10 MHz），PORTA. 10 与 USART1 的 RXD 复用；

4）第 15～21 行用于设置 USART1 的工作模式：波特率为 115200 bit/s、无硬件流控制、发送模式、无奇偶校验、1 个停止位和 8 位数据位；

5）第 22 行是使能 USART1，执行这条语句后，USART1 开始工作，发送数据；

3. USART 字节发送程序设计

根据任务要求，调用 USART_SendData 库函数发送数据，调用 USART_GetFlagStatus 库函数读取 USART 发送完成标志位，判断数据发送是否结束。USART 发送 1 个字节数据程序流程如图 4-7 所示。

USART1 发送 1 个字节数据的程序如下：

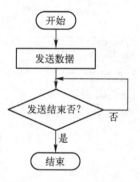

图 4-7　USART1 发送 1 个字节数据程序流程图

```
/ ********************************************
嵌入式应用技术
STM32 串口应用
USART1 发送 1 个字节数据
江苏电子信息职业学院
作者:df
******************************************** /
1. void USART1_Send_Byte(USART_TypeDef *  USARTx, u8 dat)
2. {
3.      USART_SendData(USARTx,dat);
4.        while(USART_GetFlagStatus(USARTx, USART_FLAG_TC) == RESET);
5. }
```

程序说明：

此函数有两个形参，第 1 个参数 USARTx 用于指定使用哪个串口发送数据，取值范围是 USART1～USART5；第 2 个参数是 dat，用于传送要发送的数据。

第 3 行通过调用 USART_SendData 库函数发送 1 个字节数据，该函数有两个入口参数，第 1 个参数 USART1 代表使用 USART1 发送数据，第 2 个参数 dat 表示要发送的数据；

第 4 行通过调用 USART_GetFlagStatus 库函数，读取发送完成标志位 USART_FLAG_TC。如果返回值为 0，说明发送正在进行，程序将继续等待，直到 USART_FLAG_TC 标志位置 1，程序结束等待，完成 1 个字节的数据发送，USART_FLAG_TC 标志位在下次发送数据时会自动清零。

4. USART 字节发送主程序设计

USART 字节发送主程序主要完成延时函数初始化、NVIC 中断优先级分组设置和 USART1 初始化，控制和协调任务中各个模块的工作，最终实现任务功能。主程序如下：

```
/**********************************************
嵌入式应用技术
STM32 串口应用
USART1 发送 1 个字节数据的主程序
江苏电子信息职业学院
作者:df
**********************************************/
1. int main( void)
2. {
3.     delay_init( );
4.         NVIC_PriorityGroupConfig( NVIC_PriorityGroup_2 );
5.         USART1_Init( );
6.         while(1)
7.         {
8.                 USART1_Send_Byte (USART1,0xAA);
9.                 delay_ms(500);
10.         }
11.    }
```

说明：

1）第 3 行，通过调用 delay_init 函数初始化 STM32 的滴答定时器，实现毫秒级和微秒级延时；

2）第 4 行，通过调用 NVIC_PriorityGroupConfig 库函数，完成 STM32 中断分组设置；

3）第 5 行，通过调用 USART1_Init 函数，完成 USART1 的初始化，并启动 USART1；

4）第 6～10 行，是工作循环，实现每 500 ms 通过 STM32 的 USART1 发送 1 个字节数据 0xAA。程序运行效果如图 4-8 所示。

5. USART 字符串发送程序设计

根据任务要求，使用 while 循环语句判断将要发送的数据是不是字符串结束符，如果不是，则调用 USART1_Send_Byte 函数发送数据，如果是字符串结束符，则结束数据发送。USART1 字符串发送程序流程如图 4-9 所示。

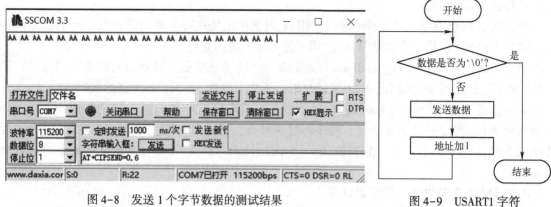

图 4-8　发送 1 个字节数据的测试结果　　　　图 4-9　USART1 字符
串发送程序流程图

USART1 发送字符串程序如下：

```
/**********************************************
嵌入式应用技术
STM32 串口应用
USART1 发送字符串程序
江苏电子信息职业学院
作者:df
**********************************************/
1. void USART1_Send_String( USART_TypeDef * USARTx, u8 * p)
2. {
4.     while( * p != '\0')
5.     {
6.             USART1_Send_Byte( USARTx, * p);
7.             p++;
8.     }
9. }
```

说明：

此函数有两个形参，第 1 个形参 USARTx 用于指定使用哪个串口发送数据，取值范围是
USART1~USART5；第 2 个形参是 1 个无符号字符型的指针变量 * p，用于传递要发送的字符
串数组的起始地址。

第 4 行，通过判断要发送的数据是不是字符串的结束符，来控制是否结束数据的发送。如
果不是结束符，则继续发送数据，如果是结束符，则结束 while 循环，停止数据发送；

第 6 行，在 while 循环体中，通过调用 USART1_Send_Byte 函数发送 1 个字节数据，该函数
有两个入口参数，第 1 个参数 USARTx 指定使用 STM32 单片机的某个串口发送数据，第 2 个参
数 * p 表示要发送的数据；

第 7 行，表示字符串数组地址加 1，指向下一个要发送数据的存储地址。

6. USART1 发送字符串主程序设计

USART1 发送字符串主程序主要完成延时函数初始化、NVIC 中断优先级分组设置和
USART1 初始化，控制和协调任务中各个模块的工作，最终实现任务功能。主程序如下：

```
/ ****************************************
嵌入式应用技术
STM32 串口应用
USART1 发送字符串的主程序
江苏电子信息职业学院
作者:df
**************************************** /
1. int main( void)
2. {
3.     delay_init( ) ;
4.         NVIC_PriorityGroupConfig( NVIC_PriorityGroup_2) ;
5.         USART1_Init( ) ;
6.         while(1)
7.         {
8.                 USART1_Send_String( USART1,(u8 * )"Hello World! \r\n") ;
9.             delay_ms( 500) ;
10.        }
11.   }
```

说明:

1) 第 3 行,通过调用 delay_init 函数初始化 STM32 的滴答定时器,实现毫秒级和微秒级延时;

2) 第 4 行,通过调用 NVIC_PriorityGroupConfig 库函数,完成 STM32 中断分组设置;

3) 第 5 行,通过调用 USART1_Init 函数,完成 USART1 的初始化,并启动 USART1;

4) 第 6~10 行,是工作的主循环,实现每 500ms 通过 STM32 的 USART1 发送 1 个字符串"Hello World!"。程序运行效果如图 4-10 所示。

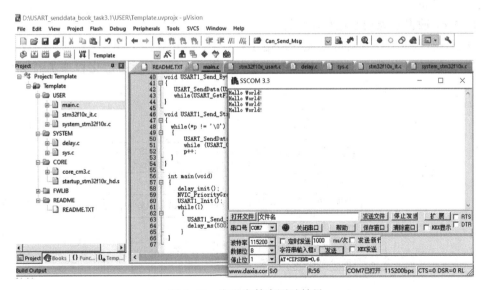

图 4-10   发送字符串测试结果

7. 程序下载与调试

把设计、编译好的程序通过 J-LINK 或 ST-LINK 下载到目标板,然后测试串口发送功能,如果满足设计需求，则任务完成；如不满足设计需求，则根据故障现象修改程序，再下载并验证直到满足设计要求。

USART 发送数据例程见本书配套电子资源。

4.2.3 任务：USART 接收数据程序设计

[能力目标]
- 利用已建好的串口数据发送工程，创建 USART1 数据收发工程
- 编写 USART1 收发功能初始化程序
- 编写能接收 1 个字节数据的程序并完成测试
- 编写能接收 1 个字符串的程序并完成测试

[任务描述]

根据 4.1.3 和 4.2.1 节内容，使用查询或中断方式，编写使用 USART1 接收 1 个字节和字符串的驱动程序，并完成程序下载与调试。

1. USART 数据收发 MDK5 工程创建

使用 4.1 小节已经创建好的且调试完成的工程创建 USART1 数据收发功能 MDK5 工程，创建具体步骤如下：

1）复制完整的 USART1_Send_Data 工程文件夹，粘贴到计算机的任意目录下。建议不要粘贴到计算机桌面或 C:盘。

2）工程文件夹的名称改为自定的名字，本任务中工程文件夹名称为 USART1_Rec_Data。

3）打开工程。

4）编译工程，如果没有错误和警告，说明工程正确，可以进行后续程序设计，如果编译有错误，应根据错误信息和警告信息，修改工程，直到编译后输出 "..\OBJ\MyTemplate.axf" - 0 Error(s), 2 Warning(s)." 为止。

2. USART 收发功能初始化程序设计

USART 具有数据发送和接收功能，根据任务要求，这里采用 USART1。具体参数是：波特率为 115200 bit/s、8 位数据、无校验、1 停止位。数据收发功能初始化程序流程如图 4-11 所示。

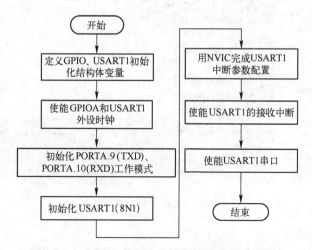

图 4-11　USART1 数据收发功能初始化程序流程图

132

USART1 具有发送和中断接收功能的初始化程序如下:

```
/*************************************************
嵌入式应用技术
STM32 串口应用
USART1 接收、发送初始化
江苏电子信息职业学院
作者:df
*************************************************/
1.  void USART1_Init(void)
2.  {
3.      GPIO_InitTypeDef GPIO_InitStrue;
4.      USART_InitTypeDef USART_InitStrue;
5.      NVIC_InitTypeDef NVIC_InitStructure;
6.      RCC_APB2PeriphClockCmd(RCC_APB2Periph_GPIOA,ENABLE);
7.      RCC_APB2PeriphClockCmd(RCC_APB2Periph_USART1,ENABLE);
8.      GPIO_InitStrue.GPIO_Mode=GPIO_Mode_AF_PP;
9.      GPIO_InitStrue.GPIO_Pin=GPIO_Pin_9;
10.     GPIO_InitStrue.GPIO_Speed=GPIO_Speed_10MHz;
11.     GPIO_Init(GPIOA,&GPIO_InitStrue);
12.     GPIO_InitStrue.GPIO_Mode=GPIO_Mode_IN_FLOATING;
13.     GPIO_InitStrue.GPIO_Pin=GPIO_Pin_10;
14.     GPIO_InitStrue.GPIO_Speed=GPIO_Speed_10MHz;
15.     GPIO_Init(GPIOA,&GPIO_InitStrue);
16.     USART_InitStrue.USART_BaudRate=115200;
17.     USART_InitStrue.USART_HardwareFlowControl=USART_HardwareFlowControl_None;
18.     USART_InitStrue.USART_Mode=USART_Mode_Rx | USART_Mode_Tx;
19.     USART_InitStrue.USART_Parity=USART_Parity_No;
20.     USART_InitStrue.USART_StopBits=USART_StopBits_1;
21.     USART_InitStrue.USART_WordLength=USART_WordLength_8b;
22.     NVIC_InitStructure.NVIC_IRQChannel = USART1_IRQn;
23.     NVIC_InitStructure.NVIC_IRQChannelPreemptionPriority=3 ;
24.     NVIC_InitStructure.NVIC_IRQChannelSubPriority = 3;
25.     NVIC_InitStructure.NVIC_IRQChannelCmd = ENABLE;
26.     NVIC_Init(&NVIC_InitStructure);
27.     USART_Init(USART1, &USART_InitStrue);
28.     USART_ITConfig(USART1, USART_IT_RXNE, ENABLE);
29.     USART_Cmd(USART1, ENABLE);
30. }
```

说明:

1) 第3行~第5行,定义了用于 GPIO、USART1 和 NVIC 初始化的结构体变量;

2) 第6行和第7行,分别使能 GPIOA 和 USART1 时钟;

3) 第8行~第11行,设置 PORTA.9 的工作模式:推挽复用输出、翻转速度为 10 MHz。PORTA.9 与 USART1 的 TXD 复用;

4) 第12行~第15行,设置 PORTA.10 的工作模式:浮空输入、翻转速度为 10 MHz。PORTA.10 与 USART1 的 RXD 复用;

5) 第16行~第21行,设置 USART1 的工作模式:波特率为 115200 bit/s、无硬件流控制、接收和发送模式、无奇偶校验、1 停止位和 8 位数据位；

6）第 22 行~第 26 行，设置 USART1 的中断参数：中断通道选择 USART1_IRQn、先占优先级为 3，子优先级为 3、使能接收中断，并通过调用 NVIC_Init 库函数，完成 USART1 中断参数的配置；

7）第 27 行，使用第 16 行~第 21 行配置好的 USART1 初始化结构体，调用 USART_Init 库函数，完成 USART1 工作模式的初始化；

8）第 28 行，调用 USART_ITConfig 库函数，使能 USART1 的接收中断；

9）第 29 行，调用 USART_Cmd 库函数，使能 USART1，至此，完成了 USART1 的工作模式和接收中断的所有配置，USART1 可以实现发送和接收中断功能。

3. USART 字节接收程序设计

根据任务要求，调用 USART_SendData 库函数发送数据，调用 USART_GetFlagStatus 库函数读取 USART 发送完成标志位，判断数据发送是否结束。USART1 接收 1 个字节数据程序流程如图 4-12 所示。

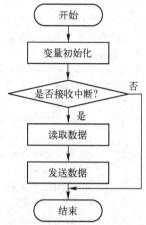

图 4-12　USART1 接收 1 个字节数据程序流程图

USART1 接收 1 个字节数据程序如下：

```
/*****************************************
嵌入式应用技术
STM32 串口应用
USART1 接收 1 个字节数据,然后通过串口再发送出去
江苏电子信息职业学院
作者:df
*****************************************/
1. void USART1_IRQHandler( void)
2. {
3.    u8 Res;
4.    if( USART_GetITStatus( USART1, USART_IT_RXNE) != RESET)
5.    {
6.         Res = USART_ReceiveData( USART1) ;
7.         USART1_Send_Byte( USART1, Res) ;
8.    }
9. }
```

说明：

USART1_IRQHandler 是 USART1 的中断服务程序，通过读取 USART1 的接收中断标志位判断 USART1 数据接收是否完成。如果此标志位不为 0，说明接收完成，可以读取数据。

1）第 3 行，定义 1 个变量，用于保存串口接收的数据；

2）第 4 行，通过调用 USART_GetITStatus 库函数获取 USART1 的接收中断标志位 USART_IT_RXNE（USART1 接收数据寄存器非空），如果 USART_GetITStatus 返回值不为 0，则表示 USART1 数据接收完成；

3）第 6 行，调用 USART_ReceiveData 库函数读取 USART1 接收到的数据；

4）第 7 行，调用 USART1_Send_Byte 把接收到的数据发送出去，通过 PC 上的串口调试助

手接收。测试时，通过串口调试助手每1s发送1个十六进制数55到STM32，STM32接收到数据后，再调用USART1_Send_Byte把数据发送到PC上的串口调试助手。通过对串口调试助手发送的数据和接收的数据进行比较，看是否一致，判断USART1接收是否正确。

4. USART 字节接收主程序设计

USART1接收1个字节数据的主控程序如下：

```
/***********************************************
嵌入式应用技术
STM32 串口应用
USART1 接收数据的主程序
江苏电子信息职业学院
作者:df
***********************************************/
1. int main( void)
2. {
3.     delay_init( );
4.     NVIC_PriorityGroupConfig( NVIC_PriorityGroup_2) ;
5.     USART1_Init( );
6.     while(1) { }
7. }
```

程序运行效果如图4-13所示。可见，发送的数据和接收到的数据都是十六进制数55，说明USART1配置是正确的，可以正确地接收和发送数据。

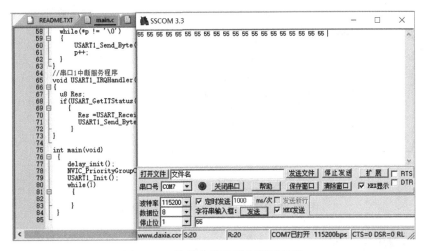

图4-13 接收和发送数据测试结果

5. USART 字符串接收程序设计

USART字符串接收程序的功能：

1）可以接收的数据长度为512字节，为了使程序易于移植，对接收数据长度做了宏定义：#define USART1_REC_LEN 512，表示源程序中用USART1_REC_LEN代替512，这样做使程序易于修改和移植。

2）接收的字符串以0x0d和0x0a作为结尾。

3）具有接收容错功能，接收出错时，可以对接收控制变量重新初始化，再重新接收数据，使程序重新进入正常运行流程。

USART1 字符串接收程序流程如图 4-14 所示。

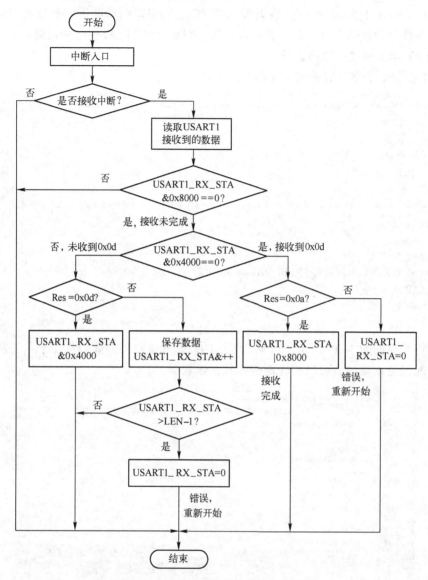

图 4-14　USART1 字符串接收程序流程图

USART1 字符串接收程序：

```
/*************************************************
嵌入式应用技术
STM32 串口应用
USART1 接收字符串的主程序
江苏电子信息职业学院
作者:df
*************************************************/
1. #define USART1_REC_LEN 512
2. u8 USART1_RX_B MF [USART1_REC_LEN];
3. u16 USART1_RX_STA = 0;
```

```
4. void USART1_IRQHandler( void)
5. {
6.      u8 Res;
7.      if( USART_GetITStatus( USART1, USART_IT_RXNE) ! = RESET)    //接收中断(接收到的数据必须
以 0x0d 和 0x0a 结尾)
8.          {
9.                  Res = USART_ReceiveData( USART1) ;                    //读取接收到的数据
10.                 if( ( USART1_RX_STA&0x8000) = = 0)                  //接收未完成
11.                     {
12.                         if( USART1_RX_STA&0x4000)                  //接收到 0x0d
13.                             {
14.                                 if( Res ! = 0x0a)
15.                                     USART1_RX_STA = 0;             //接收错误, 重新开始
16.                                 else
17.                                     USART1_RX_STA | = 0x8000; //接收完成
18.                             }
19.                         else                                                  //还未收到 0x0d
20.                             {
21.                                 if( Res = = 0x0d)
22.                                     USART1_RX_STA | = 0x4000;
23.                                 else
24.                                     {
25.                                         USART1_RX_B MF [ USART1_RX_STA&0X3FFF] = Res ;
26.                                         USART1_RX_STA++;
27.                                         if( USART1_RX_STA>( USART1_REC_LEN−1) )
28.                                     USART1_RX_STA = 0;   //接收数据错误, 重新开始接收
29.                                     }
30.                             }
31.                     }
32.             }
33. }
```

说明:

1) 第 1 行, 对接收长度做了宏定义, 便于程序移植和修改。

2) 第 2 行, 定义了 1 个长度为 USART1_REC_LEN 的数组, 数据类型为无符号字符型, 可以存放 USART1_REC_LEN 个字节数据。

3) 第 3 行, 定义了 1 个无符号整型变量 USART1_RX_STA, 最高位 (bit15) 用于标记接收是否完成。该位置 1, 表示接收完成, 该位置 0, 表示接收未完成。其余位用作接收计数, 最多可以计 16384 个数, 即 16 KB 数据。

4) 第 7 行, 调用 USART_GetITStatus 库函数, 读取 USART1 接收数据寄存器非空中断标志位的状态, 以判断是否发生接收完成中断, 如果是接收完成中断则进行后续处理, 如果不是则退出本次中断。

5) 第 9 行, 读取接收到的数据。

6) 第 10 行, 判断 USART1_RX_STA 的最高位 bit15 的状态。如果被置 1, 表示数据接收已经完成, 本次接收的数据不予保存, 直接丢弃, 并退出本次接收中断。如果该位是 0, 说明数据接收并未完成, 将继续进行后续操作。

7）第 12 行~第 18 行，执行到第 11 行程序，说明数据接收没有结束，将进一步根据 USART1_RX_STA 的 bit14 状态进行后续处理。USART1_RX_STA 的 bit14 用于标记是否已经收到 0x0d。如果已经收到 0x0d，该位置 1。再进一步判断本次接收的数据是不是 0x0a。如果不是 0x0a，则说明接收出现错误，USART1_RX_STA 清零，重新开始接收数据。如果是 0x0a，则把 USART1_RX_STA 的 bit15 置 1，标记接收已完成。

8）第 19 行~第 30 行，执行到第 18 行程序，说明数据接收没有完成，也没有接收到 0x0d。执行这段程序时，首先判断本次接收的数据是不是 0x0d，如果是 0x0d，则将 USART1_RX_STA 的 bit14 置 1，退出本次接收中断。如果不是 0x0d，则把本次接收的数据保存到 USART1_RX_B MF[ ] 数组中，然后 USART1_RX_STA 的值加 1，为保存下次接收数据做准备。USART1_RX_STA 的值加 1 之后，判断 USART1_RX_STA 的值是否已经超出了接收长度范围，如果超出了接收长度范围，说明接收出错，把 USART1_RX_STA 赋值为 0，重新开始接收数据。

注意：发送数据端的结束数据 0x0d 和 0x0a 只用于判断数据接收是否结束，这两个字节数据并未保存到接收数组 USART1_RX_B MF[ ] 中。

6. USART 接收字符串主程序设计

USART1 字符串接收主程序除了用于实现变量定义、变量初始化、外设功能初始化外，还要判断数据是否接收完成，并通过串口发送接收到的字符串，验证 USART1 工作是否正常。其主程序如下：

```
/*********************************************
嵌入式应用技术
STM32 串口应用
USART1 接收字符串的主程序设计
江苏电子信息职业学院
*********************************************/
1. int main( void)
2. {
3.      delay_init( );
4.      NVIC_PriorityGroupConfig( NVIC_PriorityGroup_2) ;
5.      USART1_Init( );
6.      while(1)
7.          {
8.              if( USART_RX_STA&0x8000) //接收完成
9.                  {
10.                     USART_RX_B MF [USART_RX_STA&0X3FFF] = '\0';
11.                     USART1_Send_String( USART1, USART_RX_B MF) ;
12.                     USART_RX_STA = 0;
13.                 }
14.         }
15. }
```

7. 程序下载与调试

把设计、编译好的程序通过 J-LINK 或 ST-LINK 下载到目标板，测试串口接收功能。如果满足设计需求，则项目完成；否则根据故障现象修改程序，重新下载并验证，直到满足设计要求。

USART 接收数据参考程序见本书配套资源。

程序运行结果如图 4-15 所示。

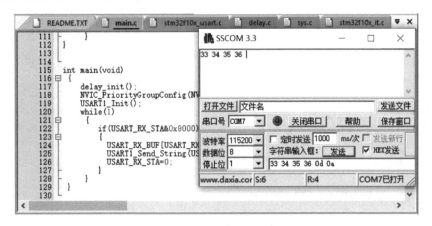

图 4-15　USART1 字符串接收测试结果

由图 4-15 可知，发送数据为十六进制：33 34 35 36 0d 0a，接收数据是十六进制：33 34 35 36，接收的数据和设计要求一致，因此 USART1 中断方式接收字符串程序正确。

8. USART 发送字符串的主程序设计

嵌入式系统程序调试过程中，为了便于观察程序运行状态，常用 printf 函数打印程序。下面为增加 printf 函数后的 USART1 发送字符串的主程序：

```
/*****************************************************
嵌入式应用技术
STM32 串口应用
USART1 发送字符串的主程序设计
江苏电子信息职业学院
作者:df
*****************************************************/
1. #define USART1_TXBUF_SIZE 512
2. __align(8) char Usart1_TxBuf[USART1_TXBUF_SIZE];
3. void u1_printf(char * fmt,…)
4. {
5.         unsigned int i,length;
6.         va_list ap;
7.         va_start(ap,fmt);
8.         vsprintf(Usart1_TxBuf,fmt,ap);
9.         va_end(ap);
10.        length=strlen((const char *)Usart1_TxBuf);
11.        while((USART1->SR&0X40)==0);
12.        for(i = 0;i < length;i ++)
13.        {
14.              USART1->DR = Usart1_TxBuf[i];
15.              while((USART1->SR&0X40)==0);
16.        }
17. }
```

通过如下主控程序测试 USART1 的 printf 函数功能是否正确：

```
/ ************************************************
嵌入式应用技术
STM32 串口应用
USART1 接收字符串的主程序
江苏电子信息职业学院
作者:df
1. int main( void)
2. {
3.     delay_init( );
4.         NVIC_PriorityGroupConfig( NVIC_PriorityGroup_2) ;
5.         USART1_Init( );
6.         while(1)
7.     {
8.             if( USART_RX_STA&0x8000)            //接收完成
9.         {
10.         USART_RX_B MF [ USART_RX_STA&0X3FFF] = '\0';
11.         USART1_Send_String( USART1 ,USART_RX_B MF );
12.         USART_RX_STA = 0;
13.         u1_printf( "完成了 1 次字符串的接收和回传\r\n") ;
14.         }
15.     }
16. }
```

USART1 printf 函数测试结果如图 4-16 所示。发送数据 33 34 35 36 0d 0a 是 3、4、5、6 这
4 个数字的 ASCII 码,在接收框如果不勾选 "HEX 发送" 则显示 ASCII 对应的字符 3456。由
图 4-16 所示的测试结果可知,USART1 的 printf 函数功能正确。

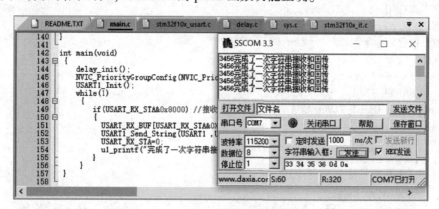

图 4-16   USART1 printf 函数测试结果

至此,以 USART1 为例的 STM32 USART 基本应用已经介绍完毕。

4.3   STM32 单片机 USART 应用

本部分内容以简易北斗卫星导航定位信息显示终端的设计与制作为载体,遵循嵌入式电子
产品设计方法,逐步介绍北斗卫星导航模块应用电路设计、北斗卫星导航通信协议、北斗卫星
导航定位信息解析和显示等内容,帮助读者进一步掌握 STM32 单片机 USART 的应用方法。

4.3.1 北斗卫星导航系统

中国北斗卫星导航系统（BeiDou Navigation Satellite System，BDS）是中国自行研制的全球卫星导航系统。是继美国全球定位系统（GPS）、俄罗斯格洛纳斯卫星导航系统（GLONASS）之后第3个成熟的卫星导航系统。BDS、GPS、GLONASS、GALILEO是联合国卫星导航委员会已认定的供应商产品。

北斗卫星导航系统由空间段、地面段和用户段3部分组成，可在全球范围内全天候为各类用户提供高精度、高可靠性定位、导航、授时服务，定位精度为10 m，测速精度为0.2 m/s，授时精度为10 ns。

自2000年10月31日，首颗北斗导航系统实验卫星发射到2020年6月23日北斗导航系统第55颗卫星（北斗3号系统地球静止轨道卫星）发射，中国北斗导航系统经历了将近20年的艰苦研制过程。

4.3.2 北斗卫星导航系统开发背景

1993年7月23日，美国指控中国"银河号"货轮向伊朗运输制造化学武器的原料，并威胁要对中国进行制裁，当时"银河号"正在印度洋上航行，突然船停了下来，后来得知是当时美国相关部门关闭了该船所在海区的GPS导航服务，使得轮船不知道该向哪个方向行驶，被迫停航。当时被称为"银河号事件"。随着我国自主研发的北斗导航定位系统的全面建成及应用，这样的事情再也没有发生了。

如今北斗卫星导航系统已广泛应用于军事、航海、地震救援、农业生产与管理等生产和生活的方方面面。

4.3.3 任务：简易北斗卫星导航信息显示终端硬件电路设计

[能力目标]
- 能绘制系统组成原理框图
- 掌握北斗卫星导航模块硬件接口特性
- 掌握北斗卫星导航模块电气特性
- 能设计系统电路原理图

[任务描述]

通过北斗卫星导航模块ATK-S1216F8-BD基本特性的学习，设计北斗卫星导航模块和STM32最小系统板的硬件连接电路，要求ATK-S1216F8-BD供电正常、串口通信正常。

1. 方案设计

本次任务的要求是设计并制作出一种能够通过STM32的USART获取北斗卫星导航信息，并显示的简易北斗卫星导航系统信息显示终端。主控CPU选用STM32F103VET6，北斗卫星导航模组选用ATK-S1216F8-BD模组。显示器选用LCM1602。由于LCM1602最多只能显示32个英文字符，每次最多显示两种导航信息，为了能够显示更多信息，采用分屏显示的方式，用1个按键进行循环切换。简易北斗卫星导航系统信息显示终端的原理如图4-17所示。

2. 北斗卫星导航模块介绍

ATK-S1216F8-BD模块是一款高性能北斗和GPS双模式定位模块。特点为：

1）采用 S1216F8-BD 模组，体积小巧，性能优异。

2）可通过串口进行参数设置，并保存在内部 FLASH，使用方便。

3）自带 IPX 接口，可以连接各种有源天线，建议连接北斗/GPS 双模式有源天线。

4）兼容 3.3V/5V 电平，方便连接各种单片机系统。

5）自带可充电后备电池，可以掉电下保持星历数据[⊖]。

该模块基本特性如表 4-28 所示。

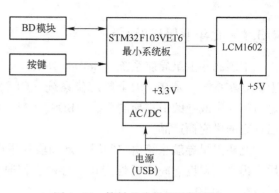

图 4-17　简易北斗卫星导航系统信息显示终端原理图

表 4-28　ATK-S1216F8-BD 模块基本特性

特 性 项	说 明
接口	TTL，兼容 3.3 V/5 V 单片机系统
接收	167 通道，支持 QZSS、WAAS、MSAS、EGNOS、GAGAN
定位精度	2.5 mCEP（SBAS：2.0 mCEP）
更新速率	1 Hz、2 Hz、4 Hz、5 Hz、8 Hz、10 Hz、20 Hz
捕获时间	冷启动为 1~29 s（最快），温启动为 27 s 热启动：1 s
冷启动灵敏度	-148 dBm
捕获追踪灵敏度	-165 dBm
通信协议	NMEA-0183 V3.01，二进制协议
串口通信波特率/(bit/s)	4800、9600、19200、38400（默认）、57600、115200、230400
工作温度	-40~85℃
模块尺寸	25 * 27 mm

ATK-S1216F8-BD 模块通过串口与外部系统连接，支持串口为 4800、9600、19200、38400（默认）、57600、115200、230400 波特率等不同速率，兼容 5 V/3.3 V 单片机系统。ATK-S1216F8-BD 模块与单片机连接最少需要 4 个接口：VCC、GND、TXD、RXD。其中 VCC 和 GND 用于给模块供电，模块 TXD 和 RXD 连接单片机的 RXD 和 TXD 即可。由于 STM32 单片机工作电压通常为 3.3 V，ATK-S1216F8-BD 模块也采用 3.3 V 供电即可。该模块电气特性如表 4-29 所示。

表 4-29　ATK-S1216F8-BD 模块电气特性

项 目	说 明
工作电压 VCC	DC 3.3~5.0 V
工作电流	45 mA
Voh	2.4 V(Min)

⊖ 在主电源断开后，后备电池可以维持半个小时左右的 GPS/北斗星历数据的保存，以支持温启动或热启动，从而实现快速定位。

项　目	说　明
Vol	0.4 V(Max)
Vih	2 V(Min)
Vil	0.8 V(Max)
TXD/RXD 阻抗	120 Ω

ATK-S1216F8-BD 模块与 STM32 单片机的典型连接方式如图 4-18 所示。

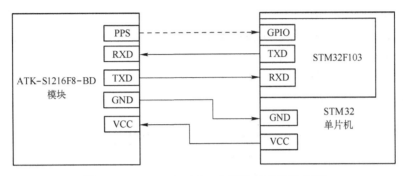

图 4-18　ATK-S1216F8-BD 模块与 STM32 连接

图 4-18 中，PPS 与 STM32 的 GPIO（通用 I/O 端口）的连接不是必需的，实际使用时，可以根据需要选择连接还是不连接，这个引脚不影响模块的正常使用。这里特别注意，模块的 TXD 和 RXD 脚是 TTL 电平，不能直接连接到计算机的 RS232 串口上，必须经过电平转换芯片（MAX232 等），进行电平转换后，才能与之连接。

3. 系统硬件电路设计

简易北斗卫星导航系统信息显示终端硬件连接设计如图 4-19 所示。

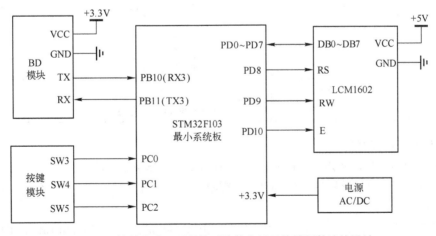

图 4-19　简易北斗卫星导航系统信息显示终端硬件连接设计

4.3.4　任务：北斗卫星导航模块协议解析

[**知识目标**]

● 掌握 NMEA-0183 协议组成

- 编写 NMEA-0183 数据接收程序
- 编写 NMEA-0183 数据解析程序

[任务描述]

在 4.2 节编写的驱动程序基础上，编写 NMEA-0183 命令帧的接收与解析程序。要求能正确解析出定位的卫星信息、经纬度信息、高度和地面速度信息、时间和日期信息。

1. NMEA-0183 协议

NMEA-0183 是美国国家海洋电子协会（National Marine Electronics Association）为海用电子设备制定的标准格式。已成为北斗/GPS 导航用的统一的 RTCM（Radio Technical Commission for Maritime services）标准协议。

NMEA-0183 协议采用 ASCII 码来传递北斗/GPS 定位信息，也称之为帧。帧格式为：$aac-cc,ddd,ddd,…,ddd * hh(CR)(LF)。

1）"$"：帧命令起始位；

2）aaccc：地址域，前两位为识别符(aa)，后三位为语句名(ccc)；

3）ddd…ddd：数据；

4）" * "：校验和前缀（也可以作为语句中数据结束的标志）；

5）hh：校验和（check sum），完成 $ 与 * 之间所有字符 ASCII 码的校验和（各字节做异或运算，得到校验和后，再转换为 16 进制的 ASCII 字符）；

6）(CR)(LF)：帧结束，用〈Enter〉键或换行符结束。NMEA-0183 常用命令如表 4-30 所示。

表 4-30 NMEA-0183 常用命令

序 号	命 令	说 明	最大帧长
1	$GNGGA	北斗/GPS 定位信息	72
2	$GNGSA	当前卫星信息	65
3	$GPGSV	可见 GPS 卫星信息	210
4	$BDGSV	可见北斗卫星信息	210
5	$GNRMC	推荐定位信息	70
6	$GNVTG	地面速度信息	34
7	$GNGLL	大地坐标信息	—
8	$GNZDA	当前时间（UTC）信息	—

现分别介绍这些命令。

（1）$GNGGA（Global Positioning System Fix Data，GPS 定位信息）

$GNGGA 语句的基本格式如下（其中 M 指单位，hh 指校验和，CR 和 LF 代表按〈Enter〉键换行，下同）：

$GNGGA,①,②,③,④,⑤,⑥,⑦,⑧,⑨,M,⑩,M,⑪,⑫ * hh(CR)(LF)。

其中，

① 为 UTC 时间，格式为 hhmmss.ss；

② 为纬度，格式为 ddmm.mmmmm（度分）；

③ 为纬度半球，N 或 S（北纬或南纬）；

④ 为经度，格式为 dddmm.mmmmm（度分）；

⑤ 为经度半球，E 或 W（东经或西经）；

⑥ 为 GPS 状态，0=未定位，1=非差分定位，2=差分定位；

⑦ 为正在使用的用于定位的卫星数量（00~12）；

⑧ 为 HDOP 水平精确度因子（0.5~99.9）；

⑨ 为海拔高度（-9999.9 到 9999.9 m）；

⑩ 为大地水准面高度（-9999.9 到 9999.9 m）；

⑪ 为差分时间（从最近一次接收到差分信号开始的 s 数，非差分定位时此项为空）；

⑫ 为差分参考基站标号（0000~1023，首位 0 也将传送，非差分定位时此项为空）。

举例如下：

$GNGGA,000450.600,3333.1042,N,11902.6074,E,1,16,1.0,93.6,M,0.9,M,,0000*4F。

（2）$GNGSA（当前卫星信息）

$GNGSA 语句的基本格式如下：

$GNGSA,①,②,③,③,③,③,③,③,③,③,③,③,③,③,④,⑤,⑥*hh(CR)(LF)。

① 为模式，M=手动，A=自动；

② 为定位类型，1=未定位，2=2D 定位，3=3D 定位；

③ 为正在用于定位的卫星号（01~32）；

④ 为 PDOP 综合位置精度因子（0.5~99.9）；

⑤ 为 HDOP 水平精度因子 1（0.5~99.9）；

⑥ 为 VDOP 垂直精度因子（0.5~99.9）。

注意：精度因子值越小，则准确度越高。

举例如下：

$GNGSA,A,3,21,17,01,08,19,14,03,30,07,,,,2.7,2.3,1.4*2B。

$GNGSA,A,3,207,210,,,,,,,,,,,2.7,2.3,1.4*2B。

（3）$GPGSV（GPS Satellites in View，可见 GPS 卫星信息）

$GPGSV 语句的基本格式如下：

$GPGSV,①,②,③,④,⑤,⑥,⑦,...,④,⑤,⑥,⑦*hh(CR)(LF)。

① 为 GSV 语句总数；

② 为本语句 GSV 的编号；

③ 为可见卫星的总数（00~12，前面的 0 也将被传输）；

④ 为卫星编号（01~32，前面的 0 也将被传输）；

⑤ 为卫星仰角（00°~90°，前面的 0 也将被传输）；

⑥ 为卫星方位角（000°~359°，前面的 0 也将被传输）；

⑦ 为信噪比（00~99 dB，没有跟踪到卫星时为空）。

注意：每条 GSV 语句最多包括 4 颗卫星的信息，其他卫星的信息将在下一条 $GPGSV 语句中输出。

举例如下：

$GPGSV,4,1,15,195,71,059,09,14,68,318,27,01,56,037,38,194,54,155,*73；

$GPGSV,4,2,15,28,45,319,38,17,45,306,37,22,42,089,22,03,40,123,13*74；

$GPGSV,4,3,15,30,33,224,17,21,30,044,43,19,24,285,34,07,17,194,18*7E；

$GPGSV,4,4,15,06,14,227,23,193,13,142,15,08,11,083,25*76。

（4）$BDGSV（BD Satellites in View，可见北斗卫星信息）

$BDGSV 语句的基本格式如下：

$BDGSV，①，②，③，④，⑤，⑥，⑦，…，④，⑤，⑥，⑦ * hh（CR）（LF）。

① 为 GSV 语句总数；

② 为本语句 GSV 的编号；

③ 为可见卫星的总数（00~12，前面的 0 也将被传输）；

④ 为卫星编号（01~32，前面的 0 也将被传输）；

⑤ 为卫星仰角（00°~90°，前面的 0 也将被传输）；

⑥ 为卫星方位角（000°~359°，前面的 0 也将被传输）；

⑦ 为信噪比（00~99 dB，没有跟踪到卫星时为空）。

注意：每条 GSV 语句最多包括 4 颗卫星的信息，其他卫星的信息将在下一条 $BDGSV 语句中输出。

举例如下：

$BDGSV，3，1，12，207，83，005，25，210，69，321，26，229，62，012，，203，50，195，* 6A

（5）$GNRMC（Recommended Minimum Specific GPS/Transit Data，推荐定位信息）

$GNRMC 语句的基本格式如下：

$GNRMC，①，②，③，④，⑤，⑥，⑦，⑧，⑨，⑩，⑪，⑫ * hh（CR）（LF）。

① 为 UTC 时间，hhmmss（时分秒）；

② 为定位状态，A＝有效定位，V＝无效定位；

③ 为纬度，ddmm.mmmmm（度分）；

④ 为纬度半球，N（北半球）或 S（南半球）；

⑤ 为经度，dddmm.mmmmm（度分）；

⑥ 为经度半球，E（东经）或 W（西经）；

⑦ 为地面速度（000.0~999.9 节）；

⑧ 为地面航向（000.0°~359.9°，以真北为参考基准）；

⑨ 为 UTC 日期，ddmmyy（日月年）；

⑩ 为磁偏角（000.0°~180.0°，前导位数不足补 0）；

⑪ 为磁偏角方向，E（东）或 W（西）；

⑫ 为模式指示，A＝自主定位，D＝差分，E＝估算，N＝数据无效。

举例如下：

$GNRMC，161206.400，A，3333.1172，N，11902.6078，E，000.0，357.3，271121，…，A * 75。

（6）$GNVTG（Track Made Good and Ground Speed，地面速度信息）

$GNVTG 语句的基本格式如下：

$GNVTG，①，T，②，M，③，N，④，K，⑤ * hh（CR）（LF）；

① 为以真北为参考基准的地面航向（000°~359°，前面的 0 也将被传输）；

② 为以磁北为参考基准的地面航向（000°~359°，前面的 0 也将被传输）；

③ 为地面速率（000.0~999.9 节，前面的 0 也将被传输）；

④ 为地面速率（0000.0~1851.8 千米/小时，前面的 0 也将被传输）；

⑤ 为模式指示（A＝自主定位，D＝差分，E＝估算，N＝数据无效）。

举例如下：

$GNVTG,357.3,T,,M,000.0,N,000.0,K,A*11。

（7）$GNGLL（Geographic Position，大地坐标信息）

$GNGLL 语句的基本格式如下：

$GNGLL,①,②,③,④,⑤,⑥,⑦*hh(CR)(LF)。

① 为纬度，ddmm.mmmmm（度分）；

② 为纬度半球，N（北半球）或 S（南半球）；

③ 为经度，dddmm.mmmmm（度分）；

④ 为经度半球，E（东经）或 W（西经）；

⑤ 为 UTC 时间，hhmmss（时分秒）；

⑥ 为定位状态，A=有效定位，V=无效定位；

⑦ 为模式指示，A=自主定位，D=差分，E=估算，N=数据无效；

举例如下：

$GNGLL,3333.1172,N,11902.6078,E,161208.200,A,A*4E。

（8）$GNZDA（当前时间信息 UTC，day，month，year and local time zone）

$GNZDA 语句的基本格式如下：

$GNZDA,①,②,③,④,⑤,⑥*hh(CR)(LF)；

① 为 UTC 时间：hhmmss（时分秒）；

② 为日；

③ 为月；

④ 为年；

⑤ 为本地区域时钟（NEO-6M 未用到，为 00）；

⑥ 为本地区域分钟（NEO-6M 未用到，为 00）。

举例如下：

$GNZDA,161208.200,27,11,2021,00,00*42。

以上是 NMEA-0183 协议命令帧的介绍，现在说明 NMEA-0183 协议的校验。通过前面的介绍，知道每帧最后都有 1 个 hh 的校验和，该校验和是通过$与*之间所有字符 ASCII 码的异或运算得到，将得到的结果以 ASCII 字符表示，该结果就是校验和（hh）。例如语句：$GNZDA,000503.600,20,11,2021,00,00*4B，校验和（加下划线所有字符参与计算）计算方法为：0X47 xor 0X4E xor 0X5A xor 0X44 xor 0X41 xor 0X2C xor 0X30 xor 0X30 xor 0X30 xor 0X35 xor 0X30 xor 0X33 xor 0X2E xor 0X36 xor 0X30 xor 0X30 xor 0X2C xor 0X32 xor 0X30 xor 0X2C xor 0X31 xor 0X31 xor 0X2C xor 0X32 xor 0X30 xor 0X32 xor 0X31 xor 0X2C xor 0X30 xor 0X30 xor 0X2C xor 0X30 xor 0X30，得到的结果就是 0X4B，用 ASCII 表示就是 4B。

熟悉了该协议，就可以编写单片机程序，解析 NMEA-0183 数据，从而得到北斗/GPS 定位的各种信息了。

2. 数据接收程序设计

（1）USART3 初始化程序

USART3 的作用是接收北斗卫星导航（简称北斗）模块发送的命令帧，采用中断方式可以高效地接收北斗模块数据。数据接收过程中，如果间隔时间超过 10 ms 还没有接收到新的数据，则认为 1 个数据帧接收完成。USART3 初始化程序流程图如图 4-20 所示。

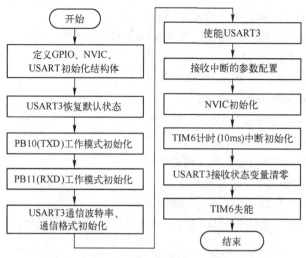

图 4-20 USART3 初始化程序流程图

USART3 初始化程序如下:

```
/************************************************
嵌入式应用技术
STM32 串口应用
USART3 初始化程序
江苏电子信息职业学院
作者:df
************************************************/
1.  void usart3_init(u32 bound)
2.  {
3.    NVIC_InitTypeDef NVIC_InitStructure;
4.    GPIO_InitTypeDef GPIO_InitStructure;
5.    USART_InitTypeDef USART_InitStructure;
6.    RCC_APB2PeriphClockCmd(RCC_APB2Periph_GPIOB, ENABLE);
7.    RCC_APB1PeriphClockCmd(RCC_APB1Periph_USART3,ENABLE);
8.    USART_DeInit(USART3);
9.    GPIO_InitStructure. GPIO_Pin = GPIO_Pin_10; //PB10
10.   GPIO_InitStructure. GPIO_Speed = GPIO_Speed_50MHz;
11.   GPIO_InitStructure. GPIO_Mode = GPIO_Mode_AF_PP;
12.   GPIO_Init(GPIOB, &GPIO_InitStructure);
13.   GPIO_InitStructure. GPIO_Pin = GPIO_Pin_11;
14.   GPIO_InitStructure. GPIO_Mode = GPIO_Mode_IN_FLOATING;
15.   GPIO_Init(GPIOB, &GPIO_InitStructure);
16.   USART_InitStructure. USART_BaudRate = bound;
17.   USART_InitStructure. USART_WordLength = USART_WordLength_8b;
18.   USART_InitStructure. USART_StopBits = USART_StopBits_1;
19.   USART_InitStructure. USART_Parity = USART_Parity_No;
20.   USART_InitStructure. USART_HardwareFlowControl = USART_HardwareFlowControl_None;
21.   USART_InitStructure. USART_Mode = USART_Mode_Rx | USART_Mode_Tx;
22.   USART_Init(USART3, &USART_InitStructure);
23.   USART_Cmd(USART3, ENABLE);
24.   USART_ITConfig(USART3, USART_IT_RXNE, ENABLE);
```

```
25.     NVIC_InitStructure. NVIC_IRQChannel = USART3_IRQn;
26.     NVIC_InitStructure. NVIC_IRQChannelPreemptionPriority = 2;
27.     NVIC_InitStructure. NVIC_IRQChannelSubPriority = 3;
28.     NVIC_InitStructure. NVIC_IRQChannelCmd = ENABLE;
29.     NVIC_Init(&NVIC_InitStructure);
30.     TIM6_Int_Init(1000-1,7200-1);
31.      USART3_RX_STA = 0;
32.     TIM_Cmd(TIM6,DISABLE);
33. }
```

说明：

第3行~第5行，定义了用于 GPIO、USART3 和 NVIC 初始化的结构体变量；

第6行和第7行，分别使能 GPIOB 和 USART3 时钟；

第8行，USART3 参数复位；

第9行~第12行，设置 PORTB.10 的工作模式：推挽复用输出、翻转速度为 10 MHz。PORTB.10 与 USART3 的 TXD 复用；

第13行~第15行，设置 PORTB.11 的工作模式：浮空输入、翻转速度为 10 MHz。PORTB.11 与 USART3 的 RXD 复用；

第16行~第23行，设置 USART3 的工作模式：波特率为 115200 bit/s、无硬件流控制、接收和发送模式、无奇偶校验、1 停止位和 8 位数据位，初始化并使能 USART3；

第24行，使能 USART3 接收中断；

第25行~第29行，设置 USART3 的中断参数：中断通道选择为 USART3_IRQn、先占优先级 2、子优先级 3、使能接收中断，调用 NVIC_Init 库函数，完成 USART3 中断参数的配置；

第30行，调用定时器 6 的初始化程序，对定时器初始化，设为 10 ms 中断；

第31行，清除 USART3 接收控制变量 USART3_RX_STA；

第32行，使能 TIM6，TIM6 用于 USART3 接收超时判断。

（2）TIM6 初始化程序

TIM6 的主要功能是为 USART3 提供接收超时判断。北斗模块发送数据的过程中，发生随机错误的可能性很大，如果把接收到的 0x0a 和 0x0d 两个数据作为接收结束标志的话，当北斗模块数据发送异常，或 STM32 工作异常，有可能造成接收不到 0x0a 和 0x0d 两个数据，进而导致整个系统运行异常。为提高系统程序的容错能力，故采用超时中断接收的方式，判断一帧数据是否接收完成，其具体原理在下一步 USART3 接收中断服务程序部分讲解。TIM6 初始化程序流程图如图 4-21 所示。

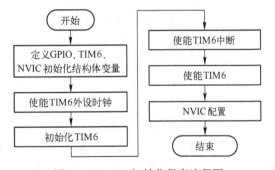

图 4-21　TIM6 初始化程序流程图

TIM6 初始化程序如下：

```
/*********************************************
嵌入式应用技术
STM32 串口应用
TIM6 初始化程序
```

江苏电子信息职业学院
***/

```
1. void TIM6_Int_Init(u16 arr,u16 psc)
2. {
3.     NVIC_InitTypeDef NVIC_InitStructure;
4.     TIM_TimeBaseInitTypeDef  TIM_TimeBaseStructure;
5.     RCC_APB1PeriphClockCmd(RCC_APB1Periph_TIM6, ENABLE);
6.     TIM_TimeBaseStructure.TIM_Period = arr;
7.     TIM_TimeBaseStructure.TIM_Prescaler =psc;
8.     TIM_TimeBaseStructure.TIM_ClockDivision = TIM_CKD_DIV1;
9.     TIM_TimeBaseStructure.TIM_CounterMode = TIM_CounterMode_Up;
10.    TIM_TimeBaseInit(TIM6, &TIM_TimeBaseStructure);
11.     TIM_ITConfig(TIM6,TIM_IT_Update,ENABLE );
12.    TIM_Cmd(TIM6,ENABLE);
13.    NVIC_InitStructure.NVIC_IRQChannel = TIM6_IRQn;
14.    NVIC_InitStructure.NVIC_IRQChannelPreemptionPriority=0 ;
15.    NVIC_InitStructure.NVIC_IRQChannelSubPriority = 2;
16.    NVIC_InitStructure.NVIC_IRQChannelCmd = ENABLE;
17.    NVIC_Init(&NVIC_InitStructure);
18. }
```

说明：

第 3 行和第 4 行，分别定义了 NVIC 和 TimeBase 初始化结构体；

第 5 行，使能 TIM6 外设的时钟；

第 6 行和第 7 行，设置定时器预分频系数和定时器自动装载值；

第 8 行，设置输入捕获时，数字滤波器采用的时钟频率与定时器工作时钟频率的比率，在定时器中断模式下不起作用；

第 9 行，设置定时器计数模式为向上计数；

第 10 行，调用库函数 TIM_TimeBaseInit 初始化 TIM6 定时器的时间基准；

第 11 行，调用库函数 TIM_ITConfig 使能 TIM6 更新中断；

第 12 行，调用库函数 TIM_Cmd 使能 TIM6；

第 13 行~第 16 行，为 TIM6 中断向量控制器初始化用的结构体成员变量赋值，抢占优先级为 0，响应优先级为 2，使能中断通道 TIM6_IRQn；

第 17 行，调用 NVIC_Init 库函数，初始化 TIM6 中断向量控制器。

（3）TIM6 中断服务程序

当 TIM6 中断产生时，在中断服务程序中首先通过 TIM_GetIT-Status 库函数读取 TIM6D 的 TIM_IT_Update 标志位，如果 TIM_IT_Update 标志位不为 0，说明发生了 TIM6 溢出中断。接下来把 USART3_RX_STA 变量中的接收完成标志位置 1，然后调用 TIM_ClearITPendingBit 库函数清除 TIM_IT_Update 标志位，最后调用 TIM_Cmd 库函数失能 TIM6，使其停止计时。至此，完成了 1 次北斗模块的数据接收。TIM6 中断服务程序流程如图 4-22 所示。

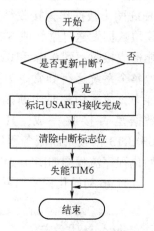

图 4-22　TIM6 中断服务
程序流程图

TIM6 中断服务程序如下：

```
/****************************************************
  嵌入式应用技术
  STM32 串口应用
  TIM6 中断服务程序
  江苏电子信息职业学院
****************************************************/
1. void TIM6_IRQHandler(void)
2. {
3.    if (TIM_GetITStatus(TIM6, TIM_IT_Update) != RESET)
4.    {
5.       USART3_RX_STA |= 1<<15;
6.       TIM_ClearITPendingBit(TIM6, TIM_IT_Update  );
7.       TIM_Cmd(TIM6, DISABLE);
8.    }
9. }
```

说明：

第 3 行，读取 TIM6 更新中断标志位，判断 TIM6 是否发生了更新中断；

第 5 行，如果 TIM6 发生更新中断，表明串口接收数据超时，强制把接收完成标志位（USART3_RX_STA 变量的 bit15）设置 1；

第 6 行，清除 TIM6 更新中断标志位；

第 7 行，停止 TIM6 计时。

（4）USART3 接收中断服务程序

USART3 接收中断服务程序流程如图 4-23 所示。

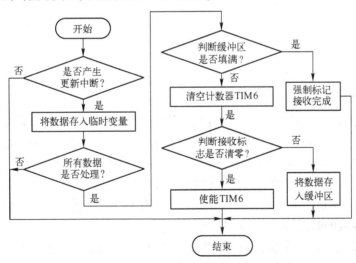

图 4-23　USART3 接收中断服务程序流程图

USART3 接收中断用于北斗模块数据接收，并把接收到的数据存入接收缓冲区里。其程序如下：

```
/****************************************************
  嵌入式应用技术
```

```
STM32 串口应用
USART3 接收中断服务程序
江苏电子信息职业学院
作者:df
*****************************************************/
1. void USART3_IRQHandler(void)
2. {
3.      u8 res;
4.      if(USART_GetITStatus(USART3,USART_IT_RXNE)! = RESET)
5.      {
6.            res = USART_ReceiveData(USART3);
7.            if((USART3_RX_STA&(1<<15)) = = 0)
8.            {
9.                  if(USART3_RX_STA<USART3_MAX_RECV_LEN)
10.                 {
11.                       TIM_SetCounter(TIM6,0);
12.                       if(USART3_RX_STA = = 0)
13.                       {
14.                             TIM_Cmd(TIM6,ENABLE);//使能定时器6
15.                       }
16.                       USART3_RX_B MF [USART3_RX_STA++] = res;
17.                 }
18.            else
19.                 {
20.                       USART3_RX_STA| = 1<<15;
21.                 }
22.            }
23.      }
24. }
```

说明:

第 3 行,定义 1 个无符号字符型变量 res,用于暂存接收到的数据;

第 4 行,调用 USART_GetITStatus 库函数读取 USART3 的 USART_IT_RXNE 标志位,如果不为 0,说明发生 USART3 接收中断,为 0 则直接退出 USART3 中断服务程序;

第 5 行和第 6 行,当第 4 行判断条件为真,即发生了串口接收中断,通过调用 USART_ReceiveData 库函数,读取 USART3 接收数据寄存器中的数据并暂存于变量 res 中;

第 7 行,判断 USART3 接收控制位(USART3_RX_STA 的 bit5)的值中接收完成标志位的值,如果为 0,说明接收没有完成,可以保存数据;如果为 1,说明刚接收的一组数据还没有处理完成,本次接收的数据将不予保存;

第 9 行~第 22 行,处理本次接收到的数据。保存数据前,先判断 USART3_RX_STA 的值是否超过接收缓冲区的最大长度,如果超过则说明接收过程发生错误,把接收完成标志位强制为 1,结束本次接收;如果接收缓冲区未满,则可以继续接收并保存数据;

第 11 行,TIM6 的定时计数器清 0;

第 12 行~第 15 行,判断 USART3_RX_STA 是否为 0,如果为 0,启动 TIM6,开启超时判断;

第 16 行,把接收到的数据保存在接收缓冲区中,完成 1 个字节数据的接收。

（5）USART3 接收数据实测

使用 USART3 接收北斗模块发送的数据，使用 USART1 打印接收的数据，验证接收是否正确。数据接收实测结果如图 4-24 所示。

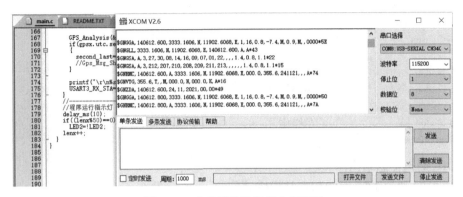

图 4-24　北斗模块数据接收实测图

3. 协议信息解析程序设计

北斗模块信息解析是本项目的核心内容。北斗模块信息解析程序在工程文件夹下的存放路径为：..\HARDWARE\BD。北斗模块驱动程序模块由两个文件组成：BD.C 和 BD.H。BD.C 中用到的变量和定义的函数，都在 BD.H 中做了声明。

BD.H 文件具体内容如下：

（1）GPS 卫星信息结构体

GPS 卫星信息结构体 nmea_slmsg 共有 4 个成员变量，分别用来存储卫星编号、卫星仰角、卫星方位角和信号信噪比参数。GPS 卫星信息结构体 nmea_slmsg 定义如下：

```
/*********************************************
  嵌入式应用技术
  STM32 串口应用
  GPS 卫星信息结构体定义
  江苏电子信息职业学院
  *********************************************/
// GPS 卫星信息结构体
typedef struct
{
u8 num;          //卫星编号
u8 eledeg;       //卫星仰角
u16 azideg;      //卫星方位角
u8 sn;           //信噪比
}nmea_slmsg;
```

（2）北斗卫星参数结构体

北斗卫星信息结构体 beidou_nmea_slmsg 和 GPS 卫星参数结构体 nmea_slmsg 一样，共有 4 个成员变量，分别用来存储卫星编号、卫星仰角、卫星方位角和信号信噪比参数。北斗卫星参数结构体 beidou_nmea_slmsg 定义如下：

```
/*********************************************
  嵌入式应用技术
```

```
    STM32 串口应用
    北斗卫星参数结构体定义
    江苏电子信息职业学院
    **********************************************/
//北斗卫星参数结构体
1. typedef struct
2. {
3.    u8 beidou_num;           //卫星编号
4.    u8 beidou_eledeg;        //卫星仰角
5.    u16 beidou_azideg;       //卫星方位角
6.    u8 beidou_sn;            //信噪比
7. } beidou_nmea_slmsg;
```

（3）UTC 时间信息结构体

NMEA-0183 协议 UTC 时间信息结构体 nmea_utc_time 共有 6 个成员变量，分别用来存放年、月、日、时、分和秒。UTC 时间信息结构体 nmea_utc_time 定义如下：

```
/**********************************************
    嵌入式应用技术
    STM32 串口应用
    UTC 时间信息结构体定义
    江苏电子信息职业学院
    **********************************************/
//UTC 时间信息结构体
1. typedef struct
2. {
3.    u16 year;        //年份
4.    u8 month;        //月份
5.    u8 date;         //日期
6.    u8 hour;         //小时
7.    u8 min;          //分钟
8.    u8 sec;          //秒钟
9. } nmea_utc_time;
```

（4）信息解析后数据存放结构体

NMEA 0183 协议信息解析后数据存放结构体 nmea_msg 共有 18 个成员变量，分别是：可见 GPS 卫星数、可见北斗卫星数、GPS 卫星信息结构体数组变量、北斗卫星信息结构体数组变量、UTC 时间结构体变量、纬度、经度、GPS 状态、用于定位的 GPS 卫星数、用于定位的卫星编号、定位类型、位置精度因子、水平精度因子、垂直精度因子、海拔高度和地面速率。NMEA 0183 协议信息解析后数据存放结构体 nmea_msg 定义如下：

```
/**********************************************
    嵌入式应用技术
    STM32 串口应用
    信息解析后数据存放结构体定义
    江苏电子信息职业学院
    **********************************************/
//NMEA 0183 协议信息解析后数据存放结构体
```

```
1. typedef struct
2. {
3.    u8 svnum;                              //可见 GPS 卫星数
4.    u8 beidou_svnum;                       //可见北斗卫星数
5.    nmea_slmsg slmsg[12];                  //最多 12 颗 GPS 卫星
6.    beidou_nmea_slmsg beidou_slmsg[12];    //最多 12 颗北斗卫星
7.    nmea_utc_time utc;                     //UTC 时间
8.    u32 latitude;                          //纬度
9.    u8 nshemi;                             //北纬、南纬, N：北纬, S：南纬
10.   u32 longitude;                         //经度
11.   u8 ewhemi;                             //东经、西经, E：东经, W：西经
12.   u8 gpssta;                             //GPS 状态: 0, 未定位; 1, 非差分定位; 2, 差分定位;
13.   u8 posslnum;                           //用于定位的 GPS 卫星数, 0~12
14.   u8 possl[12];                          //用于定位的卫星编号
15.   u8 fixmode;                            //定位类型: 1, 没有定位; 2, 2D 定位; 3, 3D 定位
16.   u16 pdop;                              //位置精度因子 0~500, 实际对应值 0~50.0
17.   u16 hdop;                              //水平精度因子 0~500, 实际对应值 0~50.0
18.   u16 vdop;                              //垂直精度因子 0~500, 实际对应值 0~50.0
19.   int altitude;                          //海拔高度, 放大了 10 倍, 实际值除以 10, 单位: 0.1m
20.   u16 speed;                             //地面速率, 放大了 1000 倍, 实际值除以 10, 单位:
                                               0.001 km/h
21. } nmea_msg;
```

（5）波特率配置结构体

通信时波特率配置结构体 SkyTra_baudrate 共有 8 个成员变量，分别是：启动序列、有效数据长度、命令识别 ID、COM 口、波特率、配置数据保存位置、校验值和结束符。北斗模块波特率配置结构体 SkyTra_baudrate 定义如下：

```
/***********************************************************
  嵌入式应用技术
  STM32 串口应用
  波特率配置结构体定义
  江苏电子信息职业学院
  ***********************************************************/
//SkyTra S1216F8 波特率配置结构体
1. typedef struct
2. {
3.    u16 sos;
4.    u16 PL;
5.    u8 id;
6.    u8 com_port;
7.    u8 Baud_id;           (0~8,4800,9600,19200,38400,57600,115200,230400,460800,921600)
8.    u8 Attributes;
9.    u8 CS;                //校验值
10.   u16 end;              //结束符: 0X0D0A
11. } SkyTra_baudrate;
```

（6）配置输出信息结构体

配置输出信息结构体 SkyTra_outmsg 共有 13 个成员变量，分别是：启动序列、有效数据长

度、命令识别 ID、GGA、GSA、GSV、GLL、RMC、VTG、ZDA、命令存放位置、校验值和结束符。配置输出信息结构体 SkyTra_outmsg 定义下：

```
/***************************************************
嵌入式应用技术
STM32 串口应用
配置输出信息结构体定义
江苏电子信息职业学院
***************************************************/
//SkyTra S1216F8 配置输出信息结构体
1. __packed typedef struct
2. {
3.     u16 sos;
4.     u16 PL;              //有效数据长度 0X0009;
5.     u8 id;               //ID，固定为 0X08
6.     u8 GGA;              //1~255(s)，0：disable
7.     u8 GSA;              //1~255(s)，0：disable
8.     u8 GSV;              //1~255(s)，0：disable
9.     u8 GLL;              //1~255(s)，0：disable
10.    u8 RMC;              //1~255(s)，0：disable
11.    u8 VTG;              //1~255(s)，0：disable
12.    u8 ZDA;              //1~255(s)，0：disable
13.    u8 Attributes;
14.    u8 CS;               //校验值
15.    u16 end;             //结束符：0X0D0A
16. } SkyTra_outmsg;
```

（7）配置位置更新率结构体

配置位置更新率结构体 SkyTra_PosRate 共有 7 个成员变量，分别是：启动序列、有效数据长度、命令识别 ID、位置更新率、命令存放位置、校验值和结束符。配置位置更新率结构体 SkyTra_PosRate 定义如下：

```
/***************************************************
嵌入式应用技术
STM32 串口应用
配置位置更新率结构体定义
江苏电子信息职业学院
***************************************************/
//SkyTra S1216F8 配置位置更新率结构体
1. typedef struct
2. {
3.     u16 sos;             //启动序列，固定为 0XA0A1
4.     u16 PL;              //有效数据长度 0X0003;
5.     u8 id;               //ID，固定为 0X0E
6.     u8 rate;             //取值范围：1，2，4，5，8，10，20，25，40，50
7.     u8 Attributes;
8.     u8 CS;               //校验值
9.     u16 end;             //结束符：0X0D0A
10. } SkyTra_PosRate;
```

（8）输出脉冲（PPS）宽度配置结构体

输出脉冲（PPS）宽度配置结构体 SkyTra_pps_width 共有 8 个成员变量，分别是：启动序列、有效数据长度、命令识别 ID、命令子 ID、脉冲宽度（ms）、命令存放位置、校验值和结束符。输出脉冲（PPS）宽度配置结构体 SkyTra_pps_width 定义如下：

```
/***********************************************
嵌入式应用技术
STM32 串口应用
输出脉冲（PPS）宽度配置结构体定义
江苏电子信息职业学院
***********************************************/
//SkyTra S1216F8 配置输出脉冲（PPS）宽度结构体
1. typedef struct
2. {
3.     u16 sos;
4.     u16 PL;
5.     u8 id;
6.     u8 Sub_ID;
7.     u32 width;
8.     u8 Attributes;
9.     u8 CS;
10.    u16 end;
11. }SkyTra_pps_width;
```

（9）模块应答结构体

模块应答结构体 SkyTra_ACK 共有 6 个成员变量，分别是：启动序列、有效数据长度、命令识别 ID、应答 ID、校验值和结束符。模块应答结构体 SkyTra_ACK 定义如下：

```
/***********************************************
嵌入式应用技术
STM32 串口应用
模块应答结构体定义
江苏电子信息职业学院
***********************************************/
//SkyTra S1216F8 ACK 结构体
1. typedef struct
2. {
3.     u16 sos;          //启动序列，固定为 0XA0A1
4.     u16 PL;           //有效数据长度为 0X0002;
5.     u8 id;            //ID，固定为 0X83
6.     u8 ACK_ID;
7.     ACK message
8.     u8 CS;            //校验值
9.     u16 end;          //结束符
10. }SkyTra_ACK;
```

（10）模块非应答结构体

模块非应答结构体 SkyTra_NACK 共有 6 个成员变量，分别是：启动序列、有效数据长度、命令识别 ID、非应答 ID、校验值和结束符。模块非应答结构体 SkyTra_NACK 定义如下：

```
/**************************************************
嵌入式应用技术
STM32 串口应用
模块非应答结构体定义
江苏电子信息职业学院
作者:df
**************************************************/
//SkyTra S1216F8 NACK 结构体
1. typedef struct
2. {
3.    u16 sos;         //启动序列, 固定为 0XA0A1
4.    u16 PL;          //有效数据长度为 0X0002;
5.    u8 id;           //ID, 固定为 0X84
6.    u8 NACK_ID;
7.    u8 CS;           //校验值
8.    u16 end;         //结束符
9. } SkyTra_NACK;
```

(11) 协议信息处理函数声明

北斗模块协议信息处理用到 15 个主要函数, 它们的主要功能是: 从接收缓冲区里得到第 x 个逗号所在的位置、计算 m 的 n 次幂、字符串转换成数字、GPGSV 信息分析、BDGSV 信息分析、GNGGA 信息分析、GNGSA 信息分析、GNRMC 信息分析、GNVTG 信息分析、NMEA - 0183 协议信息提取、检查 CFG 执行情况、GPS/北斗模块波特率配置、GPS/北斗模块 PPS 脉冲宽度配置、数据更新频率设置和设置参数发送模块。协议信息处理函数声明如下:

```
/**************************************************
嵌入式应用技术
STM32 串口应用
协议信息处理函数声明
江苏电子信息职业学院
作者:df
**************************************************/
1. u8  NMEA_Comma_Pos(u8 *buF,u8 cx);
2. u32 NMEA_Pow(u8 m,u8 n);
3. int NMEA_Str2num(u8 *buF,u8 dx);
4. void NMEA_GPGSV_Analysis(nmea_msg *gpsx,u8 *buF);
5. void NMEA_BDGSV_Analysis(nmea_msg *gpsx,u8 *buF);
6. void NMEA_GNGGA_Analysis(nmea_msg *gpsx,u8 *buF);
7. void NMEA_GNGSA_Analysis(nmea_msg *gpsx,u8 *buF);
8. void NMEA_GNRMC_Analysis(nmea_msg *gpsx,u8 *buF);
9. void NMEA_GNVTG_Analysis(nmea_msg *gpsx,u8 *buF);
10. void GPS_Analysis(nmea_msg *gpsx,u8 *buF);
11. u8 SkyTra_Cfg_Ack_Check(void);
12. u8 SkyTra_Cfg_Prt(u8 baud_id);
13. u8 SkyTra_Cfg_Tp(u32 width);
14. u8 SkyTra_Cfg_Rate(u8 Frep);
15. void SkyTra_Send_Date(u8 *dbuF,u16 len);
16. void GPS_Analysis(nmea_msg *gpsx,u8 *buF);
```

BD. C 和 BD. H 共同构成 BD 信息处理程序模块，BD. H 是 BD. C 的头文件。BD. C 文件具体内容如下：

（1）命令帧中逗号位置查找程序

北斗模块和 GPS 模块的命令帧中不同字段以逗号隔开，如果想从命令帧中提取某条信息，首先要知道这条信息在命令帧中第几个逗号的后面，然后通过算法得到这个逗号在接收缓存 buF 里的位置，接下来就可以从 buF 里面读取信息了，直到遇到下 1 个逗号之前，都是所需要的信息。可见，从 buF 里面得到某个序号的逗号所在位置，是提取信息的关键。通过函数 NMEA_Comma_Pos 来完成这个功能。调用该函数的程序如下：

```
/*********************************************
嵌入式应用技术
STM32 串口应用
命令帧中逗号位置查找程序
江苏电子信息职业学院
*********************************************/
1. const u32 BAUD_id[9]={4800,9600,19200,38400,57600,115200,230400,460800,921600};
2. u8 NMEA_Comma_Pos(u8 *buF,u8 cx)
3. {
4.     u8 *p=buF;
5.     while(cx)
6.     {
7.         if(*buF=='*'|| *buF<' '|| *buF>'z')return 0XFF;//遇到'*'或者非法字符,则不存在第 cx 个
                                                          逗号
8.         if(*buF==',')cx--;
9.         buF++;
10.    }
11.    return buF-p;
12. }
```

NMEA_Comma_Pos 函数的返回值即是要找的逗号在 buF 数组中的偏移地址，取值范围是 0~254，如果函数返回值是 255，则表示没找到要找的逗号。NMEA_Comma_Pos 函数有两个参数，1 个参数是指针变量 *buF，传递的是存放 GPS/北斗模块协议信息数组的首地址，另 1 个参数 cx 传递的是要找的逗号在命令帧中的序号。

（2）幂运算程序

NMEA_Pow 函数的功能是计算整数 m 的 n 次幂。该函数有两个参数，m 用来传递底数，n 用来传递指数，返回值即为 m 的 n 次幂。具体实现程序如下：

```
/*********************************************
嵌入式应用技术
STM32 串口应用
幂运算程序
江苏电子信息职业学院
*********************************************/
1. u32 NMEA_Pow(u8 m,u8 n)
2. {
3.     u32 result=1;
4.     while(n--)result *=m;
5.     return result;
6. }
```

（3）波特率配置程序

SkyTra_Cfg_Prt 函数的作用是根据形参 baud_id 的值配置模块的波特率。具体实现程序如下：

```
/*********************************************
  嵌入式应用技术
  STM32 串口应用
  波特率配置程序
  江苏电子信息职业学院
  *********************************************/
1. u8 SkyTra_Cfg_Prt( u8 baud_id)
2. {
3.     SkyTra_baudrate * cfg_prt=( SkyTra_baudrate * )USART3_TX_B MF ;
4.     cfg_prt->sos=0XA1A0;
5.     cfg_prt->PL=0X0400;
6.     cfg_prt->id=0X05;
7.     cfg_prt->com_port=0X00;
8.     cfg_prt->Baud_id=baud_id;
9.     cfg_prt->Attributes=1;
10.    cfg_prt->CS=cfg_prt->id^cfg_prt->com_port^cfg_prt->Baud_id^cfg_prt->Attributes;
11.    cfg_prt->end=0X0A0D;
12. SkyTra_Send_Date(( u8 * )cfg_prt,sizeof( SkyTra_baudrate));
13. delay_ms( 200);
14.    usart3_init( BAUD_id[ baud_id]);
15.    return SkyTra_Cfg_Ack_Check( );
16. }
```

Baud_id 的值与波特率的对应关系如表 4-31 所示。

使用 SkyTra_Cfg_Prt 函数进行波特率配置程序流程如图 4-25 所示。

表 4-31 Baud_id 的值与波特率的对应关系

Baud_id 的值	波特率/(bit/s)	Baud_id 的值	波特率/(bit/s)
0	4800	5	115200
1	9600	6	230400
2	19200	7	460800
3	38400	8	921600
4	57600		

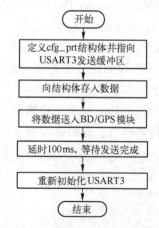

图 4-25 波特率配置程序流程图

（4）字符串转数字程序

字符串转数字程序流程如图 4-26 所示。

GPS/北斗模块信息是以字符串形式发送和接收的，某些数值需要计算的时候，要先把字符串转换成数字。NMEA_Str2num 函数的功能就是把字符串转换成数字。函数有两个入口参数，＊buF 是指针变量，在程序调用时传入字符串数组的起始地址；＊dx 是小数点位数，程序调用时给该函数发送小数点位数变量的地址；函数返回值是转换后的数值。例如：字符串"123.456"，经过此函数转换后，返回值是浮点数的 123.456，小数点位数是 3。该程序下：

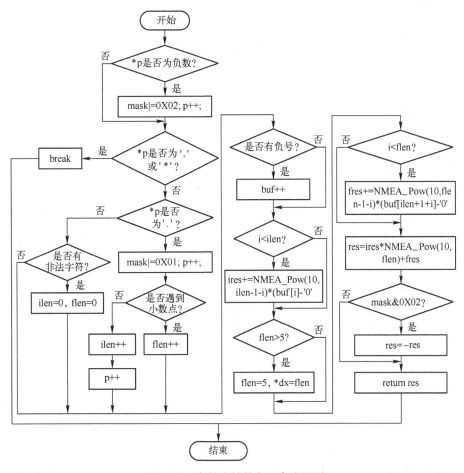

图 4-26 字符串转数字程序流程图

```
/ *******************************************
  嵌入式应用技术
  STM32 串口应用
  字符串转数字程序
  江苏电子信息职业学院
  ******************************************* /
1. int NMEA_Str2num( u8 * buF, u8 * dx)
2. {
3.     u8  * p = buF;
4.     u32 ires = 0, fres = 0;
5.     u8 ilen = 0, flen = 0, i;
6.     u8 mask = 0;
7.     Int res;
8.     while(1)
9.     {
```

```
10.        if( * p=='-'){mask|=0X02;p++;}
11.        if( * p==','||( * p==' * '))break;
12.        if( * p=='.'){mask|=0X01;p++;}
13.        else if( * p>'9'||( * p<'0'))
14.        {
15.            ilen=0;
16.            flen=0;
17.            break;
18.        }
19.        if(mask&0X01) flen++;
20.        else ilen++;
21.        p++;
22.    }
23.    if(mask&0X02) buF++;
24.    for(i=0;i<ilen;i++)
25.    {
26.        ires+=NMEA_Pow(10,ilen-1-i) * (buF[i]-'0');
27.    }
28.    if(flen>5) flen=5;
29.     * dx=flen;
30.    for(i=0;i<flen;i++)
31.    {
32.     fres+=NMEA_Pow(10,flen-1-i) * (buF[ilen+1+i]-'0');
33.    }
34.    res=ires * NMEA_Pow(10,flen)+fres;
35.    if(mask&0X02) res=-res;
36.    return res;
37. }
```

说明：

第 3 行~第 7 行，定义程序中用到的局部变量，并初始化；

第 8 行~第 22 行，这个 while 循环执行完成后，得到整数位和小数点位数的长度及数值是正数还是负数；

第 10 行，判断数据是不是负数，如果是，符号标志位置位（mask 变量的 bit1 为数字的符号位）；

第 11 行，判断字符串是否结束，如果结束，则跳出 while 循环；

第 12 行，判断字符是不是小数点，如果是，mask 变量的 bit0 置 1，标记已经遇到小数点了；

第 13 行~第 18 行，判断字符是否为非法字符，如果是，整数和浮点数长度变量赋值为 0；

第 19 行~第 21 行，判断是否已经遇到了小数点，如果已经遇到，则小数点位数值加 1 并保存在 flen 变量中，如果未遇到小数点则整数位数加 1，并保存在 ilen 变量中；

第 23 行~第 34 行，计算数值和小数点位数，数值保存在 res 变量中，小数点位数保存在 flen 变量中，最终返回给调用函数；

第 23 行，去掉负数的符号位 '-'；

第 24 行~第 27 行，根据整数位长度值（ilen 的值），计算出整数值；

第 28 行和第 29 行，对小数点位数长度进行处理，当小数点位数长度值大于 5 时，长度值赋值为 5，小于 5 时，直接返回给被调用函数；

第 30 行和第 33 行，根据小数点位数长度值（flen 的值）计算小数点位数部分的数值；

第 31 行，把整数位数值和小数点位数的数值合并在一起；

第 32 行，计算结果加上符号位；

第 33 行，将数值返回给调用函数。

（5）GNGGA 信息分析

GPS/北斗模块定位信息中最大帧长度为 72 B。GNGGA 信息分析函数的作用是分析 GNGGA 命令帧信息，获取 GPS 状态、用于定位的卫星数和海拔高度。函数名：NMEA_ GNGGA_Analysis，入口参数：nmea_msg 信息结构体，buF 表示接收到的 GPS 数据缓冲区的首地址。该程序如下：

```
/*****************************************************
嵌入式应用技术
STM32 串口应用
GNGGA 信息分析程序
江苏电子信息职业学院
*****************************************************/
1.  void NMEA_GNGGA_Analysis(nmea_msg * gpsx,u8 * buF)
2.  {
3.      u8 * p1,dx;
4.      u8 posx;
5.      p1 = (u8 * ) strstr((const char * )buF,"$GNGGA");
6.      posx = NMEA_Comma_Pos(p1,6);
7.      if(posx! = 0xFF) gpsx->gpssta = NMEA_Str2num(p1+posx,&dx);
8.      posx = NMEA_Comma_Pos(p1,7);
9.      if(posx! = 0xFF) gpsx->posslnum = NMEA_Str2num(p1+posx,&dx);
10.     posx = NMEA_Comma_Pos(p1,9);          //得到海拔高度
11.     if(posx! = 0xFF) gpsx->altitude = NMEA_Str2num(p1+posx,&dx);
12. }
```

以 $GNGGA,161206. 200,3333. 1172,N,11902. 6078,E,1,11,2. 3,30. 4,M,0. 9,M,,0000 * 4A 数据帧为例对函数 NMEA_GNGGA_Analysis 说明如下：

第 3 行和第 4 行，定义程序执行过程用到的局部变量，并初始化；

第 5 行，通过调用 strstr() 函数，返回 buF[] 中第 1 次出现的字符串 "$GNGGA" 的地址，相当于在 buF[] 找到 $GNGGA 命令帧的起始地址，并返回给指针变量 p1，随后 $GNGGA 命令帧信息处理都以这个地址为基准，计算地址偏移；

第 6 行，通过对 $GNGGA 命令帧格式的解析，知道 GPS 状态数据在第 6 个逗号的后面，通过调用 NMEA_Comma_Pos 函数获取第 6 个逗号在 p1 数组中的偏移地址；

第 7 行，判断第 6 个逗号在 p1 数组中的偏移地址，如果不为 0xFF，则调用 NMEA_ Str2num 函数把卫星状态信息由字符串转换为数值，这里得到数值 1，并赋值给卫星状态结构体 gpsx 的 gpssta 成员变量；

第 8 行，通过对 $GNGGA 命令帧格式的解析，知道 GPS 用于定位的卫星数量信息在第 7 个逗号的后面，通过调用 NMEA_Comma_Pos 函数获取第 7 个逗号在 p1 数组中的偏移地址；

第 9 行，判断第 7 个逗号在 p1 数组中的偏移地址，如果不为 0xFF，则调用 NMEA_ Str2num 函数把用于定位的卫星数量由字符串转换为数值，这里得到数值 11，并赋值给卫星状

态结构体 gpsx 的 posslnum 成员变量;

第 10 行,通过对 $GNGGA 命令帧格式的解析,知道 GPS 海拔高度信息在第 9 个逗号的后面,通过调用 NMEA_Comma_Pos 函数获取第 9 个逗号在 p1 数组中的偏移地址;

第 11 行,判断第 9 个逗号在 p1 数组中的偏移地址,如果不为 0xFF,则调用 NMEA_Str2num 函数把海拔高度由字符串转换为数值,这里得到数值 30.4,并赋值给卫星状态结构体 gpsx 的 altitude 成员变量;

至此,就完成了 GNGGA 命令帧的 GPS 状态、用于定位的卫星数和海拔高度信息的分析。如果想要分析 $GNGGA 命令帧中的其他信息,可采用同样的方法。

(6) GNGSA 信息分析

当前卫星信息中最大帧长度为 65 B。GNGSA 信息分析函数的作用是分析 GNGSA 命令帧信息,获取 GPS 当前卫星信息:定位类型、定位卫星编号、综合位置精度因子 PDOP、水平精度因子 HDOP 和垂直精度因子 VDOP。函数名:NMEA_GNGSA_Analysis,入口参数:nmea_msg 结构体,buF:接收到的 GPS 数据缓冲区首地址。该程序如下:

```
/*******************************************
嵌入式应用技术
STM32 串口应用
GNGSA 信息分析
江苏电子信息职业学院
作者:df
********************************************/
//分析 GNGSA 信息
//gpsx:nmea_msg 信息结构体
//buF:接收到的 GPS 数据缓冲区首地址
1. void NMEA_GNGSA_Analysis(nmea_msg * gpsx,u8 * buF)
2. {
3.      u8  * p1,dx;
4.      u8 posx;
5.   u8 i;
6.      p1=(u8 *)strstr((const char *)buF,"$GNGSA");
7.      posx=NMEA_Comma_Pos(p1,2);
8.      if(posx! =0xFF)gpsx->fixmode=NMEA_Str2num(p1+posx,&dx);
9.      for(i=0;i<12;i++)
10.     {
11.         posx=NMEA_Comma_Pos(p1,3+i);
12.         if(posx! =0xFF)gpsx->possl[i]=NMEA_Str2num(p1+posx,&dx);
13.         else break;
14.     }
15.     posx=NMEA_Comma_Pos(p1,15);
16.     if(posx! =0xFF)gpsx->pdop=NMEA_Str2num(p1+posx,&dx);
17.     posx=NMEA_Comma_Pos(p1,16);
18.     if(posx! =0xFF)gpsx->hdop=NMEA_Str2num(p1+posx,&dx);
19.     posx=NMEA_Comma_Pos(p1,17);
20.     if(posx! =0xFF)gpsx->vdop=NMEA_Str2num(p1+posx,&dx);
21. }
```

以 $GNGSA,A,3,21,17,01,08,19,14,03,30,07,,,,2.7,2.3,1. 4*2B 命令帧为例,对函数 NMEA_GNGSA_Analysis 说明如下:

第3行~第5行，定义程序执行过程中用到的局部变量，并初始化；

第6行，通过调用strstr()函数，返回buF[ ]中第1次出现字符串"$GNGSA"的地址，相当于在buF[ ]中找到$GNGSA命令帧的起始地址，并返回给指针变量p1，随后$GNGSA命令帧信息处理都以这个地址为基准，计算地址偏移。

第7行，通过对$GNGSA命令帧格式的解析，知道GPS定位类型在第2个逗号的后面，通过调用NMEA_Comma_Pos函数获取第2个逗号在p1数组中的偏移地址；

第8行，判断第2个逗号在p1数组中的偏移地址，如果不为0xFF，则调用NMEA_Str2num函数把定位类型信息由字符串转换为数值，这里得到数值3，即定位模式为"3D"，并赋值给卫星状态结构体gpsx的fixmode的成员变量；

第9行~第14行，通过对$GNGSA命令帧格式的解析，知道GPS用于定位的卫星编号在第3个逗号开始的连续12个逗号的后面，通过for循环最多获取12颗用于定位的卫星编号，保存在gpsx结构体的possl成员变量（possl是1个数组）中。

第15行和第16行，获取综合位置精度因子PDOP，并转换成数值，这里是2.7，保存在gpsx结构体的pdop成员变量中，PDOP数值越小，说明综合位置定位精度越高；

第17行和第18行，获取水平精度因子HDOP，并转换成数值，这里是2.3，保存在gpsx结构体的hdop成员变量中，HDOP数值越小，说明水平位置定位精度越高；

第19行和第20行，获取垂直精度因子VDOP，并转换成数值，这里是1.4，保存在gpsx结构体的vdop成员变量中，VDOP数值越小，说明垂直位置定位精度越高。

（7）GPGSV信息分析

GPS可见卫星数中最大帧长度为210B。GPGSV信息分析函数的作用是分析GPGSV命令帧信息，获取GPS可见卫星数。通过分析GPGSV命令帧信息，可获取GPGSV命令帧条数、可见卫星总数、卫星编号、卫星仰角、卫星方位角和信噪比。函数名：NMEA_GPGSV_Analysis，入口参数：nmea_msg结构体，buF：接收到的GPS数据缓冲区首地址。该程序如下：

```
/**********************************************
嵌入式应用技术
STM32串口应用
GPGSV信息分析程序
江苏电子信息职业学院
**********************************************/
1. void NMEA_GPGSV_Analysis(nmea_msg * gpsx,u8 * buF)
2. {
3.     u8 * p, * p1,dx;
4.     u8 len,i,j,slx=0;
5.     u8 posx;
6.     p=buF;
7.     p1=(u8 * )strstr((const char * )p,"$GPGSV");
8.     len=p1[7]-'0';
9.     posx=NMEA_Comma_Pos(p1,3);
10. if(posx! =0xFF)gpsx->svnum=NMEA_Str2num(p1+posx,&dx);
11.     for(i=0;i<len;i++)
12.     {
13.         p1=(u8 * )strstr((const char * )p,"$GPGSV");
14.         for(j=0;j<4;j++)
```

```
15.        {
16.            posx=NMEA_Comma_Pos(p1,4+j*4);
17.            if(posx!=0xFF)gpsx->slmsg[slx].num=NMEA_Str2num(p1+posx,&dx);
18.            else break;
19.            posx=NMEA_Comma_Pos(p1,5+j*4);
20.            if(posx!=0xFF)gpsx->slmsg[slx].eledeg=NMEA_Str2num(p1+posx,&dx);角
21.            else break;
22.            posx=NMEA_Comma_Pos(p1,6+j*4);
23.            if(posx!=0xFF)gpsx->slmsg[slx].azideg=NMEA_Str2num(p1+posx,&dx);
24.            else break;
25.            posx=NMEA_Comma_Pos(p1,7+j*4);
26.            if(posx!=0xFF)gpsx->slmsg[slx].sn=NMEA_Str2num(p1+posx,&dx);
27.            else break;
28.            slx++;
29.        }
30.    p=p1+1;//切换到下一个GPGSV信息
31.    }
32. }
```

以下面一组 GPGSV 命令帧为例，对函数 NMEA_GPGSV_Analysis 说明如下：

$GPGSV,4,1,13,08,71,007,39,195,70,109,07,194,68,091,,07,52,307,38*7D
$GPGSV,4,2,13,21,49,157,21,27,41,040,35,16,30,080,32,01,25,179,23*74
$GPGSV,4,3,13,30,22,316,33,09,21,238,20,04,12,203,29,193,02,162,*4B
$GPGSV,4,4,13,26,01,101,04*4A

第 3 行~第 6 行，定义程序执行过程中用到的局部变量，并初始化；

第 7 行和第 8 行，得到 GPGSV 命令帧条数，这里是 4，说明共有 4 条 GPGSV 命令帧；

第 9 行和第 10 行，得到卫星总数，这里是 13，转成数值后，保存在 gpsx 结构体的 svnum 成员变量中；

第 11 行~第 31 行，根据获取的命令帧条数，使用 for 循环逐条分析卫星编号、卫星仰角、卫星方位角和信噪比信息，保存在 gpsx 结构体对应的成员变量中；

结合示例，通过对 GPGSV 命令帧的分析可知：共有 4 条 GPGSV 命令帧、卫星总数为 13（第 1 条~第 3 条 GPGSV 命令帧中各包含 4 颗卫星信息，加上第 4 条包含的 1 颗卫星信息，共 13 颗卫星）。根据命令帧信息分析，可以得到每颗卫星的编号、仰角、方位角和信噪比信息，此处不再赘述。

（8）BDGSV 信息分析

北斗可见卫星数中最大帧长度为 210 B。BDGSV 信息分析函数的作用是分析 BDGSV 命令帧信息，获取北斗可见卫星数。通过分析 BDGSV 命令帧信息，可获取 BDGSV 命令帧条数、可见卫星总数、卫星编号、卫星仰角、卫星方位角和信噪比。函数名：NMEA_BDGSV_Analysis，入口参数：nmea_msg 结构体，buF：接收到的北斗数据缓冲区首地址。该程序如下：

```
/*************************************************
嵌入式应用技术
STM32串口应用
BDGSV信息分析程序
江苏电子信息职业学院
```

```
    ****************************************************/
1. void NMEA_BDGSV_Analysis( nmea_msg * gpsx,u8 * buF)
2. {
3.     u8 * p, * p1,dx;
4.     u8 len,i,j,slx=0;
5.     u8 posx;
6.     p=buF;
7.     p1=(u8 * )strstr((const char * )p,"$BDGSV");
8.     len=p1[7]-'0';
9.     posx=NMEA_Comma_Pos(p1,3);
10.    if(posx! =0XFF)gpsx->beidou_svnum=NMEA_Str2num(p1+posx,&dx);
11.    for(i=0;i<len;i++)
12.    {
13.        p1=(u8 * )strstr((const char * )p,"$BDGSV");
14.        for(j=0;j<4;j++)
15.        {
16.            posx=NMEA_Comma_Pos(p1,4+j * 4);
17.            if(posx! =0XFF)gpsx->beidou_slmsg[slx]. beidou_num=NMEA_Str2num(p1+posx,&dx);
18.            else break;
19.            posx=NMEA_Comma_Pos(p1,5+j * 4);
20.            if(posx! =0XFF)gpsx->beidou_slmsg[slx]. beidou_eledeg=NMEA_Str2num(p1+posx,&dx);
21.            else break;
22.            posx=NMEA_Comma_Pos(p1,6+j * 4);
23.            if(posx! =0XFF)gpsx->beidou_slmsg[slx]. beidou_azideg=NMEA_Str2num(p1+posx,&dx);
24.            else break;
25.            posx=NMEA_Comma_Pos(p1,7+j * 4);
26.            if(posx! =0XFF)gpsx->beidou_slmsg[slx]. beidou_sn=NMEA_Str2num(p1+posx,&dx);
27.            else break;
28.            slx++;
29.        }
30.        p=p1+1;
31.    }
32. }
```

下面以一组 BDGSV 命令帧为例，对函数 NMEA_BDGSV_Analysis 说明如下：

$BDGSV,3,1,12,207,83,005,25,210,69,321,28,229,62,012,,203,50,195, * 64

第 3 行~第 6 行，定义程序执行过程中用到的局部变量，并初始化；

第 7 行和第 8 行，得到 BDGSV 命令帧条数，这里是 3，说明有 3 条 GPGSV 命令帧；

第 9 行和第 10 行，得到卫星总数，这里是 12，转成数值后，保存在 gpsx 结构体的 beidou_svnum 成员变量中；

第 11 行~第 31 行，根据获取的命令帧条数，使用 for 循环逐条分析卫星编号、卫星仰角、卫星方位角和信噪比信息，保存在 gpsx 结构体对应的成员变量中；

结合示例，通过对 BDGSV 命令帧的分析可知：共有 3 条 BDGSV 命令帧、卫星总数为 12（第 1 条~第 3 条 BDGSV 命令帧中各包含 4 颗卫星信息，共 12 颗卫星）。根据命令帧信息分析，可以很方便地得到每颗卫星的编号、仰角、方位角和信噪比信息，在此不再赘述。

（9）GNRMC 信息分析

推荐定位信息中最大帧长度为 70 B。函数的作用是分析 GNRMC 命令帧信息，获取 UTC 时间、定位状态、纬度（南、北）、经度（东、西）、地面速率、地面航向、UTC日期、磁偏角、磁偏角方向和模式指示。函数名：NMEA_GNRMC_Analysis，入口参数：nmea_msg结构体，buF：接收到的GPS数据缓冲区首地址。

GNRMC信息分析程序如下：

```
/***********************************************
嵌入式应用技术
STM32 串口应用
GNRMC 信息分析程序
江苏电子信息职业学院
***********************************************/
1.  void NMEA_GNRMC_Analysis(nmea_msg * gpsx,u8 * buF)
2.  {
3.       u8 * p1,dx;
4.       u8 posx;
5.       u32 temp;
6.       float rs;
7.       p1=(u8 * )strstr((const char * )buF,"$GNRMC");/
8.       posx=NMEA_Comma_Pos(p1,1);
9.       if(posx! =0XFF)
10.      {
11.          temp=NMEA_Str2num(p1+posx,&dx)/NMEA_Pow(10,dx);
12.          gpsx->utc. hour=temp/10000;
13.          gpsx->utc. min=(temp/100)%100;
14.          gpsx->utc. sec=temp%100;
15.      }
16.      posx=NMEA_Comma_Pos(p1,3);
17.      if(posx! =0XFF)
18.      {
19.          temp=NMEA_Str2num(p1+posx,&dx);
20.          gpsx->latitude=temp/NMEA_Pow(10,dx+2);
21.          rs=temp%NMEA_Pow(10,dx+2);
22.          gpsx->latitude=gpsx->latitude * NMEA_Pow(10,5) +(rs * NMEA_Pow(10,5-dx))/60;
23.      }
24.      posx=NMEA_Comma_Pos(p1,4);
25.      if(posx! =0XFF)gpsx->nshemi = * (p1+posx);
26.      posx=NMEA_Comma_Pos(p1,5);
27.      if(posx! =0XFF)
28.      {
29.          temp=NMEA_Str2num(p1+posx,&dx);
30.          gpsx->longitude=temp/NMEA_Pow(10,dx+2);
31.          rs=temp%NMEA_Pow(10,dx+2);
32.          gpsx->longitude=gpsx->longitude * NMEA_Pow(10,5) +(rs * NMEA_Pow(10,5-dx))/60;//转换为°
33.      }
34.      posx=NMEA_Comma_Pos(p1,6);
35.      if(posx! =0XFF)gpsx->ewhemi = * (p1+posx);
36.      posx=NMEA_Comma_Pos(p1,9);
37.      if(posx! =0XFF)
38.      {
```

```
39.          temp = NMEA_Str2num(p1+posx,&dx);
40.          gpsx->utc. date = temp/10000;
41.          gpsx->utc. month = (temp/100)%100;
42.          gpsx->utc. year = 2000+temp%100;
43.      }
```

下面以 $GNRMC,161207.000,A,3333.1172,N,11902.6078,E,000.0,357.3,271121,,,A *
70 数据帧为例,对函数 NMEA_GNRMC_Analysis 说明如下:

第 3 行~第 6 行,定义程序执行过程中用到的局部变量,并初始化;

第 7 行,通过调用 strstr() 函数,返回 buF[] 中第 1 次出现的字符串 "$GNRMC" 的地址,相当于在 buF[] 中找到 $GNRMC 命令帧的起始地址,并返回给指针变量 p1,随后 $GNRMC 命令帧信息处理都以这个地址为基准,计算地址偏移。

第 8 行,通过对 $GNRMC 命令帧格式的解析,知道 UTC 时间在第 1 个逗号的后面,通过调用 NMEA_Comma_Pos 函数获取第 1 个逗号在 p1 数组中的偏移地址;

第 9 行~第 15 行,判断第 1 个逗号在 p1 数组中的偏移地址,如果不为 0XFF,则调用 NMEA_Str2num 函数和 NMEA_Pow 函数把 UTC 时间信息由字符串转换为数值,去掉 ms,然后把时、分、秒分别保存到 gpsx 结构体的 utc. hour,utc. minute 和 utc. second 成员变量中;

第 16 行~第 23 行,获取纬度字符串并计算出纬度数值,单位为度,存放在 gpsx 结构体的 latitude 成员变量中;

第 24 行和第 25 行,获取南纬或北纬字符串并转换成数值,存放在 gpsx 结构体的 nshemi 成员变量中;

第 26 行和第 33 行,获取经度字符串并计算出经度数值,单位为度,存放在 gpsx 结构体的 longitude 成员变量中;

第 34 行和第 35 行,获取西经、东经字符串并转换成数值,存放在 gpsx 结构体的 ewhemi 成员变量中;

第 36 行和第 43 行,获取 UTC 日期,并转换成数值,保存到 gpsx 结构体的 utc. year,utc. month 和 utc. day 成员变量中;

至此,就完成了 GNRMC 命令帧信息的分析。

(10) GNVTG 信息分析

地面速度信息中最大帧长度为 34 B。GNVTG 信息分析函数的作用是分析 GNVTG 命令帧信息,获取地面速度。函数名:NMEA_GNVTG_Analysis,入口参数:nmea_msg 结构体,buF:接收到的 GPS 数据缓冲区首地址。GNVTG 信息分析程序流程如图 4-27 所示:

该程序如下:

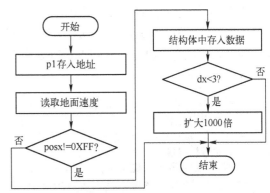

图 4-27 GNVTG 信息分析程序流程图

```
/********************************************************
嵌入式应用技术
STM32 串口应用
GNVTG 信息分析程序
```

```
    江苏电子信息职业学院
    ****************************************/
1.  void NMEA_GNVTG_Analysis( nmea_msg * gpsx,u8 * buF)
2.  {
3.      u8 * p1,dx;
4.      u8 posx;
5.      p1 = ( u8 * )strstr( ( const char * )buF,"$GNVTG" );
6.      posx = NMEA_Comma_Pos( p1,7);
7.      if( posx! = 0XFF)
8.      {
9.          gpsx->speed = NMEA_Str2num( p1+posx,&dx);
10.         if( dx<3) gpsx->speed * = NMEA_Pow( 10,3-dx);
11.     }
12. }
```

下面以 $GNVTG, 357.3, T, , M, 000.0, N, 000.0, K, A * 11 为例，对函数 NMEA_GNVTG_ Analysis 说明如下：

第 3 行和第 4 行，定义程序执行过程中用到的局部变量，并初始化；

第 5 行，通过调用 strstr( )函数，返回 buF[ ]中第 1 次出现字符串 "$GNVTG" 的地址，相当于在 buF[ ]中找到$GNVTG 命令帧的起始地址，并返回给指针变量 p1，随后$GNVTG 命令帧信息处理都以这个地址为基准，计算地址偏移；

第 6 行，通过对$GNVTG 命令帧格式的解析，知道地面速度在第 7 个逗号的后面，通过调用 NMEA_Comma_Pos 函数获取第 7 个逗号在 p1 数组中的偏移地址；

第 7 行~第 11 行，判断第 7 个逗号在 p1 数组中的偏移地址，如果不为 0xFF，则调用 NMEA_Str2num 函数获取并计算地面速度，单位为 km/h，结果存放在 gpsx 结构体的 speed 成员变量中。

至此，$GNVTG 命令帧信息解析完成。

（11）CFG 执行情况检查程序

调用 SkyTra_Cfg_Ack_Check 函数进行 CFG 执行情况检查程序的功能是检查 CFG 配置执行情况。程序返回值：0 表示执行成功；1 表示接收超时错误；2 表示没有找到同步字符；3 表示接收到 NACK 应答。CFG 执行情况检查程序流程如图 4-28 所示。

该程序如下：

```
/ ************************************************
    嵌入式应用技术
    STM32 串口应用
    CFG 执行情况检查程序
    江苏电子信息职业学院
    ************************************************/
1.  u8 SkyTra_Cfg_Ack_Check( void)
2.  {
3.      u16 len = 0,i;
4.      u8 rval = 0;
5.      while( ( USART3_RX_STA&0X8000) = = 0 && len<100)        //等待接收应答
6.      {
7.          len++;
```

```
8.          delay_ms(5);
9.      }
10. if(len<100)                                    //超时错误
11.     {
12.         len=USART3_RX_STA&0X7FFF;              //此次接收数据的长度
13.         for(i=0;i<len;i++)
14.         {
15.             if(USART3_RX_BUF[i]==0X83) break;
16.             else if(USART3_RX_BUF[i]==0X84)
17.             {
18.                 rval=3;
19.                 break;
20.             }
21.         }
22.         if(i==len)rval=2;                      //没有找到同步字符
23. }else rval=1;                                  //接收超时错误
24. USART3_RX_STA=0;                               //清除接收
25. return rval;
26. }
```

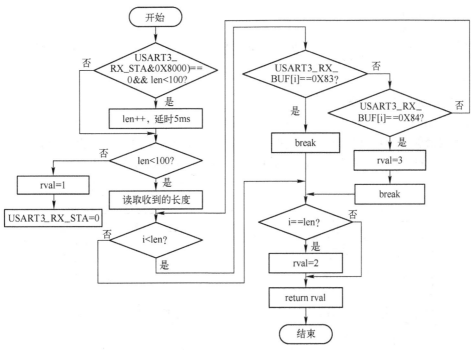

图 4-28   CFG 执行情况检查程序流程图

（12）PPS 脉冲宽度设置

调用 SkyTra_Cfg_Tp 函数的 PPS 脉宽设置主要用于设置北斗模块的脉冲输出引脚 PPS 的脉冲宽度，该模块的 PPS 引脚，可以输出时钟脉冲，默认是 1 Hz，时钟脉冲的占空比可以设置为 0~10%，模块默认占空比是 10%。

PPS 脉冲宽度设置程序流程如图 4-29 所示。

该程序如下：

```
/*******************************************************
嵌入式应用技术
STM32 串口应用
PPS 脉冲宽度设置
江苏电子信息职业学院
********************************************************/
1. u8 SkyTra_Cfg_Tp( u32 width)
2. {
3.      u32 temp = width;
4.      SkyTra_pps_width * cfg_tp = ( SkyTra_pps_width * ) USART3_TX_B MF;
5. temp = ( width >> 24 ) | ( ( width >> 8 ) &0X0000FF00) | ( ( width << 8 ) &0X00FF0000) | ( ( width << 24 )
&0XFF000000);
6.      cfg_tp->sos = 0XA1A0;                //启动序列, 固定为 0XA0A1
7.      cfg_tp->PL = 0X0700;                //ID, 固定为 0X0E
8.      cfg_tp->id = 0X65;                   //cfg tp id
9.      cfg_tp->Sub_ID = 0X01;              //数据区长度为 20 个字节
10.     cfg_tp->width = temp;               //脉冲宽度, μs
11.     cfg_tp->Attributes = 0X01;          //保存到 SRAM&FLASH
12. cfg_tp->CS = cfg_tp->id^cfg_tp->Sub_ID^( cfg_tp->width>>24) ^( cfg_tp->width>>16) &0XFF^( cfg_tp->
width>>8) &0XFF^cfg
13. _tp->width&0XFF^cfg_tp->Attributes;     //用户延时为 0ns
14. cfg_tp->end = 0X0A0D;                    //发送结束符( 小端模式)
15. SkyTra_Send_Date( ( u8 * ) cfg_tp, sizeof( SkyTra_pps_width) );  //发送数据给 NEO-6M
16. return SkyTra_Cfg_Ack_Check( );
17. }
```

（13）数据更新测量频率设置程序

调用 SkyTra_Cfg_Rate 函数的数据更新频率设置用于设置模块的测量频率，模块支持最快为 20 Hz 的测量频率，也就是每秒钟最快可以输出 20 次定位信息。根据需要调用 SkyTra_Cfg_Rate 函数设置测量频率。调用 SkyTra_Cfg_Rate 函数设置测量频率程序流程如图 4-30 所示。

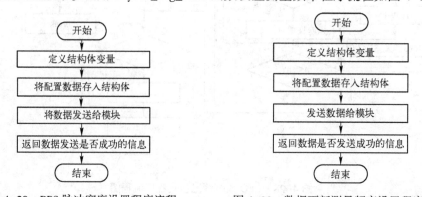

图 4-29　PPS 脉冲宽度设置程序流程　　　　图 4-30　数据更新测量频率设置程序流程

该程序如下：

```
/*******************************************************
嵌入式应用技术
STM32 串口应用
数据更新测量频率设置程序
```

```
   江苏电子信息职业学院
   **********************************************/.
1. u8 SkyTra_Cfg_Rate(u8 Frep)
2. {
3.     SkyTra_PosRate * cfg_rate = (SkyTra_PosRate *)USART3_TX_B MF;
4.     cfg_rate->sos = 0XA1A0;                     //启动序列, 固定为 0XA0A1
5.     cfg_rate->PL = 0X0300;                      //有效数据长度 (小端模式)
6.     cfg_rate->id = 0X0E;                        //ID, 固定为 0X0E
7.     cfg_rate->rate = Frep;                      //更新频率
8.     cfg_rate->Attributes = 0X01;               //保存到 SRAM&FLASH
9.     cfg_rate->CS = cfg_rate->id^cfg_rate->rate^cfg_rate->Attributes;   //脉冲间隔, μs
10.    cfg_rate->end = 0X0A0D;                     //发送结束符 (小端模式)
11.    SkyTra_Send_Date((u8 *)cfg_rate, sizeof(SkyTra_PosRate));   //发送数据给 BD
12.    return SkyTra_Cfg_Ack_Check();
13. }
```

（14）模块参数设置数据发送程序

调用 SkyTra_Send_Data 程序的作用是发送配置数据到北斗模块。这里使用 USART3 发送数据。模块设置参数发送程序流程如图 4-31 所示。

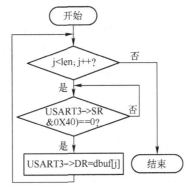

图 4-31　模块参数设置数据发送程序流程图

该程序如下：

```
/***********************************************
   嵌入式应用技术
   STM32 串口应用
   模块参数设置数据发送程序
   江苏电子信息职业学院
   ***********************************************/
1. void SkyTra_Send_Data(u8 * dbuF, u16 len)
2. {
3.     u16 j;
4.     for(j=0;j<len;j++)                          //循环发送数据
5.     {
6.         while((USART3->SR&0X40)==0);            //循环发送, 直到发送完毕
7.         USART3->DR = dbuF[j];
8.     }
9. }
```

（15）GPS 数据分析程序

通过调用 GPS_Analysis 函数完成对 GPGSV、BDGSV、GNGGA、GPNSA、GPNMC 和 GPNTG 协议信息的解析，获取定位信息。程序如下：

```
/********************************************************
   嵌入式应用技术
   STM32 串口应用
   GPS 数据分析程序
   江苏电子信息职业学院
********************************************************/
1. void GPS_Analysis(nmea_msg  * gpsx,u8  * buF)
2. {
3.      NMEA_GPGSV_Analysis(gpsx,buF);
4.      NMEA_BDGSV_Analysis(gpsx,buF);
5.      NMEA_GNGGA_Analysis(gpsx,buF);
6.      NMEA_GNNSA_Analysis(gpsx,buF);
7.      NMEA_GNNMC_Analysis(gpsx,buF);
8.      NMEA_GNNTG_Analysis(gpsx,buF);
9. }
```

4. 信息显示程序设计

北斗导航定位信息的显示使用的是 LCM1602 字符型液晶模组，LCM1602 可以显示两行字符，每 1 行可以显示 16 个英文字符，北斗导航定位信息不能 1 次完整显示处理结果，采用 1 个外部的按键，进行显示信息切换，按键每按 1 次，显示两条导航定位信息，可以循环显示。北斗导航定位信息显示程序流程如图 4-32 所示。

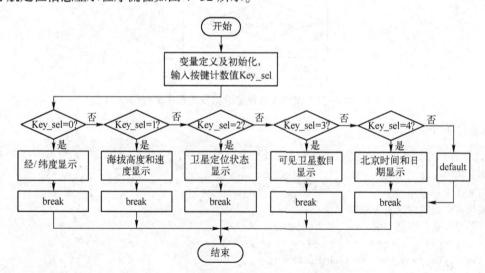

图 4-32　北斗导航定位信息显示程序流程

北斗导航定位信息显示主程序：

```
/********************************************************
   嵌入式应用技术
   STM32 串口应用
   北斗导航定位信息显示主程序
```

```
************************************************/
1. u8 USART1_TX_B MF [USART3_MAX_RECV_LEN];
2. nmea_msg gpsx;
3. __align(4) u8 dtbuF[50];
4. u8 * fixmode_tbl[4]={"Fail","Fail"," 2D "," 3D "};      //fix mode 字符串
                                                            //显示 BD/GPS 定位信息
5. voidGps_Msg_Show(u8 key_sel)
6. {
7.      float tp;
8.          switch(key_sel)
9.          {
10.             case 0:
11.                 {
12.                     (1)
13.                 } break;
14.             case 1:
15.                 {
16.                     (2)
17.                 } break;
18.             case 2:
19.                 {
20.                     (3)
21.                 } break;
22.             case 3:
23.                 {
24.                     (4)
25.                 } break;
26.             case 4:
27.                 {
28.                     (5)
29.                 } break;
30.             default:
31.                 break;
32.          }
33. }
```

（1）经/纬度显示程序段

经/纬度显示程序如下：

```
/*****************************************************
嵌入式应用技术
STM32 串口应用
经/纬度显示程序段
江苏电子信息职业学院
************************************************/
1. tp=gpsx. longitude;
2. sprintf((char * )dtbuF,"Jd:%.5f %1c    ",tp/=100000,gpsx. ewhemi);    //得到经度字符串
3. LCM1602_Write_String(1,0,dtbuF);
```

```
4. tp = gpsx. latitude;
5. sprintf((char *)dtbuF,"Wd:%. 5f %1c    ",tp/=100000,gpsx. nshemi);    //得到纬度字符串
6. LCM1602_Write_String(2,0,dtbuF);
```

（2）海拔高度和速度显示程序段

海拔高度和速度显示程序如下：

```
/ * * * * * * * * * * * * * * * * * * * * * * * * * * * * * * * * * * * * * * * *
   嵌入式应用技术
   STM32 串口应用
   海拔高度和速度显示程序段
   江苏电子信息职业学院
 * * * * * * * * * * * * * * * * * * * * * * * * * * * * * * * * * * * * * * * /
1. tp = gpsx. altitude;
2. sprintf((char *)dtbuF,"Altitude:%. 1fm    ",tp/=10);              //得到高度字符串
3. LCM1602_Write_String(1,0,dtbuF);
4. tp = gpsx. speed;
5. sprintf((char *)dtbuF,"Speed:%. 3fkm/h   ",tp/=1000);            //得到速度字符串
6. LCM1602_Write_String(2,0,dtbuF);
```

（3）卫星定位状态显示程序段

卫星定位状态显示程序如下：

```
/ * * * * * * * * * * * * * * * * * * * * * * * * * * * * * * * * * * * * * * * *
   嵌入式应用技术
   STM32 串口应用
   卫星定位状态显示程序段
   江苏电子信息职业学院
 * * * * * * * * * * * * * * * * * * * * * * * * * * * * * * * * * * * * * * * /
1. if(gpsx. fixmode<=3)
2.     {
3.         sprintf((char *)dtbuF,"Fix Mode:%s    ",fixmode_tbl[gpsx. fixmode]);
4.         LCM1602_Write_String(1,0,dtbuF);
5.     }
6. sprintf((char *)dtbuF,"Satellite:%02d    ",gpsx. posslnum);
7. LCM1602_Write_String(2,0,dtbuF);
```

（4）可见卫星数显示程序段

可见卫星数显示程序如下：

```
/ * * * * * * * * * * * * * * * * * * * * * * * * * * * * * * * * * * * * * * * *
   嵌入式应用技术
   STM32 串口应用
   可见卫星数显示程序段
   江苏电子信息职业学院
 * * * * * * * * * * * * * * * * * * * * * * * * * * * * * * * * * * * * * * * /
1. sprintf((char *)dtbuF,"GPS satellite:%02d",gpsx. svnum%100);         //可见 GPS 卫星数
2. LCM1602_Write_String(1,0,dtbuF);
3. sprintf((char *)dtbuF,"BD satellite:%02d",gpsx. beidou_svnum%100);   //可见北斗卫星数
4. LCM1602_Write_String(2,0,dtbuF);
```

（5）北京时间和日期显示程序段

北京时间比 UTC 时间提前 8 个小时。当 UTC 时间加 8 小时后，UTC 日期也要转换成北京时区的日期。UTC 时间和日期转换为北京时间和日期程序流程如图 4-33 所示。

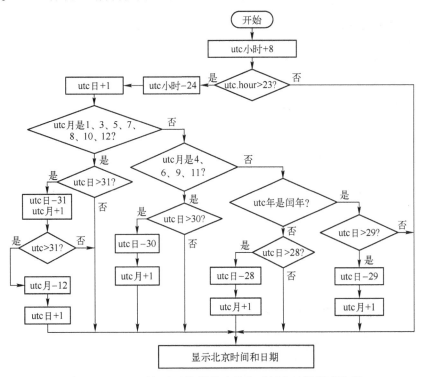

图 4-33　UTC 时间和日期转换为北京时间和日期程序流程

UTC 时间和日期转换成北京时间和日期的程序如下：

```
/***********************************************
嵌入式应用技术
STM32 串口应用
UTC 时间和日期转换成北京时间和日期程序段
江苏电子信息职业学院
***********************************************/
1. gpsx. utc. hour＝gpsx. utc. hour+8；
2. if( gpsx. utc. hour>23)
3.       {
4.           gpsx. utc. hour＝gpsx. utc. hour−24；
5.       gpsx. utc. date++；
6.       if( gpsx. utc. month＝＝1 || gpsx. utc. month＝＝3 || gpsx. utc. month＝＝5 || gpsx. utc. month＝＝7 || gpsx. utc. month＝＝8 || gpsx. utc. month＝＝10 || gpsx. utc. month＝＝12)
7.           {
8.               if( gpsx. utc. date>31)
9.               {
10.                  gpsx. utc. date＝gpsx. utc. date−31；
11.                  gpsx. utc. month++；
12.                  if( gpsx. utc. month>12)
13.                  {
14.                      gpsx. utc. month−＝12；
```

```
15.                    gpsx. utc. year++;
16.                }
17.            }
18.        }
19.        else if( gpsx. utc. month = =4 | | gpsx. utc. month = =6 | | gpsx. utc. month = =9 | | gpsx. utc. month = =11)
20.        {
21.                if( gpsx. utc. date>30)
22.                {
23.                    gpsx. utc. date = gpsx. utc. date−30;
24.                    gpsx. utc. month++;
25.                }
26.        }
27.    else if( gpsx. utc. month = =2)
28.        {
29.            if( ( gpsx. utc. year%4 = =0 && gpsx. utc. year%100! =0) | | (gpsx. utc. year%400= =0) )  //闰年
30.            {
31.                if( gpsx. utc. date>29)
32.                {
33.                    gpsx. utc. date = gpsx. utc. date−29;
34.                    gpsx. utc. month++;
35.                }
36.                else if( gpsx. utc. date>28)
37.                {
38.                    gpsx. utc. date = gpsx. utc. date−28;
39.                    gpsx. utc. month++;
40.                }
41.            }
42.        }
43.    }
44. sprintf( ( char * )dtbuF,"Time:%02d:%02d:%02d    ",gpsx. utc. hour,gpsx. utc. min,gpsx. utc. sec);
45. LCM1602_Write_String(2,0,dtbuF);
46. sprintf( ( char * )dtbuF,"Date:%04d/%02d/%02d    ",gpsx. utc. year,gpsx. utc. month,gpsx. utc. date);
47. LCM1602_Write_String(1,0,dtbuF);
```

说明：

第 1 行，把 UTC（协调世界时间）时间加 8 小时，转换成北京时间的小时数；

第 2 行~第 44 行，当转换成北京时间之后的小时数大于 23 时，要进行日期的计算，否则日期会出错，这段程序就是计算日期的；

第 4 行和第 5 行，当北京时间的小时数大于 23 时，当前小时数减去 24，重新得到北京时间小时数，然后把 UTC 日期的日期数值加 1；

第 6 行~第 16 行，处理 1 月、3 月、5 月、7 月、8 月、10 月和 12 月的日期值，这些月每个月都是 31 天，当 UTC 的日期大于 31 时，要减去 31 才是正确的北京时间的当前日期数值；

第 6 行~第 19 行，处理 4 月、6 月、9 月和 11 月的日期值，这些月每个月都是 30 天，当 UTC 的日期大于 30 时，要减去 30 才是正确的北京时间的当前日期数值；

第 27 行~第 42 行，处理 2 月的日期取值，2 月比较特殊，闰年 29 天，平年 28 天。当月份是 2 月时，要先判断年是不是闰年，如果是闰年，2 月为 29 天，否则 2 月为 28 天；

第 44 行~第 47 行，为北京时间和日期。

4.4 主程序设计与系统调试

4.4.1 任务：简易北斗卫星导航系统信息显示终端主程序设计

[能力目标]
- 能编写串口接收与发送程序
- 能编写 LCM1602 显示程序
- 能编写北斗模块信息解析程序

[任务描述]

编写北斗模块信息显示终端主控程序，完成各模块的硬件工作状态的初始化，把接收到的北斗模块信息解析出来，根据按键操作状态显示对应信息。

1. 程序设计架构图

根据任务要求，程序设计架构如图 4-34 所示。

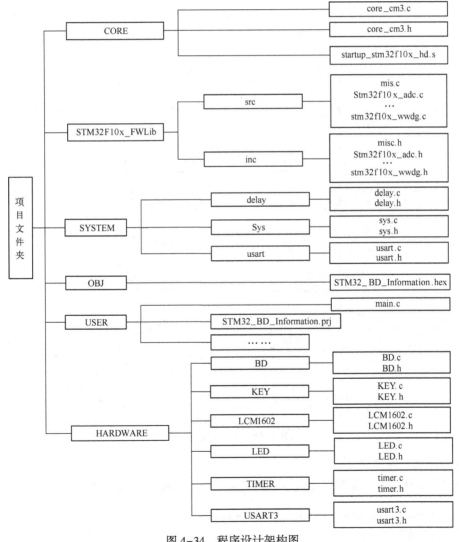

图 4-34 程序设计架构图

2. 主程序流程图

根据任务要求设计出如图 4-35 所示的主程序流程图。

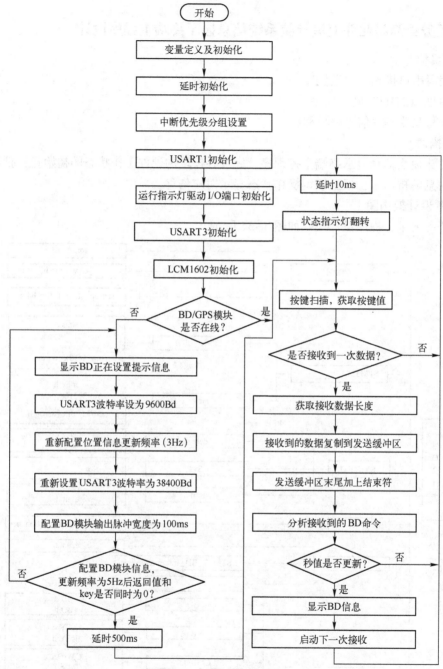

图 4-35 主程序流程图

3. 主程序的编写分析

主程序是实现简易北斗卫星导航系统信息显示终端功能的关键。其主程序如下:

简易北斗卫星导航系统信息显示终端主程序设计
江苏电子信息职业学院
***/

```
1.  int main(void)
2.  {
3.      u16 rxlen,second_last=0;
4.      u16 i,lenx;
5.      u8 key=0XFF,key1_cnt=0;
6.      delay_init();
7.      NVIC_PriorityGroupConfig(NVIC_PriorityGroup_2);
8.      uart_init(115200);
9.      LED_Init();
10.     KEY_Init();
11.     usart3_init(38400);
12.     LCM1602_IO_Init();
13.     LCM1602_Init();
14.     if(SkyTra_Cfg_Rate(5)!=0)
15.     {
16.       LCM1602_Write_String(1,0,(unsigned char *)"BD Setting...    ");
17.       do
18.       {
19.         usart3_init(9600);
20.         SkyTra_Cfg_Prt(3);
21.         usart3_init(38400);
22.         key=SkyTra_Cfg_Tp(100000);
23.       }while(SkyTra_Cfg_Rate(5)!=0&&key!=0);
24.       LCM1602_Write_String(1,0,(unsigned char *)"BD Set Done!!    ");
25.       delay_ms(500);
26.     }
27.     while(1)
28.     {
29.       key = KEY_Scan();
30.       if(key == KEY1_PRES)
31.       {
32.         key1_cnt+=1;
33.         if(key1_cnt>=5)
34.         {
35.           key1_cnt=0;
36.         }
37.       }
38.       if(USART3_RX_STA&0X8000)
39.       {
40.         rxlen=USART3_RX_STA&0X7FFF;
41.         for(i=0;i<rxlen;i++) USART1_TX_B MF[i] = USART3_RX_B MF[i];
42.         USART1_TX_B MF[i] = 0;
43.         GPS_Analysis(&gpsx,(u8 *)USART1_TX_B MF);
44.         if(gpsx.utc.sec!=second_last)
45.         {
```

```
46.              second_last = gpsx. utc. sec;
47.              Gps_Msg_Show( key1_cnt);
48.          }
49.          printf( " \r\n%s\r\n" ,USART1_TX_B MF );
50.          USART3_RX_STA = 0;
51.      }
52.      delay_ms( 10);
53.      if(( lenx%50) = = 0)
54.      LED2 = ! LED2;
55.      lenx++;
56.  }
57. }
```

程序分析参见图 4-35 的主程序流程图, 不再赘述。

4.4.2 任务:系统调试

[能力目标]

- 能正确下载程序到目标芯片
- 能搭建系统硬件
- 能完成硬件通电前的检测

[任务描述]

组装系统并调试硬件, 完成硬件上电前的检测。目标 CPU 通过 JTAG 连接到 ST-LINK 下载器, ST-LINK 通过 USB 线连接到计算机的 USB 接口, 完成调试硬件的搭建。把编译无误的 HEX 文件通过 ST-LINK 下载到目标 CPU, 然后重新上电或按复位按钮, 使 CPU 能够正常运行。通过按键操作, 观察 LCM1602 上的显示信息, 确认系统工作是否正常。

1. 硬件组装

简易北斗卫星导航信息显示终端主要由四大核心部件组成:STM32F103VET6 最小系统板、LCM1602 液晶显示模块、北斗/GPS 模块和 5 V 直流稳压电源。

STM32F103VET6 最小系统板选用自主设计系统板, LCM1602 选用蓝色带负数显示的 5 V 供电的字符型液晶显示模块, 北斗/GPS 模块选用 ATK-S1216F8-BD 双模定位导航模块, 5 V 直流稳压电源功率不能小于 5 W。组装完成的硬件系统如图 4-36 所示。

2. 系统调试

系统调试分为如下 4 步。

图 4-36 系统硬件组装实物图

第 1 步:硬件系统上电前检测。系统硬件组装完成后, 在接通电源之前, 首先用万用表电阻档测量电源正极到地是否短路, 防止加电后由于短路造成大电流而引发火灾等事故。

第 2 步:系统上电检测。第 1 步检测没有问题后, 可以接通电源。观察电源指示灯显示是否正常, 用万用表检测系统 3. 3 V 电源和 5 V 电源电压是否正常。如果电压正常, 硬件电路通常不会有严重的问题。

第 3 步：连接 ST-LINK，准备下载程序。连接 ST-LINK 之前要关闭系统电源。ST-LINK 的 JTAG 插头插入最小系统板的 JTAG 插座，另 1 个端口连接计算机 USB 口，连接无误后，接通系统电源。在 MDK5 打开仿真器选择窗口，这里选择 ST-LINK 下载器，然后单击仿真器设置按钮，如果下载器和最小系统板连接无误，将显示如图 4-37 所示的信息。

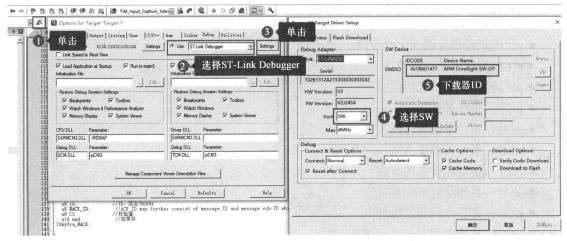

图 4-37　ST-LINK 设置信息

第 4 步：重新编译工程。下载器连接成功后，重新编译工程。编译成功后，单击下载按钮下载程序。程序下载成功后，拔掉仿真器的 JTAG 连接线，关闭电源再重新上电，程序将运行。如果一切正常，将开始显示第 1 幅画面，直到北斗模块运行指示灯开始闪烁时，才可以显示正确的定位信息。系统运行效果如图 4-38 所示。

图 4-38　系统运行效果图

测试北斗卫星导航系统信息显示终端的各项功能，如果满足设计需求，则项目完成；如不满足设计需求，则根据故障现象修改程序，继续下载并验证直到满足设计要求。

参考程序见本书配套电子资源。

4.5　小结

本章通过北斗卫星导航系统信息显示终端项目的设计与调试，介绍了 STM32 的串口特性和库函数，编写了 USART1 的数据发送和接收驱动程序，并在此基础上，编写了北斗模块命令帧信息的接收与解析函数，以正确显示相关信息。

4.6　习题

1. 尝试编写 USART2 的数据接收和发送程序。
2. 尝试编写 1 个没有结束符、不定长度数组的发送和接收程序。
3. 尝试编写移动轨迹记录仪的程序。

第 5 章　水资源 pH 检测系统设计与制作

本章要点：

- pH 传感器信号调理电路设计
- pH 检测仪应用程序设计
- pH 检测仪系统调试方法
- μCOS-Ⅲ任务状态
- μCOS-Ⅲ任务状态转换
- μCOS-Ⅲ任务调度方法
- μCOS-Ⅲ创建任务的方法
- μCOS-Ⅲ删除任务的方法
- μCOS-Ⅲ任务间通信原理
- μCOS-Ⅲ任务间通信实现方法

水的 pH 值是衡量水质的一个重要指标。因此，水资源 pH 值监测系统在水污染治理领域应用十分广泛。

设计要求：设计 pH 电极信号调理电路，能够稳定可靠地采集具有极高阻抗的 pH 电极上产生的测量电压，然后通过温度补偿算法，精确计算 pH 值，精度为±0.01pH。该系统能够把测量的 pH 值传送到 OneNet 云平台，可通过网络实时查看测量点水源的 pH 值，也可查看历史数据曲线。该系统通过北斗卫星导航模块获取测量点的经/纬度信息和时间信息，一同传送到 OneNet 云平台，实现测量点的自动定位；该系统自带一套太阳能发电系统，当外部供电产生故障断电后，可自动切换到由太阳能电池板和蓄电池组成的不间断电源供电系统以继续供电。

5.1　总体方案设计

5.1.1　软件设计方案

软件设计时需要结合具体硬件来进行相关驱动程序的编写。本任务中 pH 检测仪具有 pH 值检测、液晶显示、温度补偿功能、GPRS 无线通信功能和 GPS 定位功能，因此结合相关功能的要求，需要编写 A/D 数据采集程序、液晶显示驱动、温度补偿算法程序、无线通信协议信息解析和 GPS 模块驱动程序，由于系统需要的软件功能模块较多，且考虑到后期对其他功能的补充，在系统软件设计中用 μCOS-Ⅲ嵌入式实时操作系统作为软件平台，采用 C 语言进行开发，编译环境采用 μVision5 IDE 集成开发环境，它是目前针对 ARM 处理器，尤其是 Cortex-M3 内核处理器的最佳开发工具。

5.1.2　硬件设计方案

系统硬件原理框图如图 5-1 所示。

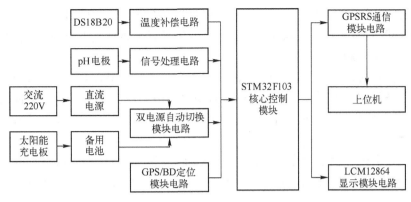

图 5-1　系统硬件原理框图

由图 5-1 可知，系统硬件主要由 STM32F103 核心控制模块、LCM12864 液晶显示模块、GPSRS 通信模块、GPS/BD 定位模块、太阳能和市电供电自动切换模块、pH 电极信号处理电路和温度补偿电路等组成。各模块的核心器件选型见本教材配套电子资源。

5.2　硬件电路设计

系统硬件电路共分四部分：第一部分是 STM32F103 最小系统电路；第二部分是 pH 信号处理和温度补偿电路；第三部分是系统供电电路；第四部分是 GPSRS 通信和 GPS/BD 定位电路。详细的系统电路设计资源见本教材配套电子资源。

5.3　μCOS-Ⅲ应用基础

5.3.1　μCOS-Ⅲ简介

1. μCOS-Ⅲ实时系统介绍

μCOS-Ⅲ是 Micro COS Three 用 C 语言编写的微型操作系统，是一个能够进行升级和固化的实时内核，管理任务的数量不受限制。μCOS-Ⅲ作为第 3 代的系统内核，现今实时内核所具备的功能 μCOS-Ⅲ都支持，如资源管理、同步、任务间的通信等。μCOS-Ⅲ的特色功能在其他实时内核中是没有的，如运行时间测量功能、任务挂起功能、直接发送信号等。

μCOS 系列操作系统最早产生于 1992 年，如今已经有了多个版本的更新换代，μCOS-Ⅲ随着技术不断发展应运而生。μCOS-Ⅱ中一些使用频率较低的功能已经被删除或更新，新一代的μCOS-Ⅲ添加了更高效、实用的功能和服务。其中时间片轮转（round robin）成为 μCOS-Ⅲ的特色功能之一。

2. μCOS-Ⅲ实时系统特性

1）可剥夺的多任务内核，支持单 CPU；

2）支持时间片轮转功能，即一个任务可以被多个任务使用，当这个优先级处于最高就绪状态的时候，μCOS-Ⅲ会轮流调度当前优先级的所有任务，让每个任务能够由用户指定的时间长度来运行一段时间；

3）中断快速响应，采用锁定内核调度的方式而不是关中断的方式保护临界段程序，降低关中断的时间，可以快速响应中断请求，如果应用中存在非常快的中断请求源，在直接发布模式下的中断关闭时间不能满足要求的时候，可以使用延迟发布模式来降低中断关闭时间；

4）任务数不受限制；

5）支持软件定时器，用户可以在"单次"和"周期"型定时器中自由选择；

6）支持任务挂起，即同时等待多个内核对象时，μCOS-Ⅲ允许一个任务同时等待多个事件，一个任务能够挂起在多个信号量或消息队列上，当其中任何一个等待的事件发生时，等待的任务会被唤醒；

7）支持直接向任务发送信号和消息，μCOS-Ⅲ支持中断或任务直接给另一个任务发送信号和消息，不用再创建和使用诸如信号量或者事件标志等内核对象作为其他发送信号任务的中介。

5.3.2　μCOS-Ⅲ移植

本节介绍如何移植μCOS-Ⅲ到不同的处理器中。为了提高可移植性，绝大多数μCOS-Ⅲ程序都是用 C 语言编写的。然而，依旧有一些根据特定处理器而编写的汇编语言程序。例如μCOS-Ⅲ直接控制处理器中寄存器部分的程序，就只能用汇编语言实现。

移植μCOS-Ⅲ，需要处理器满足如下条件：

1）具备相应的能够产生可重入函数的 C 编译器；

2）能够提供周期性的中断；

3）可以实现对中断功能的相关处理；

4）具备存储和载入堆栈指针、CPU 寄存器、堆栈指令；

5）有足够的 RAM 用于存放μCOS-Ⅲ的变量、结构体、任务控制块、任务堆栈等；

6）其编译器支持 64 位的数据类型。

图 5-2 显示了μCOS-Ⅲ架构、它与其他软件硬件的关系。

图 5-2 中（1）~（8）解释如下：

（1）应用层模块

应用程序代码由项目文件组成。为了方便，这里统称为 app. c 和 app. h，事实上应用层可以包含任意数量的文件，而不仅仅只有 app. * 。主应用程序代码含有 main( )函数。

（2）与内核无关的 CPU 文件

半导体厂商通常以源代码形式提供库函数，以访问其 CPU 或 MCU 上的外设。这些库非常有用，可以提高效率，节省宝贵时间。由于这些文件没有统一的命名规范，因此这里称为 *.c 和 *.h。

（3）BSP 模块

μCOS-Ⅲ所需的板级支持软件包（BSP）代码通常比较简单。μCOS-Ⅲ一般仅要求初始化用于延时和超时的周期性中断源（OS 用定时器），将此功能放置在 bsp. c 源文件中，其对应头文件为 bsp. h。

bsp. c：初始化延时和超时的周期性中断源。

（4）与 CPU 无关的 OS 内核模块

这部分代码可以不做任何修改而移植到所支持的 CPU 上，内容包括：

os_cfg_app. c：系统任务的配置。

os_type. h：内核对象的数据类型定义。

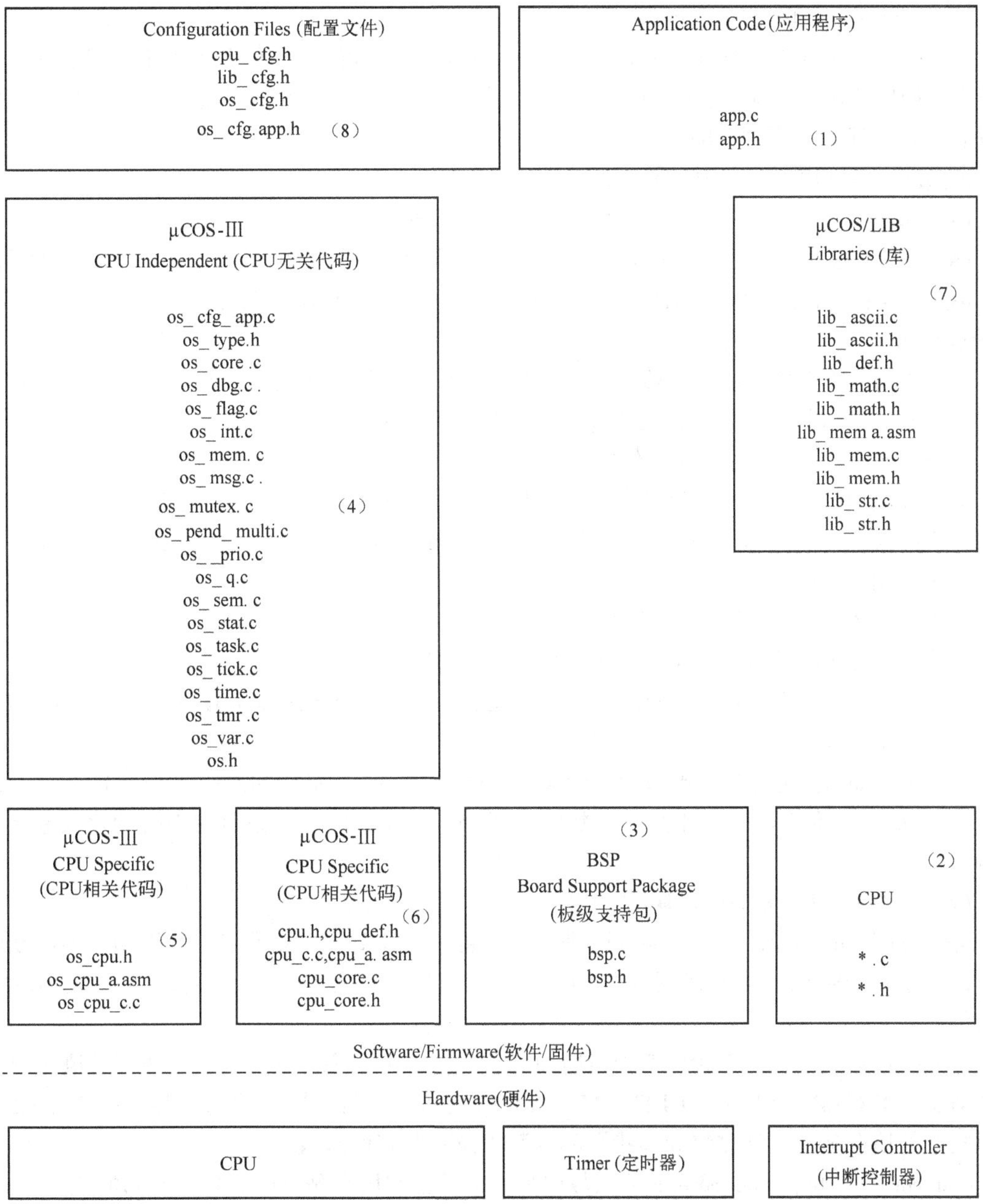

图 5-2 μCOS-Ⅲ架构关系图

os_core.c：μCOS-Ⅲ的底层函数，供其他内核对象函数调用；包含 μCOS 的核心功能，例如初始化 μCOS-Ⅲ的 OSInit( )，用于任务级调度器的 OSSched( )，用于中断级调度器的 OSIntExit( )，挂起列表管理（pend list），就绪列表管理（ready list）等。

os_dbg.c：包含 μCOS-Ⅲ内核调试器或 μCOS/Probe 使用的常数的声明。

os_flag.c：事件标志管理的代码。

os_mem.c：包含 μCOS-Ⅲ固定大小的存储分区的管理代码。

os_msg.c：用于处理消息的代码。μC/OS-Ⅲ提供消息队列和针对任务的消息队列，os_msg.c 为这两个服务提供通用代码。

os_mutex. c：管理互斥信号量的代码。

os_prio. c：包含用于管理为映射表（bitmap table）的代码，该位图表用于追踪那些已就绪的任务。如果使用的 CPU 提供位清除、置 1、测试指令以及计数前导零指令，则可以用汇编源文件替代该程序，以提高性能。

os_q. c：包含用于管理消息队列的代码。

os_sem. c：包含信号量的管理代码，信号量用于资源管理和同步。

os_stat. c：包含统计任务的代码，用来计算全局 CPU 使用率以及每个任务中 CPU 使用率。

os_task. c：包含任务管理的代码，使用 OSTaskCreate（）、OSTaskDel（）、OSTaskChangePrio（）等函数实现。

os_tick. c：用于管理自身主动延迟或在内核对象上被超时挂起的任务。

os_time. c：时间管理代码，允许任务将自身延迟到某个截止时间。

os_tmr. c：管理软件定时器的代码。

os_var. c：包含 μCOS-Ⅲ 全局变量。这些变量由内核管理，应用程序不能访问。

os. h：包含 μCOS-Ⅲ 主要的头文件，其中声明了常量、宏、μCOS-Ⅲ 全局变量（仅由 μCOS-Ⅲ使用）、函数原型等。

（5）与 CPU 相关的 OS 内核模块

适用于特定 CPU 架构的 μCOS-Ⅲ代码，称为端口（Ports）。

os_cpu. h：包含 OS_TASK_SW（）的宏定义、函数原型 OSCtxSw（）、OSIntCtxSw（）和 OS-StartHighRdy（）等的声明。

os_cpu. a. asm：包含汇编函数 OSCtxSw（）、OSIntCtxSw（）和 OSStartHighRdy（）等。

os_cpu. c. c：包含移植专用介入函数的 C 代码，以及在创建任务时用来初始化任务堆栈的代码。

（6）与特定 CPU 相关的模块 uC/CPU

Micrium 公司对 CPU 相关功能代码进行了封装，这些文件定义了用于禁用和使能中断的函数，以及独立于用 CPU 和编译器的以 CPU_???（通配符）命名的数据类型，另外还有一些其他功能。

cpu_core. c：包含所有 CPU 架构通用的 C 代码。具体来说，该文件包含了用于测量宏 CPU_CRITICAL_ENTER（）和 CPU_CRITICAL_EXIT（）之间的中断禁用时间的函数，一个在 CPU 不提供指令的情况下模拟计数前导零指令的函数以及一些其他函数。

cpu_core. h：包含 cpu_core. c 的函数原型，以及分配用来测量中断禁用时间的变量。

cpu_def. h：包含 CPU 模块使用的各种#define 常量。

cpu. h：包含了一些类型的定义，使 μCOS-Ⅲ 和其他模块可与 CPU 架构和编译器字宽度无关。该头文件中有 CPU_INT16U、CPU_INT32U、CPU_FP32 和许多其他数据类型的声明，还规定 CPU 是大端还是小端模式，定义 OS 模块使用的 CPU_STK 数据类型，定义宏 CPU_CRITICAL_ENTER（）和 CPU_CRITICAL_EXIT（），包含特定于 CPU 架构的函数原型等。

cpu_a. asm：包含汇编代码，以实现禁用和启用 CPU 中断，计数前导零（如果 CPU 支持该指令）和仅能用汇编语言编写的其他特定于 CPU 的代码。该文件还包含用于启用缓存，设置 MPU 和 MMU 等的代码。该文件中提供的函数可用 C 语言调用。

cpu_c. c：包含基于特定 CPU 架构的 C 语言函数，出于可移植性而用 C 编写。

（7）μC库文件

μCOS/LIB包含一系列源文件，它们提供一些常用功能，例如内存复制、字符串和与ASCII相关的函数，使用库中函数替换编译器提供的stdlib标准库函数。提供这些库文件是为了确保它们可以在应用程序之间（尤其是在编译器之间）实现移植。μCOS-Ⅲ内核不使用这些文件，但CPU使用。

（8）配置文件

配置文件在μCOS-Ⅲ源码中分散在各个模块的Cfg文件夹中。内容如下。

os_cfg.h：用来定义要包含在应用程序中的μCOS-Ⅲ功能；

os_cfg_app.h：指定μCOS-Ⅲ所需的某些变量和数据结构的大小，例如空闲任务堆栈大小、滴答时钟速率、消息池的大小等；

cpu_cfg.h：配置应用程序可用的CPU功能；

lib_cfg.h：配置μCOS/LIB的可选项。

μCOS-Ⅲ的移植类似μCOS-Ⅱ的移植，从μCOS-Ⅱ转换到μCOS-Ⅲ大约需要1 hr时间，具体移植方法详见本书电子资源中的《μCOS-Ⅲ移植手册》。

5.3.3　μCOS-Ⅲ任务管理

1. μCOS-Ⅲ中的任务

在μCOS-Ⅲ中任务就是程序实体，μCOS-Ⅲ能够管理和调度这些小任务（程序）。μCOS-Ⅲ中的任务由三部分组成：任务堆栈、任务控制块和任务函数。

1）任务堆栈：上下文切换的时候用来保存任务的工作环境，对应STM32的内部寄存器值。

2）任务控制块：用来记录任务的各个属性。

3）任务函数：由用户编写的任务处理程序。

2. μCOS-Ⅲ中的任务函数

任务函数是用户编写的任务执行程序，具有执行功能。任务函数模板如下：

```
1. void XXX_task(void  * p_arg)
2.  {
3.      while(1)
4.      {
5.          ......
6.      }
7.  }
```

由任务函数模板可知：

1）任务函数通常是一个无限循环，也可以是一个只执行1次的任务；

2）任务函数的参数是一个void类型，目的是可以传递不同类型的数据甚至函数；

3）任务函数其实就是一个C语言的函数，在μCOS-Ⅲ中这个函数不能由用户自行调用，任务函数何时执行、何时停止完全由操作系统来控制。

3. μCOS-Ⅲ中的系统任务

μCOS-Ⅲ默认有5个系统任务：

1）空闲任务：μCOS-Ⅲ创建的第1个任务，也是μCOS-Ⅲ必须创建的任务，此任务由

μCOS-Ⅲ自动创建，不需要用户手动创建；

2）时钟节拍任务：此任务也是必须创建的任务；

3）统计任务：用来统计 CPU 使用率和各个任务的堆栈使用量。此任务是可选任务，由宏 OS_CFG_STAT_TASK_EN 控制是否使用此任务；

4）定时任务：用来向用户提供定时服务，也是可选任务，由宏 OS_CFG_TMR_EN 控制是否使用此任务；

5）中断服务管理任务：可选任务，由宏 OS_CFG_ISR_POST_DEFERRED_EN 控制是否使用此任务。

4. μCOS-Ⅲ中的任务状态

从用户的角度看，μCOS-Ⅲ的任务一共有 5 种状态：

1）休眠态：任务已经在 CPU 的 RAM 中了，但还不受 μCOS-Ⅲ管理。

2）就绪态：系统为任务分配了任务控制块，并且任务已经在就绪表中登记，这时这个任务就具备了运行的条件，此时任务的状态就是就绪态。

3）运行态：任务获得 CPU 的使用权，正在运行。

4）等待态：正在运行的任务需要等待一段时间，或者等待某个事件，这时这个任务就进入了等待态，此时系统就会把 CPU 使用权转交给别的任务。

5）中断服务态：当发送并响应中断请求，当前正在运行的任务被挂起，CPU 转而去执行中断服务函数，此时任务状态叫作中断服务态。

5. μCOS-Ⅲ中的任务状态转换

μCOS-Ⅲ通过调用不同 API 函数可以在等待态、休眠态、就绪态、运行态和中断服务态之间转换，具体的转换关系图 5-3 所示。

例如：可以调用 API 函数 OSTaskCreat( )把任务从休眠态切换到就绪态；也可以调用 OS-TaskDel( )把任务从任务就绪表中删除，任务从就绪态切换到休眠态。

6. μCOS-Ⅲ中任务创建的基础

（1）创建任务堆栈

任务堆栈是任务的重要部分，堆栈是在 RAM 中按照"先进先出"（FIFO）的原则组织的一块连续的存储空间。为了满足任务切换和响应中断时保存 CPU 寄存器中的内容及任务中调用其他函数的需要，每个任务都有自己的堆栈。

1）任务堆栈创建。

```
#define START_STK_SIZE 512
CPU_STK START_TASK_STK[START_STK_SIZE];
```

CPU_STK 为 CPU_INT32U 类型，也就是 unsigned int 类型，为 4 B 的，那么任务堆栈 START_TASK_STK 的大小就为：512×4 字节 = 2048 B。

2）任务堆栈初始化。

任务通过恢复现场才能切换回上一个任务，并且接着从上次中断的地方开始运行。现场就是 CPU 内部的各个寄存器。

在创建一个新任务时，必须把系统启动这个任务时所需的 CPU 相关寄存器初始值先存放在任务堆栈中。

这样当任务获得 CPU 使用权时，就把任务堆栈的内容复制到 CPU 的相关寄存器，从而任

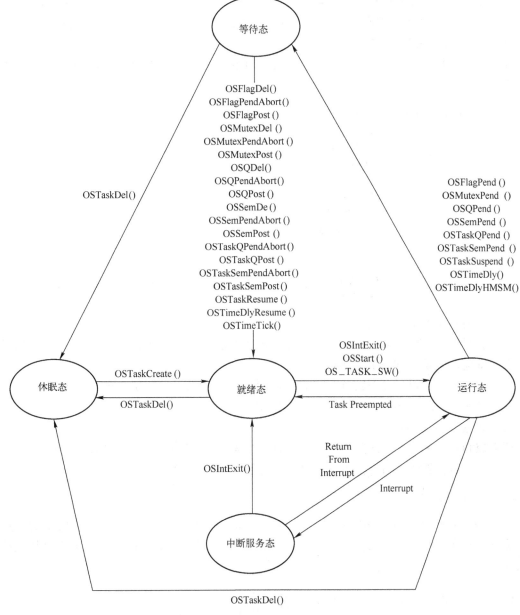

图 5-3　μCOS-Ⅲ任务状态转换图

务可以顺利地启动并运行。

使用任务堆栈初始化 API 函数对任务堆栈进行初始化。μCOS-Ⅲ提供了完成堆栈初始化的函数 OSTaskStkInit( )，其示例如下：

```
1. CPU_STK   * OSTaskStkInit ( OS_TASK_PTR     p_task,
2.                             void          * p_arg,
3.                             CPU_STK       * p_stk_base,
4.                             CPU_STK       * p_stk_limit,
5.                             CPU_STK_SIZE    stk_size,
6.                             OS_OPT          opt )
```

一般不会直接操作堆栈初始化函数，任务堆栈初始化函数由任务创建函数 OSTaskCreate( ) 调用。不同的 CPU 对寄存器和堆栈的操作方式不同，因此在移植 μCOS-Ⅲ 的时候需要用户根据所选 CPU 来编写任务堆栈初始化函数。

任务堆栈是作为任务创建函数 OSTaskCreate( ) 的一个参数使用的。OSTaskCreate( ) 函数示例如下：

```
1.  void OSTaskCreate (      OS_TCB              * p_tcb,
2.                           CPU_CHAR            * p_name,
3.                           OS_TASK_PTR         p_task,
4.                           OS_PRIO             prio,
5.                           CPU_STK             * p_stk_base,
6.                           CPU_STK_SIZE        stk_limit,
7.                           CPU_STK_SIZE        stk_size,
8.                           OS_MSG_QTY          q_size,
9.                           OS_TICK             time_quanta,
10.                          void                * p_ext,
11.                          OS_OPT              opt,
12.                          OS_ERR              * p_err)
```

任务堆栈有两种增长方式：

1）向上增长：堆栈的增长方向从低地址向高地址增长，如果 CPU 的堆栈是向上增长的话，那么基地址就是 &START_TASK_STK[0]；

2）向下增长：堆栈的增长方向从高地址向低地址增长，如果 CPU 堆栈是向下增长的话，基地址就是 &START_TASK_STK[START_STK_SIZE-1]。

（2）创建任务控制块

任务控制块用来记录与任务相关信息的数据结构，每个任务都有自己的任务控制块。任务控制块由用户自行创建，如下程序为创建一个任务控制块：

```
OS_TCB StartTaskTCB;
```

OS_TCB 为一个结构体，描述了任务控制块，用户不能直接访问任务控制块中的成员变量，更不能改变它们。OS_TCB 中有些成员采用了条件编译的方式来确定。任务控制块结构体定义如下：

```
1.  struct os_tcb
2.  {
3.      CPU_STK             * StkPtr;
4.      void                * ExtPtr;
5.      CPU_STK             * StkLimitPtr;
6.      OS_TCB              * NextPtr;
7.      OS_TCB              * Prev
8.      ……
9.  #if OS_CFG_DBG_EN > 0u
10.     OS_TCB              * DbgPrevPtr;
11.     OS_TCB              * DbgNextPtr;
12.     CPU_CHAR            * DbgNamePtr;
13. #endif
14. }
```

StartTaskTCB 函数由 OSTaskCreate( ) 在创建任务的时候调用，对任务控制块进行初始化。用户不需自行初始化任务控制块。

7. 任务优先级和任务就绪表

μCOS-Ⅲ中的任务优先级数由宏 OS_CFG_PRIO_MAX 来配置，μCOS-Ⅲ中，优先级数值越小，优先级越高，最低可用优先级是 OS_CFG_PRIO_MAX-1。

μCOS-Ⅲ中就绪表由两部分组成：

1) 优先级位映射表 OSPrioTbl[ ]：用来记录哪个优先级下有任务就绪；

2) 就绪任务列表 OSRdyList[ ]：用来记录每个优先级下所有就绪的任务。

μCOS-Ⅲ中，任务就绪列表中优先级最高的任务会获得 CPU 使用权，那么，如何查找任务就绪列表中优先级最高的任务就成了关键的问题。μCOS-Ⅲ中，函数 OS_PrioGetHighest( ) 用于找到任务就绪列表中优先级最高的任务。该程序如下：

```
1. OS_PRIO   OS_PrioGetHighest (void)
2. {
3.    CPU_DATA    * p_tbl;
4.    OS_PRIOprio;
5.    prio  = (OS_PRIO)0;
6.    p_tbl = &OSPrioTbl[0];
7.    while ( * p_tbl = = (CPU_DATA)0) {
8.       prio += DEF_INT_CPU_NBR_BITS;
9.       p_tbl++;
10.      }
11.     prio += (OS_PRIO)CPU_CntLeadZeros( * p_tbl);
12.    return (prio);
13. }
```

5.3.4 μCOS-Ⅲ任务调度

1. 任务调度

任务调度就是中止当前正在运行的任务转而执行其他的任务。μCOS-Ⅲ是可剥夺型内核，因此当一个高优先级的任务准备就绪，并且此时获得了任务调度，那么这个高优先级的任务就会获得 CPU 的使用权。μCOS-Ⅲ中的任务调度是由任务调度器来完成的，任务调度有两种：任务级调度器 OSSched( ) 和中断级调度器 OSIntExit( )。当退出外部中断服务函数的时候使用中断级调度器。

2. 任务切换

当 μCOS-Ⅲ需要切换到另一个任务时，它将当前任务的现场保存到当前任务的堆栈中，主要保存的是 CPU 寄存器值，然后恢复新的现场并且执行新的任务，这个过程就是任务切换。任务切换分为两种：任务级切换和中断级切换。任务级切换函数为 OSCtxSw( )，中断级切换函数为 OSIntCtxSw( )。

5.3.5 μCOS-Ⅲ系统初始化

在使用 μCOS-Ⅲ之前必须先初始化 μCOS-Ⅲ，用函数 OSInit( ) 来完成 μCOS-Ⅲ的初始化，而且 OSInit( ) 必须先于其他 μCOS-Ⅲ函数的调用，包括 OSStart( )。下面的程序描述了 μCOS-Ⅲ初始化过程。

```
1.  int main(void)
2.  {
3.    OS_ERR err;
4.    ......
5.    OSInit(&err);
6.    ......
7.    OSStart(&err);
8.  }
```

5.3.6 μCOS-Ⅲ系统启动

μCOS-Ⅲ系统初始化完成后，使用函数 OSStart( ) 来启动 μCOS-Ⅲ，启动程序如下：

```
1.  void OSStart (OS_ERR  * p_err)
2.  {
3.     if (OSRunning == OS_STATE_OS_STOPPED)
4.     {
5.         OSPrioHighRdy = OS_PrioGetHighest();
6.         OSPrioCur    = OSPrioHighRdy;
7.         OSTCBHighRdyPtr = OSRdyList[OSPrioHighRdy].HeadPtr;
8.         OSTCBCurPtr = OSTCBHighRdyPtr;
9.         OSRunning = OS_STATE_OS_RUNNING;
10.         OSStartHighRdy();
11.          * p_err = OS_ERR_FATAL_RETURN;
12.     }
13. else
14. {
15.      * p_err = OS_ERR_OS_RUNNING;
16.     }
17. }
```

5.3.7 μCOS-Ⅲ任务 API 函数

1. 创建任务 API 函数

μCOS-Ⅲ使用任务的第一件事就是创建一个任务，创建任务时使用函数 OSTaskCreate( )，函数原型如下：

```
1.  void OSTaskCreate (    OS_TCB         * p_tcb,
2.                          CPU_CHAR        * p_name,
3.                          OS_TASK_PTR     p_task,
4.                          OS_PRIO         prio,
5.                          CPU_STK         * p_stk_base,
6.                          CPU_STK_SIZE    stk_limit,
7.                          CPU_STK_SIZE    stk_size,
8.                          OS_MSG_QTY      q_size,
9.                          OS_TICK         time_quanta,
10.                         void            * p_ext,
11.                         OS_OPT          opt,
12.                         OS_ERR          * p_err)
```

2. 删除任务 API 函数

如果不想使用某个任务就可将其删除，删除任务时使用函数 OSTaskDel( )，函数原型如下：

```
1. void OSTaskDel ( OS_TCB    * p_tcb,
2.                  OS_ERR    * p_err)
```

删除某个任务以后，它占用的 OS_TCB 和堆栈就可以再次利用来创建其他的任务。尽管 μCOS-Ⅲ允许在系统运行中删除任务，但是应该尽量避免这种操作，如果这个任务可能占有与其他任务共享的资源，在删除此任务之前这个被占有的资源如果没有被释放就可能导致奇怪的结果。

3. 挂起任务 API 函数

想暂停某个任务、又不想删除这个任务的时候就可以使用函数 OSTaskSuspend( )来将这个任务挂起，函数原型如下：

```
1. void OSTaskSuspend ( OS_TCB    * p_tcb,
2.                      OS_ERR    * p_err)
```

4. 恢复任务 API 函数

当想要恢复某个被挂起的任务的时候可以调用函数 OSTaskResume( )，函数原型如下：

```
1. void OSTaskResume ( OS_TCB    * p_tcb,
2.                     OS_ERR    * p_err)
```

5.3.8 任务：μCOS-Ⅲ任务创建与删除

[能力目标]
- 掌握创建任务的方法
- 掌握删除任务的方法

[任务描述]

首先创建起始任务 start_task，然后在 start_task 任务中创建任务 task1_task 和 task2_task，task1_task 和 task2_task 创建完成后，删除 start_task 任务自身。task1_task 和 task2_task 在 LCM1602 上有各自的运行区域；每隔 1 s 它们都会在各自运行区显示各自的运行次数；task1_task 运行 5 次以后删除任务 task2_task；当任务 task1_task 删除任务 task2_task 以后要在液晶屏上显示"task1_task del task2_task！"。下面按步骤介绍本任务实现过程。

1. 定义任务创建所需变量

创建任务之前，要定义好创建任务所需要的参数：任务优先级、任务控制块、任务堆栈、任务控制块和任务函数的声明。

（1）创建起始任务的变量定义

创建起始任务所需参数的定义和任务函数的声明程序如下：

```
1. #define START_TASK_PRIO         3
2. #define START_STK_SIZE          128
3. OS_TCB StartTaskTCB;
4. CPU_STK START_TASK_STK[START_STK_SIZE];
5. void start_task(void * p_arg);
```

（2）创建任务 1 的变量定义

创建任务 1 所需参数的定义和任务函数的声明程序如下：

```
1. #define TASK1_TASK_PRIO        4
2. #define TASK1_STK_SIZE         128
3. OS_TCB Task1_TaskTCB;
4. CPU_STK TASK1_TASK_STK[TASK1_STK_SIZE];
5. void task1_task(void * p_arg);
```

（3）创建任务 2 的变量定义

创建任务 2 所需参数的定义和任务函数的声明程序如下：

```
1. #define TASK2_TASK_PRIO        5
2. #define TASK2_STK_SIZE         128
3. OS_TCB Task2_TaskTCB;
4. CPU_STK TASK2_TASK_STK[TASK2_STK_SIZE];
5. void task2_task(void * p_arg);
```

2. 创建任务

下面直接给出创建 start_task、task1_task、task2_task 这 3 个任务的程序。start_task 任务首先在 main 函数中创建。start_task 创建完成后，μCOS-Ⅲ 会首先运行这个任务函数，在 start_task 任务函数中创建 task1_task 和 task2_task 任务，task1_task 和 task2_task 任务创建完成后，删除 start_task 任务自身。task1_task 和 task2_task 将在调度器的调度下运行。

（1）创建 start_task 任务

创建 start_task 任务的程序如下：

```
1. OSTaskCreate((OS_TCB       * )&StartTaskTCB,
2
3.              (OS_TASK_PTR )start_task,
4.              (void      * )0,
5.              (OS_PRIO    )START_TASK_PRIO,
6.              (CPU_STK    * )&START_TASK_STK[0],
7.              (CPU_STK_SIZE)START_STK_SIZE/10,
8.              (CPU_STK_SIZE)START_STK_SIZE,
9.              (OS_MSG_QTY )0,
10.             (OS_TICK   )0,
11.             (void      * )0,
12.             (OS_OPT       )OS_OPT_TASK_STK_CHK|OS_OPT_TASK_STK_CLR,
13.             (OS_ERR     * )&err);
```

（2）创建 task1_task 和 task2_task 任务

task1_task 和 task2_task 任务是用 start_task 任务函数创建的。两个任务的创建程序如下：

```
1. void start_task(void * p_arg)
2. {
3.     OS_ERR err;
4.     CPU_SR_ALLOC();
5.     p_arg = p_arg;
6.     CPU_Init();
7. #if OS_CFG_STAT_TASK_EN > 0u
```

```
8.          OSStatTaskCPUUsageInit(&err);
9. #endif
10. #ifdef CPU_CFG_INT_DIS_MEAS_EN
11.          CPU_IntDisMeasMaxCurReset();
12. #endif
13. #ifOS_CFG_SCHED_ROUND_ROBIN_EN
14.          OSSchedRoundRobinCfg(DEF_ENABLED,1,&err);
15. #endif
16. OS_CRITICAL_ENTER();
17.    OSTaskCreate((OS_TCB   * )&Task1_TaskTCB,
18.                  (CPU_CHAR    * )"Task1 task",
19.                  (OS_TASK_PTR )task1_task,
20.                  (void       * )0,
21.                  (OS_PRIO   )TASK1_TASK_PRIO,
22.                  (CPU_STK    * )&TASK1_TASK_STK[0],
23.                  (CPU_STK_SIZE)TASK1_STK_SIZE/10,
24.                  (CPU_STK_SIZE)TASK1_STK_SIZE,
25.                  (OS_MSG_QTY  )0,
26.                  (OS_TICK   )0,
27.                  (void       * )0,
28.                  (OS_OPT       )OS_OPT_TASK_STK_CHK|OS_OPT_TASK_STK_CLR,
29.                  (OS_ERR     * )&err);
30.    OSTaskCreate((OS_TCB   * )&Task2_TaskTCB,
31.                  (CPU_CHAR    * )"task2 task",
32.                  (OS_TASK_PTR )task2_task,
33.                  (void       * )0,
34.                  (OS_PRIO   )TASK2_TASK_PRIO,
35.                  (CPU_STK    * )&TASK2_TASK_STK[0],
36.                  (CPU_STK_SIZE)TASK2_STK_SIZE/10,
37.                  (CPU_STK_SIZE)TASK2_STK_SIZE,
38.                  (OS_MSG_QTY  )0,
39.                  (OS_TICK   )0,
40.                  (void       * )0,
41.                  (OS_OPT       )OS_OPT_TASK_STK_CHK|OS_OPT_TASK_STK_CLR,
42.                  (OS_ERR     * )&err);
43.    OS_CRITICAL_EXIT();
44.    printf("起始任务删除了自己!\r\n");
45.    OSTaskDel((OS_TCB * )0,&err);
46. }
```

3. 任务函数程序编写

（1）task1_task 任务函数

task1_task 任务函数程序如下：

```
1. void task1_task(void * p_arg)
2. {
3.     u8 task1_num=0;
4.     OS_ERR err;
5.     CPU_SR_ALLOC();
```

```
6.        p_arg = p_arg;
7.        OS_CRITICAL_ENTER();
8.        LCM_Wr_string(1,0, "Task1 Run:000");
9.        OS_CRITICAL_EXIT();
10.       while(1)
11.       {
12.            task1_num++;
13.            LED0 = ~LED0;
14.            if(task1_num==5)
15.            {
16.                 OSTaskDel((OS_TCB *)&Task2_TaskTCB,&err);
17.                 LCM_Wr_string(2,0, "Task1 del Task2!");
18.                 printf("任务 1 删除了任务 2!\r\n");
19.            }
20.            Task1_numb μF [0]=task1_num/100+0x30;
21.            Task1_numb μF [1]=task1_num%100/10+0x30;
22.            Task1_numb μF [2]=task1_num%10+0x30;
23.            Task1_numb μF [3]='\0';
24.            LCM_Wr_string(1,10, Task1_numbuF);
25.            OSTimeDlyHMSM(0,0,1,0,OS_OPT_TIME_HMSM_STRICT,&err); //延时 1s
26.       }
27. }
```

（2）task2_task 任务函数

task2_task 任务函数程序如下：

```
1. void task2_task(void * p_arg)
2. {
3.      u8 task2_num=0;
4.      OS_ERR err;
5.      CPU_SR_ALLOC();
6.      p_arg = p_arg;
7.      OS_CRITICAL_ENTER();
8.      LCM_Wr_string(2,0, "Task2 Run:000");
9.      OS_CRITICAL_EXIT();
10.     while(1)
11.     {
12.          task2_num++;
13.          LED1 = ~LED1;
14.          Task2_numbuF [0]=task2_num/100+0x30;
15.          Task2_numbuF [1]=task2_num%100/10+0x30;
16.          Task2_numbuF [2]=task2_num%10+0x30;
17.          Task2_numbuF [3]='\0';
18.          LCM_Wr_string(2,10, Task2_numbuF);
19.          OSTimeDlyHMSM(0,0,1,0,OS_OPT_TIME_HMSM_STRICT,&err); //延时 1s
20.     }
21. }
```

4. 主函数程序设计

下面是主函数程序：

```
char Task1_numbuF [4],Task2_numbuF [4];
1. int main(void)
2. {
3.    OS_ERR err;
4.    CPU_SR_ALLOC();
5.    delay_init();
6.    NVIC_PriorityGroupConfig(NVIC_PriorityGroup_2);
7.    uart_init(115200);
8.    LED_Init();
9.    Init_1602();
10.   LCM_Wr_string(2,0,"Task2 Run:000");
11.   OSInit(&err);
12.   OS_CRITICAL_ENTER();
13.   OSTaskCreate((OS_TCB * )&StartTaskTCB,
14.           (CPU_CHAR * )"start task",
15.           (OS_TASK_PTR )start_task,
16.           (void     * )0,
17.           (OS_PRIO   )START_TASK_PRIO,
18.           (CPU_STK   * )&START_TASK_STK[0],
19.           (CPU_STK_SIZE)START_STK_SIZE/10,
20.           (CPU_STK_SIZE)START_STK_SIZE,
21.            (OS_MSG_QTY  )0,
22.           (OS_TICK   )0,
23.           (void     * )0,
24.           (OS_OPT       )OS_OPT_TASK_STK_CHK|OS_OPT_TASK_STK_CLR,
25.           (OS_ERR      * )&err);
26.   OS_CRITICAL_EXIT();
27.   OSStart(&err);
28. }
```

程序说明如下：

第1行，为task1_task 和 task2_task 两个任务函数分别定义一个数组，用于暂存 LCM1602 的显示数据；

第3行，定义一个操作系统执行错误返回值变量 err；

第4行，为 OS_CRITICAL_ENTER() 和 OS_CRITICAL_EXIT() 两个临界代码函数申请一个变量；

第5行，延时初始化；

第6行，设置 NVIC 中断优先级分组；

第7行，USART1 串口初始化；

第8行，LED 驱动 I/O 端口工作模式初始化；

第9行，LCM1602 初始化；

第10行，在 LCM1602 的第一行显示 Task2 Run：000；

第11行，初始化 μCOS-Ⅲ；

第12行，进入临界区；

第13行~第25行，创建 start_task 任务；

第26行，退出临界区；

第 27 行，启动 μCOS-Ⅲ。

5. 功能测试

可通过"μCOS-Ⅲ任务创建与删除"视频了解此任务的运行效果。

5.3.9 任务：μCOS-Ⅲ任务挂起与恢复

[能力目标]
- 掌握挂起任务的方法
- 掌握恢复任务的方法

[任务描述]

首先创建起始任务 start_task，然后在 start_task 任务函数中创建任务 task1_task 和 task2_task。task1_task 和 task2_task 创建完成后，删除 start_task 任务自身。task1_task 和 task2_task 在 LCM1602 上有各自的运行区域；每隔 1 s 它们会在各自运行区显示各自的运行次数；task1_task 运行 5 次以后挂起任务 task2_task；当任务 task1_task 挂起任务 task2_task 以后在液晶屏上显示"task1_task Sus task2_task！"。下面按步骤介绍本任务实现过程。

1. 定义任务创建所需变量

创建任务之前，要定义好创建任务所需要的参数：任务优先级、任务控制块、任务堆栈、任务控制块和任务函数的声明。

（1）创建起始任务的变量定义

创建起始任务所需参数的定义和任务函数的声明程序如下：

```
1. #define START_TASK_PRIO          3
2. #define START_STK_SIZE           128
3. OS_TCB StartTaskTCB;
4. CPU_STK START_TASK_STK[START_STK_SIZE];
5. void start_task(void * p_arg);
```

（2）创建任务 1 的变量定义

创建任务 1 所需参数的定义和任务函数的声明程序如下：

```
1. #define TASK1_TASK_PRIO          4
2. #define TASK1_STK_SIZE           128
3. OS_TCB Task1_TaskTCB;
4. CPU_STK TASK1_TASK_STK[TASK1_STK_SIZE];
5. void task1_task(void * p_arg);
```

（3）创建任务 2 的变量定义

创建任务 2 所需参数的定义和任务函数的声明程序如下：

```
1. #define TASK2_TASK_PRIO          5
2. #define TASK2_STK_SIZE           128
3. OS_TCB Task2_TaskTCB;
4. CPU_STK TASK2_TASK_STK[TASK2_STK_SIZE];
5. void task2_task(void * p_arg);
```

2. 创建任务

下面直接给出创建 start_task、task1_task、task2_task 这 3 个任务的程序。start_task 任务在

main 函数中创建。start_task 创建完成后，μCOS-Ⅲ会运行这个任务函数，在 start_task 任务函数中创建 task1_task 和 task2_task 任务，task1_task 和 task2_task 任务创建完成后，删除 start_task 自身。task1_task 和 task2_task 在调度器的调度下运行。

（1）创建 start_task 任务

创建 start_task 任务的程序如下：

```
1. OSTaskCreate((OS_TCB    * )&StartTaskTCB,
2.                (CPU_CHAR * )"start task",
3.                (OS_TASK_PTR )start_task,
4.                (void      * )0,
5.                (OS_PRIO    )START_TASK_PRIO,
6.                (CPU_STK   * )&START_TASK_STK[0],
7.                (CPU_STK_SIZE)START_STK_SIZE/10,
8.                (CPU_STK_SIZE)START_STK_SIZE,
9.                (OS_MSG_QTY  )0,
10.               (OS_TICK    )0,
11.               (void      * )0,
12.               (OS_OPT      )OS_OPT_TASK_STK_CHK|OS_OPT_TASK_STK_CLR,
13.               (OS_ERR    * )&err);
```

（2）创建 task1_task 和 task2_task 任务

task1_task 和 task2_task 任务是调用 start_task 任务函数来创建的。两个任务的创建程序如下：

```
1. void start_task(void * p_arg)
2. {
3.     OS_ERR err;
4.     CPU_SR_ALLOC();
5.     p_arg = p_arg;
6.     CPU_Init();
7. #if OS_CFG_STAT_TASK_EN > 0u
8.         OSStatTaskCPUUsageInit(&err);
9. #endif
10. #ifdef CPU_CFG_INT_DIS_MEAS_EN
11.         CPU_IntDisMeasMaxCurReset();
12. #endif
13. #ifOS_CFG_SCHED_ROUND_ROBIN_EN
14.         OSSchedRoundRobinCfg(DEF_ENABLED,1,&err);
15. #endif
16.     OS_CRITICAL_ENTER();
17.     OSTaskCreate((OS_TCB    * )&Task1_TaskTCB,
18.                    (CPU_CHAR * )"Task1 task",
19.                    (OS_TASK_PTR )task1_task,
20.                    (void      * )0,
21.                    (OS_PRIO    )TASK1_TASK_PRIO,
22.                    (CPU_STK   * )&TASK1_TASK_STK[0],
23.                    (CPU_STK_SIZE)TASK1_STK_SIZE/10,
24.                    (CPU_STK_SIZE)TASK1_STK_SIZE,
25.                    (OS_MSG_QTY  )0,
```

```
26.                  ( OS_TICK    )0,
27.                  ( void       * )0,
28.                  ( OS_OPT         )OS_OPT_TASK_STK_CHK|OS_OPT_TASK_STK_CLR,
29.                  ( OS_ERR     * )&err);
30.    OSTaskCreate((OS_TCB    * )&Task2_TaskTCB,
31.                   ( CPU_CHAR   * )"task2 task",
32.                  ( OS_TASK_PTR )task2_task,
33.                  ( void       * )0,
34.                  ( OS_PRIO    )TASK2_TASK_PRIO,
35.                  ( CPU_STK    * )&TASK2_TASK_STK[0],
36.                  ( CPU_STK_SIZE)TASK2_STK_SIZE/10,
37.                  ( CPU_STK_SIZE)TASK2_STK_SIZE,
38.                  ( OS_MSG_QTY )0,
39.                  ( OS_TICK    )0,
40.                  ( void       * )0,
41.                   ( OS_OPT         )OS_OPT_TASK_STK_CHK|OS_OPT_TASK_STK_CLR,
42.                  ( OS_ERR * )&err);
43.    OS_CRITICAL_EXIT();
44.    printf("起始任务删除了自己!\r\n");
45.    OSTaskDel((OS_TCB * )0,&err);
46. }
```

3. 任务函数程序编写

（1）task1_task 任务函数

task1_task 任务函数程序如下：

```
1. void task1_task(void * p_arg)
2. {
3.    u8 task1_num=0;
4.    OS_ERR err;
5.    CPU_SR_ALLOC();
6.    p_arg = p_arg;
7.    OS_CRITICAL_ENTER();
8.    LCM_Wr_string(1,0, "Task1 Run:000");
9.    OS_CRITICAL_EXIT();
10.   while(1)
11.   {
12.       task1_num++;
13.       LED0= ~LED0;
14.       if(task1_num = =5)
15.       {
16.           OSTaskSuspend((OS_TCB * )&Task2_TaskTCB,&err);
17.           LCM_Wr_string(2,0, "Task1 Sus Task2!");
18.           printf("任务1挂起了任务2!\r\n");
19.       }
20.       if(task1_num = =10)
21.       {
22.           OSTaskResume((OS_TCB * )&Task2_TaskTCB,&err);
23.            LCM_Wr_string(2,0, "Task1 Res Task2!");
```

```
24.              printf("任务1恢复了任务2!\r\n");
25.          }
26.          if(task1_num==11)
27.          {
28.              LCM_Wr_string(2,0, "                    ");
29.              LCM_Wr_string(2,0, "Task2 Run:000");
30.          }
31.          Task1_numbuF[0]=task1_num/100+0x30;
32.          Task1_numbuF[1]=task1_num%100/10+0x30;
33.          Task1_numbuF[2]=task1_num%10+0x30;
34.          Task1_numbuF[3]='\0';
35.          LCM_Wr_string(1,10, Task1_numbuF);
36.          OSTimeDlyHMSM(0,0,1,0,OS_OPT_TIME_HMSM_STRICT,&err);//延时1s
37.     }
38. }
```

（2）task2_task 任务函数

task2_task 任务函数程序如下：

```
1.  void task2_task(void * p_arg)
2.  {
3.      u8 task2_num=0;
4.      OS_ERR err;
5.      CPU_SR_ALLOC();
6.      p_arg = p_arg;
7.      OS_CRITICAL_ENTER();
8.      LCM_Wr_string(2,0, "Task2 Run:000");
9.      OS_CRITICAL_EXIT();
10.     while(1)
11.     {
12.         task2_num++;
13.         LED1 = ~LED1;
14.         Task2_numbuF[0]=task2_num/100+0x30;
15.         Task2_numbuF[1]=task2_num%100/10+0x30;
16.         Task2_numbuF[2]=task2_num%10+0x30;
17.         Task2_numbuF[3]='\0';
18.         LCM_Wr_string(2,10, Task2_numbuF);
19.         OSTimeDlyHMSM(0,0,1,0,OS_OPT_TIME_HMSM_STRICT,&err);
20.     }
21. }
```

4. 主函数设计

下面是主函数程序，后面结合程序详细说明程序执行过程。

```
1. char Task1_numbuF[4],Task2_numbuF[4];
2. int main(void)
3. {
```

```
4.      OS_ERR err;
5.      CPU_SR_ALLOC();
6.      delay_init();
7.      NVIC_PriorityGroupConfig(NVIC_PriorityGroup_2);
8.      uart_init(115200);
9.      LED_Init();
10.     Init_1602();
11.     LCM_Wr_string(2,0,"Task2 Run:000");
12.     OSInit(&err);
13.     OS_CRITICAL_ENTER();
14.     OSTaskCreate((OS_TCB      * )&StartTaskTCB,
15.                  (CPU_CHAR    * )"start task",
16.                  (OS_TASK_PTR )start_task,
17.                  (voidB       * )0,
18.                  (OS_PRIO     )START_TASK_PRIO,
19.                  (CPU_STK     * )&START_TASK_STK[0],
20.                  (CPU_STK_SIZE)START_STK_SIZE/10,
21.                  (CPU_STK_SIZE)START_STK_SIZE,
22.                  (OS_MSG_QTY  )0,
23.                  (OS_TICK     )0,
24.                  (void        * )0,
25.                  (OS_OPT      )OS_OPT_TASK_STK_CHK|OS_OPT_TASK_STK_CLR,
26.                  (OS_ERR      * )&err);
27. OS_CRITICAL_EXIT();
28.     OSStart(&err);
29. }
```

程序说明可参考任务 5.3.8 的主程序说明。

5. 功能测试

可通过"μCOS-Ⅲ任务挂起与恢复"视频了解此任务的运行效果。

5.4 软件设计

软件设计主要针对某个特定对象，可以完成硬件不能完成的功能，也是实现控制的重要组成部分。软件是整个控制系统设计的核心，它具有充分的灵活性，可以根据系统的要求而变化。在本设计中单片机的智能控制功能主要由软件来完成，其程序框架如图 5-4 所示。软件设计以 μCOS-Ⅲ嵌入式操作系统为运行平台，各功能驱动程序模块化设计，将系统所要完成的功能模块分别编写和调试，所有模块调试成功以后，将各个模块交由操作系统进行相关任务管理。这样设计有利于程序的优化，提升程序的执行效率，利于后期系统功能的添加。

本任务系统功能由 A/D 转换任务、pH 值测量任务、显示任务、GPS 定位任务、数据传输任务等五个子任务组成，它们在 μCOS-Ⅲ统一调度下完成。系统设计流程图如图 5-5 所示。

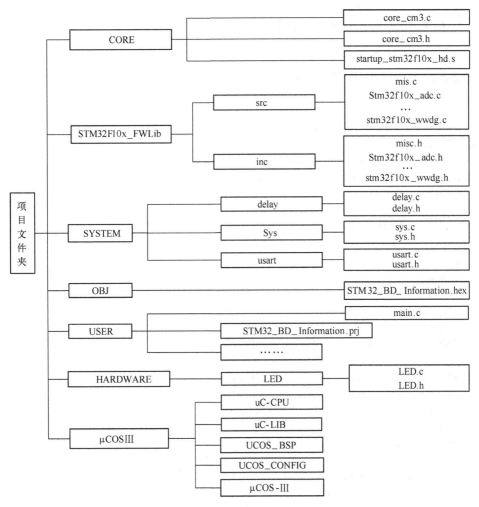

图 5-4 程序设计架构图

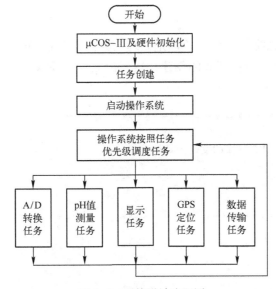

图 5-5 系统设计流程图

5.4.1 A/D 数据采集模块程序设计

本模块的主要功能就是采集 pH 参数和温度参数，所以 A/D 转换就成了重点。可将采集到的数据转换成被测水样的 pH 值和温度值，最后经过处理后显示。A/D 数据采集模块程序如下：

```
/***************************************************
嵌入式应用技术
基于 μCOS-Ⅲ 的在线 pH 计的设计与实现
A/D 数据采集模块程序设计
江苏电子信息职业学院
作者:df
***************************************************/
1. void ADC_task(void * p_arg)
2. {
3.    u16 adcx ;
4.    float temp,PH;
5.    OS_ERR err;
6.    p_arg = p_arg;
7.    while(1)
8.    {
9.    adcx = Get_Adc_Average(ADC_Channel_1,10);
10.    temp = (float)adcx * (0.0008056640625) * 1000;
11.      PH = (3.44-1.0 * temp/1000)/0.1041 * 100;
12.    OSQPost((OS_Q *)&ADC_Msg,
13.    (void *)&temp,
14.    (OS_MSG_SIZE)1,
15.    (OS_OPT)OS_OPT_POST_FIFO,
16.  }
17. }
```

5.4.2 主程序设计

没有 μCOS-Ⅲ 系统之前需要 CPU 不断地处理任务，加入 μCOS-Ⅲ 系统之后主程序主要负责驱动程序模块初始化和各模块任务的创建，然后由 μCOS-Ⅲ 对主程序创建的任务进行统一管理和调配。主程序如下：

```
/***************************************************
嵌入式应用技术
基于 μCOS-Ⅲ 的在线 pH 检测仪的设计与实现
μCOS-Ⅲ 系统下的主程序
江苏电子信息职业学院
作者:df
***************************************************/
1. int main(void)
2. {
3.    OS_ERR err;
4.    CPU_SR_ALLOC();
```

```
5.    delay_init();
6.    NVIC_PriorityGroupConfig(NVIC_PriorityGroup_2);
7.    uart_init(115200);
8.    LED_Init();
9.    Adc_Init();
10.   KEY_Init();
11.    LCD12864_init();
12.   DS18B20_Init();
13.   BL_OFF=1;
14.   OSInit(&err);
15.   OS_CRITICAL_ENTER();
16.   OSTaskCreate((OS_TCB    * )&StartTaskTCB,
17.   (CPU_CHAR    * )"start task",
18.     (OS_TASK_PTR )start_task,
19.     (void    * )0,
20.     (OS_PRIO )START_TASK_PRIO,
21.     (CPU_STK    * )&START_TASK_STK[0],
22.   (CPU_STK_SIZE)START_STK_SIZE/10,
23.   (CPU_STK_SIZE)START_STK_SIZE,/
24.   (OS_MSG_QTY   )0,
25.   (OS_TICK   )0,
26.   (void    * )0,
27.   (OS_OPT        )OS_OPT_TASK_STK_CHK|OS_OPT_TASK_STK_CLR,
28.     (OS_ERR    * )&err);
29.   OS_CRITICAL_EXIT();
30.   OSStart(&err);
31.    while(1) ;
32. }
33. void start_task(void * p_arg)
34. {
35.    OS_ERR err;
36.    CPU_SR_ALLOC();
37.    p_arg = p_arg;
38.    CPU_Init();
39.    #if OS_CFG_STAT_TASK_EN > 0u
40.    OSStatTaskCPUUsageInit(&err);
41. #endif
42. #ifdef CPU_CFG_INT_DIS_MEAS_EN
43.     CPU_IntDisMeasMaxCurReset();
44. #endif
45. #ifOS_CFG_SCHED_ROUND_ROBIN_EN
46. OSSchedRoundRobinCfg(DEF_ENABLED,1,&err);
47. #endif
48. OS_CRITICAL_ENTER();
49. OSQCreate ((OS_Q * )&ADC_Msg,
50. (CPU_CHAR * )"ADC Msg",
51. (OS_MSG_QTY)ADCMSG_Q_NUM,
52. (OS_ERR * )&err);
53. OSQCreate ((OS_Q *        )&Temperature_Msg,
```

```
54. ( CPU_CHAR * )"Temperature Msg",
55. ( OS_MSG_QTY )TemperatureMSG_Q_NUM,
56. ( OS_ERR * )&err);
57. OSTaskCreate((OS_TCB * )&ADCTaskTCB,
58. ( CPU_CHAR * )"ADC task",
59. ( OS_TASK_PTR )ADC_task,
60. ( void * )0,
61. ( OS_PRIO )ADC_TASK_PRIO,
62. ( CPU_STK * )&ADC_TASK_STK[0],
63. ( CPU_STK_SIZE)ADC_STK_SIZE/10,
64. ( CPU_STK_SIZE)ADC_STK_SIZE,
65. ( OS_MSG_QTY )0,
66. ( OS_TICK)2,
67. ( void * )0,
68. ( OS_OPT)OS_OPT_TASK_STK_CHK|OS_OPT_TASK_STK_CLR,
69. ( OS_ERR * )&err);
70. OSTaskCreate((OS_TCB * )&TemperatureTaskTCB,
71.  ( CPU_CHAR * )"Temperature task",
72. ( OS_TASK_PTR )Temperature_task,
73. ( void * )0,
74. ( OS_PRIO )Temperature_TASK_PRIO,
75. ( CPU_STK * )&Temperature_TASK_STK[0],
76. ( CPU_STK_SIZE)Temperature_STK_SIZE/10,
77. ( CPU_STK_SIZE)Temperature_STK_SIZE,
78. ( OS_MSG_QTY )0,
79. ( OS_TICK )2,
80. ( void * )0, ( OS_OPT      )OS_OPT_TASK_STK_CHK|OS_OPT_TASK_STK_CLR,
81.  ( OS_ERR * )&err);
82. OSTaskCreate((OS_TCB  * )&LM12864TaskTCB,
83.  ( CPU_CHAR * )"LM12864 task",
84. ( OS_TASK_PTR )LM12864_task,
85. ( void * )0,
86. ( OS_PRIO)LM12864_TASK_PRIO,
87. ( CPU_STK * )&LM12864_TASK_STK[0],
88. ( CPU_STK_SIZE)LM12864_STK_SIZE/10,
89. ( CPU_STK_SIZE)LM12864_STK_SIZE,
90. ( OS_MSG_QTY )0,
91. ( OS_TICK)2,
92. ( void * )0,
93. ( OS_OPT )OS_OPT_TASK_STK_CHK|OS_OPT_TASK_STK_CLR,
94. ( OS_ERR * )&err);
95. ( CPU_CHAR * )"ADC task",
96. ( OS_TASK_PTR )ADC_task,
97. ( void * )0,
98. ( OS_PRIO )ADC_TASK_PRIO,
99. ( CPU_STK  * )&ADC_TASK_STK[0],
100. ( CPU_STK_SIZE)ADC_STK_SIZE/10,
101.  ( CPU_STK_SIZE)ADC_STK_SIZE,
102. ( OS_MSG_QTY )0,
```

```
103. (OS_TICK )2,
104. (void * )0,
105. (OS_OPT )OS_OPT_TASK_STK_CHK|OS_OPT_TASK_STK_CLR,
106. (OS_ERR * )&err);
107. OSTaskCreate((OS_TCB * )&TemperatureTaskTCB,
108. (CPU_CHAR * )"Temperature task",
109. (OS_TASK_PTR )Temperature_task,
110. (void * )0,
111. (OS_PRIO )Temperature_TASK_PRIO,
112. (CPU_STK * )&Temperature_TASK_STK[0],
113. (CPU_STK_SIZE)Temperature_STK_SIZE/10,
114. (CPU_STK_SIZE)Temperature_STK_SIZE,
115. (OS_MSG_QTY )0,
116. (OS_TICK )2,
117. (void * )0, (OS_OPT )OS_OPT_TASK_STK_CHK|OS_OPT_TASK_STK_CLR,
118. (OS_ERR * )&err);
119. OSTaskCreate((OS_TCB * )&LM12864TaskTCB,
120. (CPU_CHAR * )"LM12864 task",
121. (OS_TASK_PTR )LM12864_task,
122. (void * )0,
123. (OS_PRIO )LM12864_TASK_PRIO,
124. (CPU_STK * )&LM12864_TASK_STK[0],
125. (CPU_STK_SIZE)LM12864_STK_SIZE/10,
126. (CPU_STK_SIZE)LM12864_STK_SIZE,
127. (OS_MSG_QTY )0,
128. (OS_TICK)2,
129. +(void * )0,
130. (OS_OPT )OS_OPT_TASK_STK_CHK|OS_OPT_TASK_STK_CLR,
131.    (OS_ERR * )&err);
132. OSTaskCreate((OS_TCB * )&Led1TaskTCB,
133. (CPU_CHAR * )"led1 task",
134. (OS_TASK_PTR )led1_task,
135. (void * )0,
136. (OS_PRIO)LED1_TASK_PRIO,
137. (CPU_STK * )&LED1_TASK_STK[0],
138. (CPU_STK_SIZE)LED1_STK_SIZE/10,
139. (CPU_STK_SIZE)LED1_STK_SIZE,
140. (OS_MSG_QTY )0,
141. (OS_TICK )2,
142. (void * )0,
143. (OS_OPT )OS_OPT_TASK_STK_CHK|OS_OPT_TASK_STK_CLR,
144.    (OS_ERR * )&err);
145. OS_CRITICAL_EXIT();
146. OSTaskDel((OS_TCB * )0,&err);
147. }
```

5.4.3 显示模块驱动程序设计

显示采用的是 LCM12864 点阵型液晶显示模块，它既可以显示汉字又可以显示字符，还可以自定义图形模式。它便于操作和源程序移植。显示驱动程序主要显示测试仪的工作状态、工作模式和采集到的各种数据。

LCM12864 显示驱动程序如下：

```
/ ***********************************************
  嵌入式应用技术
  基于 μCOS-Ⅲ 的在线 pH 检测仪的设计与实现
  LCM12864 显示驱动程序设计
  江苏电子信息职业学院
  作者:df
  ***********************************************/
1.  void LM12864_task( void * p_arg)
2.  {
3.      u16 * temperature;
4.  float * temp, * PH;
5.  OS_ERR err;
6.  OS_MSG_SIZE size;
7.  p_arg = p_arg;
8.  GUIfunc_showTest( );
9.      while(1)
10. {
11.     KEY_Scan(0);
12.     delay_ms(10);
13.     if( KEY0 = = 0) {
14.     displayString(0,0,"供电: UPS_POWER");
15.     printf("供电方式:UPS_POWER\r\n");
16.         BL_OFF=0;
17.     }
18. else if( KEY0 = = 1) {
19. displayString(0,0,"供电:   DC_POWER");
20. printf("供电方式:DC_POWER\r\n");
21. BL_OFF=1;
22. }
23.     temp = OSQPend(( OS_Q * )&ADC_Msg,
24.     ( OS_TICK)0,
25.     ( OS_OPT)OS_OPT_PEND_BLOCKING,
26.     ( OS_MSG_SIZE * )&size,
27.     ( CPU_TS * )0,
28.     ( OS_ERR * )&err);
29.     PH = OSQPend(( OS_Q * )&PH_Msg,
30.     ( OS_TICK)0,
31.     ( OS_OPT)OS_OPT_PEND_BLOCKING,
32.     ( OS_MSG_SIZE * )&size,
33.     ( CPU_TS * )0,
34.     ( OS_ERR * )&err);
35.     temperature = OSQPend(( OS_Q * )&Temperature_Msg,
36.     ( OS_TICK)0,
37.     ( OS_OPT)OS_OPT_PEND_BLOCKING,
38.     ( OS_MSG_SIZE * )&size,
```

```
39.    (CPU_TS * )0,
40.    (OS_ERR * )&err);
41.  ADC_display( * temp);
42. PHvalue_display( * PH);
43. Temperature_display( * temperature);
44.    OSTimeDlyHMSM(0,0,0,200,OS_OPT_TIME_PERIODIC,&err);
45.    }
46. }
```

5.4.4　GPS 定位模块驱动程序设计

GPS 定位采用 ATK-S1216F8-BD GPS/北斗模块，它兼容 3.3 V 和 5 V 供电，成本低，功能丰富。本设计使用该模块对 pH 检测仪进行经/纬度定位，通过串口发送信息到单片机内部进行数据处理，将处理完成的经/纬度数据远程发送到用户上位机进行定位。GPS 定位模块驱动程序如下：

```
/ *********************************************
嵌入式应用技术
基于 μCOS-Ⅲ 的在线 pH 检测仪的设计与实现
GPS 定位模块驱动程序设计
江苏电子信息职业学院
作者:df
********************************************* /
1. void GPS_task(void  * p_arg)
2. {
3. OS_ERR err;
4. u8 USART1_TX_B MF [USART3_MAX_RECV_LEN];
5. nmea_msg gpsx;
6. __align(4)   u8dtbuF [50];
7. u16 i,rxlen;
8. u16 lenx;
9. u8 key=0XFF;
10. u8 upload=0;
11.  float tp;
12. POINT_COLOR=RED;
13. if(SkyTra_Cfg_Rate(5)!=0)
14. {
15.     do
16.     {
17.         USART3_Init(9600);
18.         SkyTra_Cfg_Prt(3) ;
19.         USART3_Init(38400);
20.         key=SkyTra_Cfg_Tp(100000);
21.     }while(SkyTra_Cfg_Rate(5)!=0&&key!=0);
22.     }
23.  p_arg = p_arg;
24.  while(1)
25.     {
```

```
26.          OSTimeDlyHMSM(0,0,0,1,OS_OPT_TIME_HMSM_STRICT,&err);
27.          if(USART3_RX_STA&0X8000)
28.          {
29.                rxlen=USART3_RX_STA&0X7FFF;
30.                for(i=0;i<rxlen;i++)USART1_TX_B MF [i]=USART3_RX_B MF [i];
31.                USART3_RX_STA=0;
32.                USART1_TX_B MF [i]=0;
33.                GPS_Analysis(&gpsx,(u8 * )USART1_TX_B MF );
34.                POINT_COLOR=BLACK;
35.                printf(" \n");
36.                tp=gpsx. longitude;
37.                sprintf((char * )dtbuF ,"Longitude:%. 5f %1c      ",tp/=100000,gpsx. ewhemi);
38.                printf((char * )dtbuF ,"Longitude:%. 5f %1c",tp/=100000,gpsx. ewhemi);
39.                printf(" \n");
40.                tp=gpsx. latitude;
41.                sprintf((char * )dtbuF ,"Latitude:%. 5f %1c      ",tp/=100000,gpsx. nshemi);
42.                printf((char * )dtbuF ,"Latitude:%. 5f %1c      ",tp/=100000,gpsx. nshemi);
43.                printf(" \n");
44.                sprintf((char * )dtbuF ,"GPS+BD Valid satellite:%02d",gpsx. posslnum);
45.                printf((char * )dtbuF ,"GPS+BD Valid satellite:%02d",gpsx. posslnum);
46.                printf(" \n");
47.                if(upload)printf(" \r\n%s\r\n",USART1_TX_B MF );
48.          }
49.          if((lenx%500)= =0)
50.          lenx++;
51.    }
52. }
```

5.4.5　无线数据传输协议程序设计

实现 GPRS 无线通信功能首先需要编写相关串口的驱动程序，使它能够实现串口的开关和读写，然后利用串口驱动程序 GPRS 无线通信模块的数据传输等功能。利用 STM32 单片机对 GPRS 无线通信模块进行数据传输和控制。利用 GPRS 无线通信模块的 DTU 模式，把测量数据无线传输到上位机，使上位机实现了对无线数据的实时监测和相关控制。无线数据传输协议程序如下：

```
/************************************************
嵌入式应用技术
基于 μCOS-Ⅲ 的在线 pH 检测仪的设计与实现
无线数据传输协议程序设计
江苏电子信息职业学院
作者:df
*************************************************/
1. void SIM800C_Init(void)
2. {
3.          SendCmd(" AT+CIPSHUT\r\n"," OK",3000);
4.          SendCmd(" AT+CGCLASS=\"B\"\r\n", " OK",2000);
5.          SendCmd(" AT+CGDCONT=1,\"IP\",\"CMNET\" \r\n"," OK",2000);
```

```
6.          SendCmd("AT+CGATT=1\r\n","OK",2000);
7.          SendCmd("AT+CIPCSGP=1,\"CMNET\"\r\n","OK", 2000);
8.          SendCmd("AT+CIPHEAD=1\r\n","OK",2000);
9.          SendCmd("AT+CIPMODE=1\r\n","OK",1000);
10.         SendCmd("AT+CIPSTART=\"TCP\",\"183.230.40.39\",6002\r\n","OK",5500);
11.          mDelay(1000);
12. }
13. int32_t SIM800C(uint8_t * buF,uint32_t len)
14. {
15.         memset(usart2_rcv_buF,0,strlen((const char * )usart2_rcv_buF));
16.         usart2_rcv_len=0;
17.         USART2_Write(USART2,buF,len);
18.         mDelay(20);
19.         return len;
20. }
21. int32_t USART2_SendData(uint8_t * buF,uint32_t len)
22. {
23.     SIM800C(buF,len);
24.     return len;
25. }
```

5.5　程序下载与调试

5.5.1　测试系统

整个系统主要由主板、显示、pH 值传感器、温度传感器 DS18B20、GPS 模块、GPRS 模块、光伏板等组成，如图 5-6 所示。

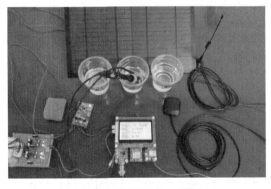

图 5-6　测试系统实物图

5.5.2　调试过程

开机前取下复合电极套，用蒸馏水清洗电极，用滤纸吸干；准备好 pH 值为 4.00 和 7.00 的缓冲液。

主要操作步骤如下：

1) 按下电源开关，预热 30 min。短时间测量时，一般预热不短于 5 分钟；长时间测量时，最好预热在 20 分钟以上，以使其有较好的稳定性。

2) 标定（两点校正）：在 50 mL 烧杯中盛 20 mL 左右的 pH = 4.00 的缓冲液，将电极浸入其中，按下操作面板的 mV/pH 转换档，不时摇动烧杯，读数稳定后，按下记录键并输入被测液体的 pH 值，记下 pH 值为 4.00 的缓冲液对应的电压值（单位为 mV）；用蒸馏水轻轻冲洗电极，并用滤纸吸干。

3) 再次在 50 mL 烧杯中盛 20 mL 左右的 pH = 7.00 的缓冲液，将电极浸入其中，按下 mV/pH 转换档，不时摇动烧杯，使读数稳定后，按下记录键并输入被测液体的 pH 值，记下数据 E2（单位为 mV）；系统自动计算当前状态下 pH 电极斜率⊖并显示在液晶屏上。

4) 先用蒸馏水清洗电极，再用被测溶液清洗；用玻璃棒搅拌溶液，使溶液均匀，把 pH 电极和 DS18B20 温度传感器浸入被测溶液中，读出其 pH 值。

5) 用蒸馏水清洗电极，用滤纸吸干；套上复合电极套，套内应放少量电极保护液；拔下复合电极，接上短接线，以防止灰尘进入而影响测量准确性；最后关闭电源。

酸性溶液测量效果如图 5-7 所示，碱性溶液测量效果如图 5-8 所示。

图 5-7　酸性液体的 pH 值测量

图 5-8　碱性液体的 pH 值测量

表 5-1 所示数据是本任务中 pH 检测仪测得的数据与梅特勒·托利多 pH 检测仪测得数据的比较，No. 1 是梅特勒·托利多 pH 检测仪得到的数据，No. 2 是本任务自行设计的 pH 检测仪得到的数据。

表 5-1　两种检测器的数据比较

pH 值	0	1	2	3	4	5	6	7
No. 1	−0.002	0.999	1.989	2.998	3.996	4.995	5.998	7.001
No. 2	0.02	1.01	2.03	3.02	4.02	5.05	6.00	7.00
误差	−0.02	−0.01	−0.03	−0.02	−0.02	−0.05	0	0

pH 值	8	9	10	11	12	13	14	
No. 1	8.002	9.003	10.001	11.005	12.007	13.009	14.010	
No. 2	7.99	8.98	9.99	11.00	11.97	12.95	14.00	
误差	0.01	0.02	0.01	0	0.03	0.05	0	

⊖　指通过电极可以把 pH 值转换成电压，因为该电压是线性的，所得直线的斜率就是电极斜率。

从表中可以看出，梅特勒·托利多 pH 值检测仪比本任务设计的 pH 值检测仪更精确，它的精度是 0.01，本任务的测量精度只达到了 0.1，原因是本任务的复合电极性能上差了一些，即电极本身的精度不够引起的误差就大了一些，后来经补偿处理效果有所改善。

5.6 小结

本章将 μCOS-Ⅲ 小型嵌入式系统移植到 STM32F1 系列处理器中，使用 μCOS-Ⅲ 进行系统多任务的调度，使得 STM32 运行效率更高，程序编写更容易。

本章详细介绍了 LCM12864 液晶显示、GSRS 通信模块应用、GPS/BD 定位模块应用、太阳能和市电供电自动切换、pH 电极信号处理和温度补偿等核心电路设计。硬件电路设计、制作完成后，详细介绍了程序设计和核心源程序。

本章是一个比较综合的任务，通过本任务的学习，可以初步掌握操作系统的概念，使用 μCOS-Ⅲ 进行嵌入式产品的软件设计，为后续开发更复杂嵌入式系统产品打基础。

5.7 习题

1. 简述 μCOS-Ⅲ 任务创建方法。
2. 简述 μCOS-Ⅲ 任务删除方法。
3. 简述 μCOS-Ⅲ 任务挂起方法。
4. 简述 μCOS-Ⅲ 任务恢复方法。
5. 简述 μCOS-Ⅲ 多任务调度的方法。
6. 简述 μCOS-Ⅲ 多任务间信息传递的方法。

第6章　智能门锁设计与制作

本章要点：

- 智能门锁远程控制硬件电路设计
- 智能门锁远程控制软件设计
- Android Studio 工具的使用、Android 应用中的基本布局和 UI 控件使用
- 远程控制客户端的开发

6.1　项目介绍

6.1.1　项目描述

　　智能门锁的设计与制作，可以理解为依赖嵌入式技术和信息技术实现远程开关门锁的操作，用来对实验室门锁、仓库门锁的远程控制，提高管理工作效率并降低运行维护成本。本项目相关技术如下。

　　（1）自动识别技术

　　自动识别技术包括条形码识别、光学字符识别、智能字符识别以及生物测量识别等。运用自动识别技术可以实现人员管理、设备管理，并有效地进行信息跟踪。

　　（2）设备通信技术

　　设备通信技术实现设备的数据采集、传输和处理，通常包含串口通信、网口通信。例如数据采集 IIC 通信、SPI 通信、TCP/IP 通信，通过一定的协议、指令对前端传感设备进行数据采集和处理。

　　（3）系统集成软件技术

　　系统最终实现底层数据的采集、数据处理和展示，可通过系统集成技术实现各类前端传感器的接入，实现数据监控和设备远程控制，它具有强大的信息和数据交互的能力，能有效地利用所采集的数据。

6.1.2　项目方案设计

　　本项目主要是结合无线传感技术、单片机技术以及 Android 开发技术等。以单片机作为载体，结合无线传感技术以及 WiFi 传输技术来获取门锁的状态，再应用 Android 开发技术将信息汇总于手机客户端，以此通过手机完成对门锁的远程监控与控制。智能控制门锁整体架构如图 6-1 所示。

　　　　　　　　　　　图 6-1　智能控制门锁整体架构示意图

6.2 硬件电路设计

智能门锁的硬件电路原理图共分四部分：第一部分是 STM32F103 最小系统电路；第二部分是继电器控制电路；第三部分是系统供电电路；第四部分是 WiFi 通信模块 ESP8266-01S 接口电路。详细的系统电路设计见本书配套电子资源。

6.3 系统软件设计

6.3.1 LED 灯控制程序设计

按键对智能门锁 LED 灯的控制相对比较简单，通过对按键是否按下进行循环检测，如果检测到按键按下即可完成对 LED 的控制操作，程序流程图如图 6-2 所示。

其核心程序如下：

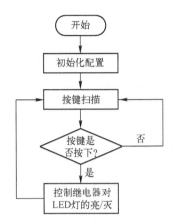

图 6-2 按键控制 LED 灯程序流程图

```
if( GPIO_ReadInputDataBit( GPIOB, GPIO_Pin_0) = = 0)
{
  delay_ms( 50) ;
  if( GPIO_ReadInputDataBit( GPIOB, GPIO_Pin_0) = = 0)
  {
      LED5 = !LED5 ;
      while( GPIO_ReadInputDataBit( GPIOB, GPIO_Pin_0) = = 0) ;
  }
}
```

程序与流程图一致，完成了 LED 亮灭的控制。

6.3.2 电机锁控制程序设计

由于电机锁由 12 V 电源电压控制，但所使用电源电压一般为 5 V 或者 3.3 V，这里使用了继电器解决此问题。电机锁依据 WiFi 模块传递的数据判断是否要开启。该控制模块功能如图 6-3 所示。

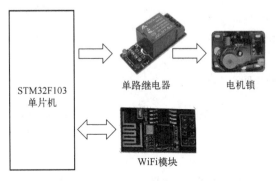

图 6-3 电机锁控制模块示意图

本模块功能是不断地监测串口数据（WiFi 传递来的数据），如果监测的数据有"OPEN"字符串，就准备开启门锁，开启门锁后依然会循环监测串口数据，这样就完成了手机对门锁的控制。图 6-4 为门锁控制程序流程图。

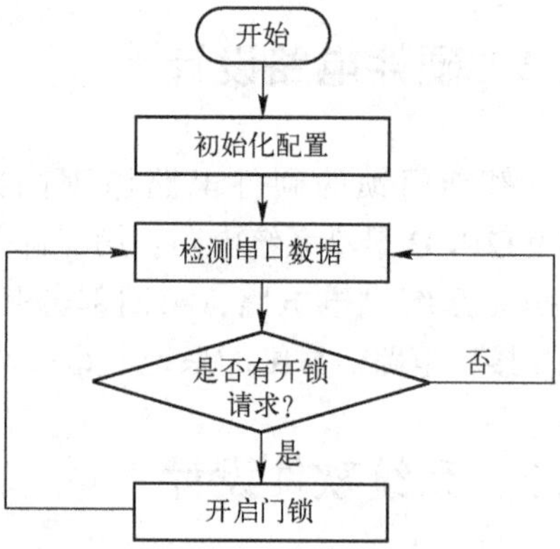

依据流程图设计和编写的程序如下：

图 6-4　门锁控制程序流程图

```
int main( void)
{
u8 t;
u8 len;
char str[ 20];
u16 times = 0;
uint32_t value;
volatile float V;
delay_init( );                      //延时函数初始化
NVIC_Configuration( );              //设置 NVIC 中断分组 2：2 位抢占优先级，2 位响应优先级
uart1_init( 9600);                  //串口初始化为 9600
uart2_init( 9600);
NVIC_PriorityGroupConfig( NVIC_PriorityGroup_2);     //设置 NVIC 中断分组 2：2 位抢占优先级，
2 位响应优先级
    TIM3_Int_Init( 4999,7199);      //10 kHz 的计数频率，计数到 5000 用时为 500 ms
/ *  RCC 时钟配置 */
RCC_config( );
/ *  IO 配置 */
GPIO_config( );
LED_Init( );                        //LED 端口初始化
printf( "AT+CWMODE = 3\r\n");
delay_ms( 1000);
printf( "AT+RST\r\n");
delay_ms( 1000);
printf( "AT+CIPMODE = 1\r\n");
delay_ms( 1000);
printf( "AT+CIPMUX = 0\r\n");
delay_ms( 1000);
printf( "AT+CIPSTART = \"TCP\" , \"192. 168. 4. 2\" ,8080\r\n\r\n");
delay_ms( 1000);
printf( "AT+CIPSEND\r\n");
delay_ms( 1000);
while( 1)
{
    if( USART_RX_STA&0x8000)
    {
        len = USART_RX_STA&0x3fff;              //得到此次接数据的长度
        printf( "you receive news:\r\n");
        for( t = 0;t<len;t++)
        {
            str[ t] =   USART_RX_B MF [ t];
```

```
            USART_SendData( USART1, USART_RX_B MF [t]);              //向串口 1 发送数据
            while( USART_GetFlagStatus( USART1,USART_FLAG_TC)!=SET);//等待发送结束
        }
        str[len] = '\0';
        if( strcmp("CLOCK",str)= =0)                                //门锁开
        {
            LOCK=!LOCK;
            delay_ms(50);
            LOCK = !LOCK;
        }
        printf(" \r\n");                                            //插入换行
        USART_RX_STA=0;
    }
  }
}
```

程序中实现了串口初始化，对 WiFi 模块用 AT 命令进行初始化配置，在无限循环中实时检测 WiFi 从串口发来的数据，如果数据为 CLOCK，则通过继电器实现门锁的开启。

6.3.3 WiFi 通信程序设计

1. 工作模式

模块支持 STA、AP、STA+AP 这 3 种工作模式。

- STA 模式：WiFi 模块通过路由器连接互联网，手机或计算机通过互联网实现对设备的远程控制；
- AP 模式：WiFi 模块作为热点，实现手机或计算机直接与模块通信，实现局域网无线控制；
- STA+AP 模式：两种模式共存。

2. AT 指令

该指令有 3 种模式：

- AT+CWMODE=1   //Station 模式
- AT+CWMODE=2   //AP 模式
- AT+CWMODE=3   //Station 兼 AP 模式

3. WiFi 模块作为客户端（Station 模式）连接 TCP server 配置

其步骤如下：

1）测试指令，指令为"AT"，发送指令后若返回"OK"说明模块的供电和通信正常；

2）设置应用模式，指令为"AT+CWMODE=1"（1 为 Station，2 为 AP，3 为 Station 兼 AP模式）；

3）重启模块，指令为"AT+RST"，修改模块模式后需要重启，重启后，若返回 ready 字符串说明模块重启成功，然后模块处于 Station 模式；

4）查找附近无线网络，指令为"AT+CWJAP"（若有网络名 SSID 和密码 password 可省去此步骤）；

5）加入 AP 网络，指令为'AT+CWJAP_DEF="WIFI_SSID"，"password"'，输入无线路由器或者热点的用户名和密码，注意大小写；

6）设置单连接，指令为"AT+CIPMODE=1"，WiFi模块作为客户端连接服务器进行透传时，客户端需处于单连接；

7）连接到服务器，指令为'AT+CIPSTART="TCP"，"服务器IP地址"，"端口"'；

8）开启透传发送，指令为"AT+CIPSEND"，发送完指令后，WiFi模块将接收到的所有数据发送至服务器；

9）退出透传模式，指令为"+++"，结尾不需要加"\r\n"，退出透传模式，可再次发送AT测试指令。

4. WiFi模块作为服务器（AP模式）配置

其步骤如下：

1）测试指令，指令为"AT"，发送指令后若返回"OK"说明模块的供电和通信正常；

2）设置应用模式，指令为"AT+CWMODE=2"（1为Station，2为AP，3为AP兼Station模式）；

3）重启模块，指令为"AT+RST"，修改模块模式后需要重启，重启后若返回ready字符串说明模块重启成功，然后模块处于AP模式；

4）配置AP参数，指令为'AT+CWSAP="ssid"，"password"，"chl"，"ecn"'；

- ssid为字符串参数，表示接入点名称
- password为字符串参数，表示密码长度范围：8~64位，ASCII形式；
- chl为通道号；
- ecn为加密方式。

5）查询本机IP地址，指令为"AT+CIFSR"，客户端连接时需知道服务器的IP地址；

6）开启多连接，指令为"AT+CIPMUX=1"，WiFi模块作为服务器时，服务器需处于多连接，最多连接5个客户端；

7）开启服务器，指令为"AT+CIPSERVER=1，8080"，设置为服务器，端口号为8080；

8）发送数据，指令为"AT+CIPSEND=0，4"，发送4个字节至连接号0；若输入的字节数目超过了指令设定的长度（n），则会响应busy，并发送数据的前n个字节，发送完后则响应SEND OK；

9）接收数据

```
+IPD, 0, n:xxxxxxxxxx,
```

表示接收到n个字节的数据，数据为xxxxxxxxxx；

10）关闭服务器，指令为"AT+CIPSERVER=0"，删除连接号0的连接。

本项目是将WiFi模块作为客户端使用，AT指令可以通过串口下达，具体的程序如下：

```
printf("AT+CWMODE=3\r\n");
delay_ms(1000);
printf("AT+RST\r\n");
delay_ms(1000);
printf("AT+CIPMODE=1\r\n");
delay_ms(1000);
printf("AT+CIPMUX=0\r\n");
delay_ms(1000);
printf("AT+CIPSTART=\"TCP\",\"192.168.4.2\",8080\r\n\r\n");
```

```
delay_ms(1000);
printf("AT+CIPSEND\r\n");
delay_ms(1000);
```

6.4 智能控制 APP 设计

安卓（Android）是一种基于 Linux 内核（不包含 GNU 组件）的拥有自由、开放源码的操作系统。主要用于移动设备，如智能手机和平板计算机。Android 手机随处可见，如果能够使用自己开发的 Android 客户端操作自己家的门锁想必是件很吸引人的事情。本节主要介绍该功能的实现。

6.4.1 Android Studio 工具

俗话说，"工欲善其事，必先利其器"。开发 Android 程序之前，需要先确定开发工具，搭建开发环境，Android 开发之初是使用 Eclipse 作为开发工具，但是在 2015 年底，Google 公司声明不再对 Eclipse 提供支持和服务，Android Studio 将全面取代 Eclipse。所以在本项目中，将使用 Android Studio 工具进行开发，本小节主要介绍 Android Studio 开发工具的安装和环境搭建。具体方法详见本书配套电子资源。

6.4.2 基本布局与控件

1. LinearLayout

LinearLayout（线性布局）指定布局内的子控件水平或者竖直排列，在 XML 布局中线性布局是最基本的布局之一，其常用属性如表 6-1 所示。

表 6-1 LinearLayout 常用属性

属 性 名 称	功 能 描 述
orientation	布局方式，有 horizontal（水平布局）和 vertical（垂直布局）两种方式
id	组件名称，方便之后调用
layout_width	该组件的宽度
layout_height	该组件的高度
layout_weight	权重
layout_gravity	该组件在父容器中的对齐方式
gravity	该组件所含子组件在其内部的对齐方式
background	设置背景图片或填充颜色

其中 orientation 属性通常是必须指定的，当布局中的子控件在两个以上时，要通过该属性设置子控件的排列方式（水平或垂直）。

2. TextView

TextView（文本控件）用来显示文本，支持一些 HTML 标签，可以在程序或者 XML 中设置字体、字号、颜色和样式等，表 6-2 罗列了 TextView 在 XML 布局中的常用属性。

表 6-2 TextView 常用属性

属 性 名 称	功 能 描 述
android:layout_width	组件宽度
android:layout_heigh	组件高度
android:id	设置 1 个组件 id，通过 findViewById()的方法获取该对象，然后进行相关设置
android:text	设置文本内容
android:background	背景颜色（或背景图片）
android:textColor	设置字体颜色
android:textStyle	设置字体样式
android:textSize	字体大小
android:gravity	内容的对齐方向
android:autoLink	autoLink 属性可以将符合指定格式的文本转换为可单击的超链接形式
android:drawableTop	在文本框内文本的顶端绘制指定图像
android:maxLines	设置文本的最大显示行数，与 width 或者 layout_width 结合使用，超出部分自动换行，超出行数将不显示
android:minLines	设置文本的最小行数，与 lines 类似
android:maxHeight	设置文本区域的最大高度
android:minHeight	设置文本区域的最小高度
android:maxWidth	设置文本区域的最大宽度
android:minWidth	设置文本区域的最小宽度
android:shadowColo	指定文本阴影的颜色，需要与 shadowRadius 一起使用
android:shadowDx	设置阴影横向坐标开始位置
android:shadowDy	设置阴影纵向坐标开始位置
android:shadowRadius	设置阴影的半径，设置为 0.1 就变成字体的颜色了，一般设置为 3.0 的效果比较好

需要说明的是，对 Android 中的控件样式除了在 XML 中使用属性设置之外，也可以使用 Java 中的方法设置，控件的每个 XML 属性都对应一个 Java 方法，例如，android:textColor 属性对应于 setTextColor()方法。

3. EditText

EditText 表示编辑框，它是 TextView 的子类，用户可以在此控件的基础上输入信息，除了支持 TextView 控件的属性外，EditText 还支持一些其他的常用属性，如表 6-3 所示。

表 6-3 EditText 常用属性

属 性 名 称	功 能 描 述
android:layout_gravity	设置控件显示的位置：默认为 top，还有 middle 和 bottom
android:hint	Text 为空时显示的文字提示信息
android:singleLine	设置单行输入，如果设置为 true，则文字不会自动换行
android:gray	设置多行时，表示光标的位置
android:autoText	自动拼写帮助
android:capitalize	设置英文字母大小写类型

属 性 名 称	功 能 描 述
android:digits	设置允许输入的字符类型
android:inputType	设置文本类型
android:password	表示密码，以小点"."显示文本
android:phoneNumber	设置电话号码的输入方式
android:editable	设置是否可编辑
android:autoLink	设置文本超链接样式
android:textColor	字体颜色
android:textStyle	字体
android:textColorHighlight	设置选中文字的底色
android:textColorHint	设置提示信息文字的颜色
android:textScaleX	控制字符之间的间距
android:typeface	设置字型
android:background	设置控件背景
android:layout_weight	表示控件显示权重
android：textAppearance	表示文字外观

4. Button

Botton 表示按钮，它继承自 TextView 控件，既可以显示文本，也可以显示图片，同时也允许用户通过单击来执行操作。Button 是常用的控件，可以在界面 xml 描述文档中定义，也可以在程序中创建后加入到界面中，其效果都是一样的。Button 支持的 XML 属性和相关方法如表 6-4 所示。

表 6-4　Button 支持的 XML 属性和相关方法

XML 属性	相 关 方 法	说　　明
android:clickable	setClickable(boolean clickable)	设置是否允许单击： clickable=true：允许单击 clickable=false：禁止单击
android:background	setBackgroundResource（int resid）	通过资源文件设置背景色。 resid：xml 资源文件 ID； 按钮默认背景为 android.R.drawable.btn_default
android:text	setText(CharSequence text)	设置文字
android:textColor	setTextColor(int color)	设置文字颜色
android:onClick	setOnClickListener(OnClickListener l)	设置单击事件

5. ImageView

ImageView（图像视图）用来显示图像的 1 个 View 或控件。常用属性如表 6-5 所示。

表 6-5　ImageView 常用属性

属 性 名 称	功 能 描 述
android:background	设置背景
android:src	设置图片内容

属性名称	功能描述
android：maxHeight	设置 ImageView 的最大高度
android：maxWidth	设置 ImageView 的最大宽度
android：adjustViewBounds	设置 ImageView 是否调整自己的边界来保持所显示图片的长宽比，需要结合 android：maxWidth、android：maxHeight 一起使用，若单独使用则没有效果，并且设置 layout_width 和 layout_height 为 wrap_content
android：scaleType	设置所显示的图片如何缩放或移动以适应 ImageView 的大小，对于 android：scaleType 属性，因为涉及图像在 ImageView 中的显示效果，所以有如下属性值可以选择。 matrix：使用 matrix 方式进行缩放； fitXY：横向、纵向独立缩放，以适应该 ImageView； fitStart：保持纵横比缩放图片，并且将图片放在 ImageView 的左上角； fitCenter：保持纵横比缩放图片，缩放完成后将图片放在 ImageView 的中央； fitEnd：保持纵横比缩放图片，缩放完成后将图片放在 ImageView 的右下角； center：把图片放在 ImageView 的中央，但是不进行任何缩放； centerCrop：保持纵横比缩放图片，使图片能完全覆盖 ImageView； centerInside：保持纵横比缩放图片，使得 ImageView 能完全显示该图片

6.4.3 远控 APP 设计

项目是通过手机对房间的门锁进行监测和控制，所以手机应用部分的设计尤为关键，也相对比较复杂，几乎每个模块都会与手机进行数据交互，并依据传递的数据对各个模块做相关控制操作。图 6-5 为手机与单片机功能模块示意图。

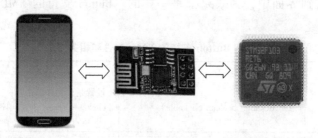

图 6-5　手机与单片机功能模块示意图

用户通过 WiFi 连接界面，将手机与 ESP8266 串口 WiFi 模块开启的热点连接成功，然后进入门锁控制界面。通过管理界面可以看到门锁的开启状态，并且可以远程操控让门锁开关。项目涉及 2 个主要界面，一个是 WiFi 的连接界面，一个是门锁状态检测和控制界面，这两个界面如图 6-6 所示。

1. WiFi 连接界面的设计

WiFi 连接界面主要包含的页面元素有 ip 和 port 文本提示信息、ip 和 port 的输入框以及 connect 按钮，且各个子控件在界面的布局中从上到下呈垂直式分布。Android 提供了非常丰富的布局和界面控件，借助它们可以很方便地进行用户界面的开发，接下来将针对本界面涉及的布局及控件进行介绍。界面元素特点如图 6-7 所示。

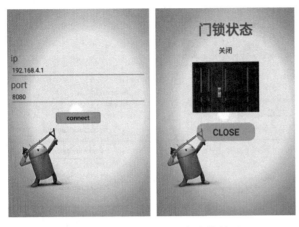

图 6-6 手机 APP 的两个功能界面

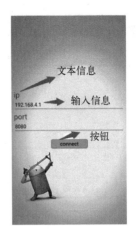

图 6-7 界面元素特点

WiFi 连接界面的程序设计步骤如下：

（1）创建程序

创建一个名为 DemoApplication 的应用程序，默认包名为 com. example. demoapplication。

（2）编写界面程序

项目创建后，在 res/layout 文件夹下会自动创建一个 activity_main. xml 文件，同时在 java/com. example. demoapplication 包文件下有对应的 MainActivity. java 文件，本项目由于需要设计两个界面（WiFi 连接界面和监控主界面），所以在包文件下新建一个 Empty Activity 模板。新建 Empty Activity 方法如图 6-8 所示，新建 Activity 及 Layout 的过程如图 6-9 所示，工程创建完成后的工程目录如图 6-10 所示。可以看到工程中多了 1 个 Activity 文件和 1 个 xml 文件。

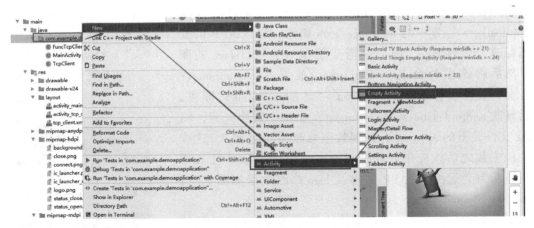

图 6-8 新建 Empty Activity 方法

新的 Activity 创建之后，清单文件 AndroidManifest. xml 文件中会自动注册新建的 FuncTcp-Client 类。示例程序为：

```
<activity
android:name=". FuncTcpClient">
</activity>
```

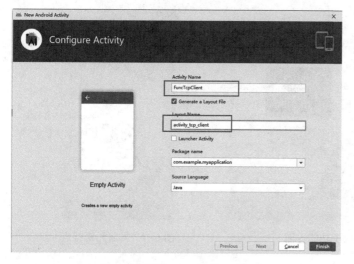

图 6-9　新建 Activity 及 Layout

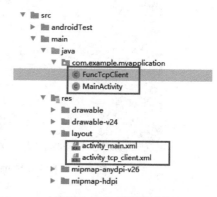

图 6-10　工程目录

APP 在手机安装之后首先要加载 WiFi 连接界面，即启动 FuncTcpClient，这需要修改注册文件，在默认情况下<intent-filter>标签是放置在 MainActivity 活动标签中，这里将<intent-filter>过滤器放置在 FuncTcpClient 活动中。示例程序如下：

```
<activity android:name=". MainActivity">
<intent-filter>
    <action android:name="android. intent. action. MAIN" />
    <category android:name="android. intent. category. LAUNCHER" />
</intent-filter>
</activity>
```

此外在 AndroidManifest. xml 文件中修改<application></application>标签中的 android：icon 属性，将该 APP 的安装图标改为项目 logo，前提是需要制作一个项目 logo 的图片，然后将该图片命名为 logo. png，放置在 res/mipmap-hdpi 文件夹下，修改 android：icon = "@ mipmap/logo" 即可，然后修改 android：label = "@ string/app_name" 属性内容，将 string 文件夹下的 app_name 的属性值修改为"远控"，这样在手机安装之后该应用就以项目 logo 的形式展示并且 APP 名称显示为"远控"。APP 名称及 logo 修改效果如图 6-11 所示。

在 activity_tcp_client. xml 文件中完成 WiFi 连接界面的设计。该布局中一共有 5 个子控件，包括 2 个文本控件（用于提示 ip 和 port），2 个编辑控件（用于输入具体的 ip 和 port 值），以及按钮控件（用于单击连接 WiFi）。具体程序如下：

图 6-11　APP 名称及
logo 修改效果

```
activity_tcp_client. xml
<LinearLayout xmlns:android="http://schemas. android. com/apk/res/android"
android:layout_width="match_parent"
android:layout_height="match_parent"
android:background="@mipmap/background"
android:gravity="center"
android:orientation="vertical">
<TextView
    android:layout_width="match_parent"
    android:layout_height="wrap_content"
    android:textSize="26sp"
    android:layout_marginRight="10dp"
    android:layout_marginLeft="10dp"
    android:text="ip"/>
<EditText
    android:layout_width="match_parent"
    android:layout_height="40dp"
    android:layout_marginRight="10dp"
    android:layout_marginLeft="10dp"
    android:text="192. 168. 4. 1"
    android:id="@+id/edit_tcpClientIp"/>
<TextView
    android:layout_width="match_parent"
    android:layout_height="wrap_content"
    android:layout_marginRight="10dp"
    android:layout_marginLeft="10dp"
    android:textSize="26sp"
    android:text="port"/>
<EditText
    android:id="@+id/edit_tcpClientPort"
    android:layout_width="match_parent"
    android:layout_height="40dp"
    android:layout_marginRight="10dp"
    android:layout_marginLeft="10dp"
    android:text="8080" />
<Button
    android:id="@+id/btn_tcpClientConn"
    android:layout_width="130dp"
    android:layout_height="40dp"
    android:layout_marginTop="20dp"
    android:layout_marginRight="10dp"
    android:layout_marginLeft="10dp"
    android:background="@mipmap/connect" />
</LinearLayout>
```

上述程序中,界面采用的是线性布局(LinearLayout),其中子控件的排布方式可以通过 android:orientation="vertical"来设置为垂直排布,通过 android:background 属性指定界面背景,该背景资源是存放于 mipmap 资源文件下名为"background. png"的图片。通过布局及控件的相关属性完成了静态界面的设计;为了能够与硬件部分通信,需要在单击 connect 按钮后完成界面 WiFi 的连接及界面的跳转。

2. WiFi 连接功能的实现

connect 按钮单击事件监听后主要完成 WiFi 的连接及界面跳转的功能，ESP 串口 8266 的 WiFi 模块开启后，会有对应的 ip 和 port，在输入框中输入 ip 和 port 后，作为客户端去连接 WiFi 的服务端，在执行连接之前，需设计 TcpClient 类并实现 Runnable 接口。在该类中可定义服务端的地址和端口信息，TcpClient 类的核心是重写 Runnable 接口的 run( )方法。创建 Socket 对象，建立 socket 连接，线程开启时接收消息并通过广播的形式发送给主界面，此外该类中实现了 send( )调用，其主要作用是向服务端发送指令。TcpClient 类的具体实现程序如下：

```java
TcpClient. java
package com. example. demoapplication;
import android. content. Intent;
import android. util. Log;
import java. io. DataInputStream;
import java. io. IOException;
import java. io. InputStream;
import java. io. PrintWriter;
import java. net. Socket;

public class TcpClient implements Runnable{
    private String TAG = "TcpClient";
    private String   serverIP = "192. 168. 88. 141";
    private int serverPort = 1234;
    private PrintWriter pw;
    private InputStream is;
    private DataInputStream dis;
    private boolean isRun = true;
    private Socket socket = null;
    byte buF f[  ] = new byte[4096];
    private String rcvMsg;
    private int rcvLen;

    public TcpClient( String ip , int port) {
        this. serverIP = ip;
        this. serverPort = port;
    }

    public void closeSelf( ) {
        isRun = false;
    }

    //  发送数据
    public void send( String msg) {
        try {
            pw. println( msg) ;
            pw. flush( ) ;
        } catch ( Exception e) {
            e. printStackTrace( ) ;
```

```java
        }
    }

    @Override
    public void run( ) {
        try {
            socket = new Socket( serverIP,serverPort) ;
            socket. setSoTimeout( 5000) ;
            pw = new PrintWriter( socket. getOutputStream( ) ,true) ;
            is = socket. getInputStream( ) ;
            dis = new DataInputStream( is) ;
        } catch ( IOException e) {
            e. printStackTrace( ) ;
        }
        while ( isRun) {
            try {
                rcvLen = dis. read( buF f) ;
                rcvMsg = new String( buF f,0,rcvLen,"utf-8") ;
                Log. i( TAG, "run：收到消息:" + rcvMsg) ;
                Intent intent =new Intent( ) ;
                intent. setAction( "tcpClientReceiver") ;
                intent. putExtra( "tcpClientReceiver",rcvMsg) ;
                FuncTcpClient. context. sendBroadcast( intent) ;
            } catch ( IOException e) {
                e. printStackTrace( ) ;
            }
        }
        try {
            pw. close( ) ;
            is. close( ) ;
            dis. close( ) ;
            socket. close( ) ;
        } catch ( IOException e) {
            e. printStackTrace( ) ;
        }
    }
}
```

在 FuncTcpClient. java 文件中首先创建 TcpClient 类对象 tcpClient 和线程池 exec，tcpClient 对象创建时 ip 和 port 参数直接在界面中获取，然后 exec 调用 execute( )完成连接，界面的跳转使用 Intent 类实现。连接 WiFi 及界面跳转的具体程序如下：

```java
FuncTcpClient. java
package com. example. demoapplication;

import android. annotation. SuppressLint;
import android. app. Activity;
import android. content. Context;
import android. content. Intent;
```

```java
import android. os. Bundle;
import android. util. Log;
import android. view. View;
import android. widget. Button;
import android. widget. EditText;
import android. widget. TextView;
import android. widget. Toast;

import java. util. concurrent. ExecutorService;
import java. util. concurrent. Executors;


public class FuncTcpClient extends Activity {
    private String TAG = "FuncTcpClient";
    @ SuppressLint("StaticFieldLeak")
    public static Context context;
    private Button btnStartClient;
    private EditText editClientPort, editClientIp;

    protected static TcpClient tcpClient = null;
    private MyBtnClicker myBtnClicker = new MyBtnClicker();
    ExecutorService exec = Executors. newCachedThreadPool();

    private class MyBtnClicker implements View. OnClickListener{
        @ Override
        public void onClick(View view) {
            switch (view. getId()) {
                case R. id. btn_tcpClientConn:
                    Log. i(TAG, "onClick: 开始");
                    try{
                        tcpClient = new TcpClient(editClientIp. getText(). toString(), getPort(editClient-
Port. getText(). toString()));
                        exec. execute(tcpClient);
                        Intent intent = new Intent(FuncTcpClient. this, MainActivity. class);
                        startActivity(intent);
                    } catch (Exception e) {
                        e. printStackTrace();
                        Toast toast = Toast. makeText(FuncTcpClient. this, "请检查 Wifi 是否连接或启
动", Toast. LENGTH_LONG);
                        toast. show();
                    }
                    break;
            }
        }
    }
    private int getPort(String msg) {
        if (msg. equals("")) {
            msg = "1234";
        }
```

```
        return Integer. parseInt( msg) ;
    }

    protected void onCreate( Bundle savedInstanceState) {
        super. onCreate( savedInstanceState) ;
        setContentView( R. layout. activity_tcp_client) ;
        context = this;
        bindID( ) ;
        bindListener( ) ;
    }

    private void bindID( ) {
        btnStartClient = ( Button) findViewById( R. id. btn_tcpClientConn) ;
        editClientPort = ( EditText) findViewById( R. id. edit_tcpClientPort) ;
        editClientIp = ( EditText) findViewById( R. id. edit_tcpClientIp) ;
    }
    private void bindListener( ) {
        btnStartClient. setOnClickListener( myBtnClicker) ;
    }
}
```

3. 门锁状态检测和控制界面的设计

门锁检测界面首先接收服务端发送的信息，判断门锁的状态，然后实时显示，再根据需要远程控制门锁的开和关。

在 res/layout 文件夹下的 activity_main. xml 文件中编写界面设计程序。界面需要 4 个子控件，包括：2 个文本控件（1 个文本控件显示 "门锁状态" 提示字样，另 1 个文本控件用于显示门锁的状态是 "开" 或者 "关"），1 个图片控件（直观地显示门的开或关，该控件需要采集 2 张门锁图片，1 张是门锁开启时，1 张是门锁关闭时，合理地命名和处理后将图片放置在 res/mipmap-hdpi 资源文件中），1 个按钮控件（用于远程操控门锁发送指令）。具体界面设计程序如下：

```
activity_main. xml
    <?xml version = "1. 0" encoding = "utf-8"? >
<LinearLayout
    xmlns:android = "http://schemas. android. com/apk/res/android"
    xmlns:tools = "http://schemas. android. com/tools"
    android:layout_width = "match_parent"
    android:layout_height = "match_parent"
    android:gravity = "center"
    android:background = "@ mipmap/background"
    android:orientation = "vertical"
    tools:context = ". MainActivity" >

    <TextView
        android:layout_width = "match_parent"
        android:layout_height = "wrap_content"
        android:text = "门锁状态"
        android:textColor = "#1985B6"
```

```
            android:textSize = "40sp"
            android:textStyle = "bold"
            android:layout_gravity = "center"
            android:gravity = "center" />

        <TextView
            android:id = "@ +id/statu"
            android:layout_width = "match_parent"
            android:layout_height = "wrap_content"
            android:layout_marginTop = "20dp"
            android:text = "关闭"
            android:textColor = "#2E302C"
            android:textSize = "20sp"
            android:layout_gravity = "center"
            android:gravity = "center" />

        <ImageView
            android:id = "@ +id/image"
            android:layout_width = "match_parent"
            android:layout_height = "wrap_content"
            android:layout_marginTop = "20dp"
            android:src = "@ mipmap/status_close"/>

        <Button
            android:id = "@ +id/btn"
            android:layout_width = "175dp"
            android:layout_height = "wrap_content"
            android:layout_gravity = "center"
            android:layout_marginTop = "30dp"
            android:layout_marginBottom = "50dp"
            android:text = "close"
            android:background = "@ drawable/shape_button_bak"
            android:textSize = "26sp" />

</LinearLayout>
```

4. 门锁状态检测和控制功能实现

（1）门锁状态获取

在上一个界面 WiFi 连接的过程中创建了 TcpClient 实例，实现了 Runnable 接口，重写该接口的 run()方法，把在此方法中收到的 Intent 消息传递给主控界面。其程序如下：

```
while (isRun) {
        try {
            rcvLen = dis.read(buF f);
            rcvMsg = new String(buF f,0,rcvLen,"utf-8");
            Log.i(TAG, "run：收到消息:" + rcvMsg);
            Intent intent = new Intent();
            intent.setAction("tcpClientReceiver");
            intent.putExtra("tcpClientReceiver",rcvMsg);
```

```
            FuncTcpClient. context. sendBroadcast(intent);//将消息发送给主界面
        | catch (IOException e) {
            e. printStackTrace();
        |
    |
```

以上程序首先判读线程的运行状态, 如果在运行中, 则获取 rcvMsg 具体信息, 并将该信息通过 putExtra() 暂存在 intent 中, 然后通过发送广播的机制 sendBroadcast() 发送到主控界面。

主控界面中需自定义广播接收类 MyBroadcastReceiver 并继承 BroadcastReceiver, 在该类中重写接收方法 onReceive() 来接收上一个界面发送过来的消息。MyBroadcastReceiver 类实现的程序如下:

```
private class MyBroadcastReceiver extends BroadcastReceiver {
@ Override
public void onReceive(Context context, Intent intent) {
    String mAction = intent. getAction();
    switch (mAction) {
        case "tcpClientReceiver":
            msg = intent. getStringExtra("tcpClientReceiver");
            System. out. println(TAG+" msg: "+msg);
            Message message = Message. obtain();
            message. what = 1;
            message. obj = msg;
            myHandler. sendMessage(message);
            break;
    |
  |
|
```

被重写的接收方法 onReceive() 中, 先通过 intent. getAction() 方法获取消息标识, 确定标识后, 将信息暂存在 Message, Message 为消息的载体, 然后交给 Handler 处理, Handler 是 Android 系统中线程间传递消息的一种机制, sendMessage() 方法将消息发出。

为了更好地实时显示门锁状态, 文本和图片控件的信息要根据门锁的状态信息进行更改。因此需要对线程中 Handler 传递的消息进行处理和分析, 判断消息载体中携带的有效信息是否为 "open" 或 "close" 等字样, 修改控件显示。自定义的 MyHandler 类程序如下:

```
private class MyHandler extends android. os. Handler{
private WeakReference<MainActivity> mActivity;

MyHandler(MainActivity activity){
    mActivity = new WeakReference<MainActivity>(activity);
|
@ Override
public void handleMessage(Message msg) {
    if (mActivity != null){
        switch (msg. what) {
            case 1:
                if (msg. obj. toString(). equals("open")){
```

```
                    text. setText( msg. obj. toString( ) ) ;
                    image. setImageResource( R. mipmap. status_open) ;
                    button. setText( "Close" ) ;
                } else {
                    if ( msg. obj. toString( ). equals( "close" ) )
                    {
                        text. setText( "close" ) ;
                        image. setImageResource( R. mipmap. status_close) ;
                        button. setText( "Open" ) ;
                    } else {
                        text. setText( "未检测到设备" ) ;
                        Toast toast = Toast. makeText( MainActivity. this, "
                                稍后再获取" , Toast. LENGTH_LONG) ;
                        toast. show( ) ;
                    }
                }
                break ;
            }
        }
    }
}
```

在 handleMessage( )信息处理方法中传入消息载体 Message 对象，然后通过 msg. what 值判读消息来源，msg. obj 为消息体，使用条件判断语句对消息进行判断后更新文本控件和图片控件的显示状态，从而实现了门锁状态的实时监控。

（2）门锁远程控制

门锁主要是通过按钮控制，该按钮的文本显示会根据门锁的状态实时更新，handleMessage( )处理信息时，如果发现消息体 msg. obj 接收到的消息是"close"，按钮的文案就变为"Close"，发送"off"指令，此时单击按钮可以关闭门锁；否则发送"open"指令，单击按钮可以开启门锁。按钮单击事件的监听是通过 setOnClickListener( )方法实现的。

首先定义 1 个 Button 对象 button，再使用 findViewById（）方法找到 Button 控件，findViewById( )方法中传入控件的 id，使 button 对象与控件进行绑定，然后 button 对象调用 setOnClickListener( )方法实现按钮的单击监听，监听逻辑是在 onClick( )方法中重写的。

其具体实现的程序如下：

```
    private Button button ;
    button = ( Button) findViewById( R. id. btn) ;
    button. setOnClickListener( new View. OnClickListener( ) {
        @ Override
        public void onClick( View v) {
            Log. d( TAG , "onClick: close" ) ;
            Message message = Message. obtain( ) ;
            message. what = 1 ;
            if ( button. getText( ) = = "Open" ) {
                sendmsg = "off" ;
                message. obj = "off" ;
            } else {
```

```
            sendmsg = "open";
            message. obj = "open";
        |


        myHandler. sendMessage( message);
        exec. execute( new Runnable( ) {
            @ Override
            public void run( ) {
                tcpClient. send( sendmsg);
            |
        });
    |
});
```

6.5 程序下载与调试

把设计、编译好的程序通过 J-LINK 或 ST-LINK 下载到目标板,测试各项功能是否满足要求,如果满足设计需求,则项目完成;如不满足设计需求,需根据故障现象修改程序下载并验证,直到满足设计要求。参考程序详见本书电子资源。

使用真机连接的方式构建 Android 项目,构建成功后手机端成功安装"远控"APP,查看 Android Studio 的构建日志,如构建失败,根据日志提示信息,修改程序,再次下载并构建直至满足要求,则构建成功。使手机连接到 ESP8266 串口的 WiFi 热点,然后查看门锁状态并远程操作门锁的开关。参考程序详见本书电子资源。

6.6 小结

本项目实现了对门锁的状态获取和远程控制。同学们可以深入思考是否可以控制其他的电器设备、灯光、温/湿度等,从而完成一套智能家居的远程控制。

6.7 习题

1. WiFi 模块有几种工作模式?如何通过 AT 命令进行配置?
2. 简述电机锁控制原理。
3. 简述如何搭建 Android 开发环境。
4. 简述 Android 常用的布局和线性布局的特点。
5. 简述 Android 客户端连接 WiFi 服务端的过程和步骤。

附录　二维码视频列表

名　　称	图　形	名　　称	图　形
1-1　嵌入式系统开发一般方法		1-7　新建基于固件库的工程模板详细步骤-1	
1-2　STM32 开发环境搭建-1		1-7　新建基于固件库的工程模板详细步骤-2	
1-2　STM32 开发环境搭建-2		1-7　新建基于固件库的工程模板详细步骤-3	
1-3　STM32 初步认识		1-7　新建基于固件库的工程模板详细步骤-4	
1-4　STM32 系列芯片简介		1-7　新建基于固件库的工程模板详细步骤-5	
1-5　MDK5 集成开发软件简介		1-8　基于固件库的工程模板注意事项-1	
1-6　STM32 固件库介绍		1-8　基于固件库的工程模板注意事项-2	

名　称	图　形	名　称	图　形
1-9　STM32 软件仿真-1		1-14　STM32 引脚说明	
1-9　STM32 软件仿真-2		1-15　LED 流水灯硬件电路设计	
1-10　STM32 的 ISP 下载方法-1		1-16　GPIO 初始化相关库函数介绍	
1-10　STM32 的 ISP 下载方法-2		1-17　LED 流水灯驱动程序设计	
1-11　STM32J-LINK 下载方法-1		1-18　LED 流水灯主程序设计	
1-11　STM32J-LINK 下载方法-2		1-19　流水灯功能仿真与程序下载-1	
1-12　STM32 的 GPIO 基本结构		1-19　流水灯功能仿真与程序下载-2	
1-13　STM32 GPIO 寄存器说明		1-20　流水灯功能演示	

（续）

名　　称	图　形	名　　称	图　形
2-1　LCM1602 简介		5-3　μCOSⅢ任务管理-2	
2-2　LCM1602 驱动程序设计		5-3　μCOSⅢ任务管理-3	
3-1　TM32 定时器介绍		5-4　μCOSⅢ任务基础 API 函数-1	
3-2　STM32 定时器中断服务程序设计		5-4　μCOSⅢ任务基础 API 函数-2	
5-1　RTOS 基础知识		5-5　μCOSⅢ时间片轮转调度	
5-2　μCOSⅢ在 STM32F103 上的移植		5-6　μCOSⅢ消息传递	
5-3　μCOSⅢ任务管理-1			

参 考 文 献

［1］ STMicroelectronics Ltd. RM0008 Reference Manual ［Z］. 2021.

［2］ STMicroelectronics Ltd. STM32F103xC, STM32F103xD, STM32F103Xe datasheet. Rev13 ［J/OL］. 2018.

［3］ STMicroelectronics Ltd. UM00427 User manual：STM32F10x Standard Peripherals Firmware Library ［J/OL］. http：//www. st. com. 2009.

［4］ 刘火良，杨森. STM32 库开发指南 ［M］. 北京：机械工业出版社，2013.

［5］ 郭志勇. 嵌入式技术与应用开发项目教程：STM32 版 ［M］. 北京：人民邮电出版社，2019.

［6］ Melexis NV. MLX90614 family datasheet. Rev008 ［J/OL］. http：//www. melexis. com. 2013.

［7］ LABROSSE J J. 嵌入式实时操作系统 μC/OS-Ⅲ ［M］. 宫辉，等译. 北京：北京航空航天大学出版社，2012.

［8］ LABROSSE J J. μC/OS-Ⅲ-The Real-Time Kernal ［J/OL］. http：//micrium. com/books/ucosiii. 2011.